通航救援应急调度及低空避险模型和方法

张 明 著

本书获得国家自然科学基金项目
（71271113 和 U1633119）的资助

科学出版社
北 京

内 容 简 介

本书追踪应急物流和通航飞行安全等科学问题,以安全、高效地实施通航应急救援运作作为研究目标,围绕低空救援系统面临的灾情信息时变性、资源调度动态性、低空避险可靠性三个科学问题,从挖掘阶段性粗糙集规则和融合多源信息的物资分布需求预测,救援资源信息动态变化下救援资源动态调度决策,复杂低空安全态势下多机变高度密集飞行可靠自主避险三个方面研究解决通航低空救援系统的关键性科学问题,系统地介绍通航应急救援的关键理论、模型和方法。

本书可供交通运输规划、应急物流、通航飞行安全理论等领域的教育、科技、管理工作者和高等院校师生阅读参考。

图书在版编目(CIP)数据

通航救援应急调度及低空避险模型和方法/张明著. —北京:科学出版社,2017.11

ISBN 978-7-03-055028-6

Ⅰ.①通… Ⅱ.①张… Ⅲ.①航空安全-应急系统-研究 Ⅳ.①V244.21

中国版本图书馆 CIP 数据核字(2017)第 267296 号

责任编辑:孙伯元 / 责任校对:桂伟利
责任印制:张 伟 / 封面设计:蓝正设计

科学出版社 出版
北京东黄城根北街 16 号
邮政编码:100717
http://www.sciencep.com

北京中石油彩色印刷有限责任公司印刷
科学出版社发行 各地新华书店经销

*

2017 年 11 月第 一 版 开本:720×1000 B5
2017 年 11 月第一次印刷 印张:13 1/2
字数:261 000

定价:88.00 元
(如有印装质量问题,我社负责调换)

前　言

在抗灾救援及处置突发事件的各项措施中，航空救援具有快速、高效、受地理空间限制少等优势，是世界上许多国家普遍采用的有效手段。但由于灾情和物资需求信息存在动态性、多源性和不确定性，通用航空救援受到地形、天气和航空器性能的制约，这些制约会对通航救援的多种物资和航空器应急调度，以及航空器航迹规划和飞行避险的应急决策，产生重要影响。

通航救援作业类型的特殊性、实施救援主体和业务操作的多样性，给具体的救援实施过程带来一系列挑战。紧急事件和灾害具备很强的突发性，救援越及时，受灾人群获救的概率越高，救灾效果越好，这对救援的时间提出了更为严苛的要求。随着社会和经济的快速发展，需要采用航空技术手段执行的救援任务呈现日趋广泛的特性，从航空遥感的灾区情报收集到大型机械设备的空运，从各类药品、食品等物资的空投到伤员的运送和疏散，无处不在。此外，作为一项极为复杂的系统性工程，通航救援作业涉及预测、监控、决策处置等多个环节。因此，通航救援过程具有时间紧、任务杂、环节多和配合难等特点，需要满足高效和安全的要求。

通航应急调度与低空避险问题的研究可有效提高应急救援的工作效率和安全水平，减少突发事件造成的损失，也是避免贻误施救时机造成更为严重损失的有效手段。本书瞄准《国家中长期科学和技术发展规划纲要（2006—2020 年）》中"突发公共事件防范与快速处置"、"交通运输安全与应急保障"等优先主题，综合多个学科和领域的先进理论及技术，深入探讨影响航空应急科学管理和航空器低空安全运行的若干关键科学问题，完善通航救援应急决策的基础理论和关键技术。

本书围绕低空救援系统面临的灾情信息的时变性、资源调度的动态性、低空避险的可靠性三个科学问题，从建立阶段性粗糙集规则挖掘和多源信息融合的物资分布需求预测、救援资源信息动态变化下救援资源动态调度决策、复杂低空安全态势下多机变高度密集飞行可靠自主避险三个方面研究解决通航低空救援系统的关键性科学问题，在对航空器冲突探测和自主避险的小尺度飞行安全分析的同时，探索低空空域通航应急救援的大尺度动态资源调度，将救援飞行的安全性和资源调度的科学性相融合。上述关键科学问题的研究将为建设低空救援空中交通辅助决策系统奠定理论与技术基础。

本书的主要内容可分为三个部分：第一部分是本书研究背景及综述，包括第

1章和第2章，介绍本书的研究背景和意义，以及全书涉及内容的研究进展和评述；第二部分是救援物资需求分布预测、应急调度和优化选址问题，包括第3章～第7章，主要介绍基于航空器性能的多出救点应急调度、空地联运应急调度、随机风影响下的应急调度以及空地医疗救援起降点选址；第三部分是低空飞行自主避险问题，包括第8章～第10章，按照救援飞行航迹预测的时段差异，分别介绍救援飞行航迹规划、短时救援飞行航迹推测及实时救援飞行冲突探测和避险三个层次。

　　本书是作者近5年来在通航应急救援研究的基础上撰写完成的科研成果。研究工作获得了作者主持的国家自然科学基金面上项目"面向飞行安全的低空救援空中交通辅助决策系统关键问题研究"（71271113）以及国家自然科学基金委员会和中国民用航空局共同设立的民航联合研究基金"不确定信息融合下空地联运协同应急决策若干关键问题研究"（U1633119）的连续资助。本书的撰写得到周毅、王磊、王硕、喻慧和喻珏等研究生的帮助。研究中所需的地震历史数据得到国家地震局地震数据共享中心的大力支持。在此致以最诚挚的感谢。

　　在撰写本书的过程中，作者查阅了国内外应急物流和飞行安全领域最新的研究成果。但通航应急救援是个较新的研究领域，研究涉及内容多，许多章节本身就是开放的热点课题。本书尚未涉及的相关问题有待进一步完善，本书存在的不足之处，敬请读者批评指正。

张　明

2017年7月

目　　录

前言

第1章　绪论 ··· 1
  1.1　研究背景 ··· 1
  1.2　研究的目的和意义 ··· 2
  1.3　本书内容安排 ··· 3
  参考文献 ·· 9

第2章　通航应急救援研究进展及评述 ·· 10
  2.1　应急救援资源分布需求预测 ·· 10
  2.2　应急调度优化模型和方法 ··· 12
  2.3　航空医疗救援设施优化选址 ·· 15
  2.4　飞行航迹规划、推测和飞行意图推理 ···································· 19
  2.5　飞行冲突探测和避险 ·· 22
  2.6　航空应急救援的应用研究进展 ··· 25
  参考文献 ··· 27

第3章　不确定灾情信息下的应急资源分布需求预测方法 ······················· 38
  3.1　应急救援资源分布需求预测问题概述 ···································· 38
  3.2　基于反馈补偿 K-means 的历史灾情范例聚类算法 ·················· 39
  3.3　基于反馈补偿 K-means 范例推理法的应急资源需求预测 ········· 41
  3.4　算例分析 ··· 43
  3.5　小结 ··· 49
  参考文献 ·· 49

第4章　基于航空器性能的多出救点物资应急调度模型 ·························· 51
  4.1　航空器调度问题概述 ·· 52
  4.2　调度优化模型 ··· 55
  4.3　求解算法设计 ··· 58
  4.4　算例分析 ··· 63
  4.5　小结 ··· 67
  参考文献 ·· 68

第 5 章 基于随机风预测的航空应急调度模型 ·········· 69
5.1 航空调度规划问题概述 ·········· 69
5.2 随机风影响下的航空器运动模型 ·········· 69
5.3 随机风影响下的航空调度规划模型 ·········· 72
5.4 算例分析 ·········· 76
5.5 小结 ·········· 81
参考文献 ·········· 82

第 6 章 基于动态路网的空地联运协同应急调度模型 ·········· 83
6.1 空地联运协同调度问题概述 ·········· 83
6.2 空地联运协同调度模型 ·········· 84
6.3 算例分析 ·········· 90
6.4 三种运输方式对比分析 ·········· 102
6.5 小结 ·········· 105
参考文献 ·········· 106

第 7 章 空地医疗救援两阶段起降点优化选址覆盖模型 ·········· 107
7.1 应急调度方式 ·········· 108
7.2 空地联运调度选址集覆盖模型 ·········· 110
7.3 空地联运调度选址最大覆盖模型 ·········· 113
7.4 求解算法 ·········· 115
7.5 算例分析 ·········· 117
7.6 小结 ·········· 125
参考文献 ·········· 126

第 8 章 基于三维网格和气象预测的航空器低空航迹规划方法 ·········· 127
8.1 基于三维空域网格的低空飞行计划航迹初始规划方法 ·········· 128
8.2 基于气象预测模型的低空航空器规划航迹修正方法 ·········· 137
8.3 小结 ·········· 148
参考文献 ·········· 149

第 9 章 基于混合估计和意图推理的飞行航迹推测技术 ·········· 150
9.1 混合估计算法 ·········· 150
9.2 意图推理算法 ·········· 155
9.3 基于飞行状态和飞行意图的航迹推测算法 ·········· 160
9.4 案例仿真 ·········· 164
9.5 小结 ·········· 168
参考文献 ·········· 168

第10章　多冲突模式下实时救援飞行冲突探测与避险方法 …………… 170
- 10.1　低空救援目视飞行规则 ………………………………………… 171
- 10.2　冲突探测与避险总体网络结构 ………………………………… 173
- 10.3　基于航迹推测的冲突探测算法 ………………………………… 173
- 10.4　多机救援冲突模式划分 ………………………………………… 182
- 10.5　基于 Agent 模型的实时航迹避险算法分析 …………………… 187
- 10.6　基于 Multi-Agent 系统的多机实时飞行冲突避险 …………… 195
- 10.7　小结 ……………………………………………………………… 207
- 参考文献 ……………………………………………………………… 208

第 1 章 绪 论

通用航空（简称通航）应急救援是应急救援的一种方式，特指使用航空技术手段和技术装备实施的一种应急救援，与其他救援手段相比并无本质差异，但独特之处在于其所使用的技术条件和组织管理方式[1]。在抗灾救援及处置突发事件的各项措施中，通航救援具有快速、高效、受地理空间限制较少的优势，成为许多国家普遍采用的有效救援手段。

1.1 研究背景

我国是世界上受自然灾害影响最严重的国家之一，据民政部统计[2]，在一般年份，全国受灾人口约 2 亿人，直接经济损失高达 2000 亿元。尤其近几年，地质和气象灾害频繁发生，具有代表性的有汶川地震、南方冰雪灾害、玉树地震、舟曲泥石流、雅安地震、北川洪灾等，这些灾害均造成巨大数量的人员伤亡和财产损失。除自然灾害外，各种类型的社会安全、事故灾害等突发事件时有发生，已经成为制约我国经济发展和社会稳定的重要因素。在抗灾救援及处置突发事件的各项措施中，通过通航运输救援方式，可以发挥航空运输救援响应速度快、科技含量高、救援效果好、范围广等优势，这是世界上许多国家普遍采用的有效手段。但在航空应急救援体系中，施救的航空器在 1000m 以下的低空运行环境受到地形环境、密集飞行等不确定因素的干扰，以及航空器性能的制约，往往存在安全风险大、施救效率低和实施不科学等问题。同时，灾情和物资需求信息存在动态性、多源性和不确定性，也会对空地联运中的多种物资分配、航空器调度以及车辆调度等的应急决策产生影响。通航救援应急调度和低空避险研究，涉及多个学科和领域的先进理论与技术，能有效地提高救援工作效率及安全水平，同时减少了因突发事件造成的损失，是实施应急救援工作的有效手段。本书针对"突发公共事件防范与快速处置"、"交通运输安全与应急保障"等主题，深入探讨影响航空应急科学管理和航空器低空安全运行的若干关键科学问题，完善通航应急决策的基础理论和关键技术。本书研究内容作为应急保障体系的一个重要方面，对确保科学高效的应急决策和安全可靠的救援飞行意义重大。

1.2 研究的目的和意义

1.2.1 研究目的

通航救援应急调度和低空避险问题的研究，符合国家航空战略发展需求，对于加快建设有中国特色的国家航空应急救援体系具有重要价值。本书围绕低空救援系统面临的灾情信息的时变性、资源调度的动态性、低空避险的可靠性三个科学问题，从建立阶段性粗糙集规则挖掘多源信息融合的物资分布需求预测技术，救援资源信息动态变化下救援资源动态调度决策，复杂低空安全态势下多机变高度密集飞行可靠自主避险方法三个方面研究解决通航低空救援系统的关键性科学问题，在对航空器冲突探测和自主避险的小尺度飞行安全分析的同时，探索低空空域通航应急救援的大尺度动态资源调度，将救援飞行的安全性和资源调度的科学性相融合，上述关键科学问题的研究将为建设低空救援空中交通辅助决策系统奠定理论与技术基础。

1.2.2 研究意义

本书针对现有的应急资源需求预测、航空应急救援调度及飞行避险等关键科学问题研究中存在的不足展开深入研究，综合运用交通运输工程学、应急预测和决策理论、运筹学等领域最新的理论和技术，采用信息融合技术、飞行仿真技术、数据挖掘技术等领域的最新研究成果，解决通航救援应急调度和低空避险的关键性科学问题，对完善应急救援体系与提升应急保障能力意义重大。

本书的研究具有较强的研究价值和现实意义，主要表现在以下七个方面：

（1）针对灾情和物资需求信息存在时效性与不确定性，借鉴信息规则挖掘思想，基于历史数据、应急演练的物资需求信息和短期应急需求信息，建立基于阶段性需求信息粗糙集规则挖掘和范例推理多源信息融合的应急物资分布需求预测技术；与以往的物资需求预测研究相比，该方法可有效提高物资动态需求预测的准确度。

（2）针对救援空域对流天气、道路网的动态变化和救援航空器性能的差异，引入天气与道路网的空间网格模型和航空器性能数据库，以救援时间最短和满足最大物资需求为目标，建立空地联运协同应急调度模型；弥补以往空地联运协同应急调度研究中，忽略航空器性能差异性和天气、路网的动态性导致的调度方案粗放与实施效率低的问题，与空地联运救援实际的贴合度将得到提高。

（3）针对救援运输形式多样性和单一运输方式局限性，通过建立空地联运的医疗救援集覆盖模型和最大覆盖模型的两阶段选址优化模型，保证优化选址结果

（4）针对航空器救援航迹规划面临的地形和侧风的复杂变化，引入无迹卡尔曼滤波（unscented Kalman filter，UKF）算法对低空侧风预报数据融合，并建立基于三维空间网格和时间窗的航空器飞行轨迹安全规划方法；与以往的救援航迹规划研究相比，可有效提高航空器救援航迹规划的准确性，为航空器冲突探测和解脱策略安全实施提供依据。

（5）针对复杂低空救援飞行环境下的航迹推测问题，给出了基于航空器飞行状态和意图推理的航迹推测（state-based and intent-based trajectory prediction，SIBTP）算法。该算法将交互式多模型（interacting multiple model，IMM）和改进的意图推理算法（improved intent inference algorithm，IIIA）相结合，克服了单个算法的缺陷，将整个航迹推测过程构建在空域三维网格上，简化了算法的复杂性，提高了算法的运算效率。仿真结果表明，SIBTP 算法推测得到的结果比单独使用IIIA 推测的航迹更加精确，更能够保证实时飞行冲突探测与避险的准确性。

（6）针对复杂低空环境航空器运行状态时变的安全态势，参照低空目视飞行规则和航空器飞行预警时间，通过建立三维空间网格，基于航空器时空参量和性能指标，建立多机变高度机动飞行的冲突探测模型，与传统的同高度变速冲突探测研究相比，该方法与航空应急救援实际贴合度将得到提高。

（7）针对复杂的多机协作避险飞行，建立多机飞行避险优先级规则，综合运用人工智能的 Multi-Agent 方法，确定多机密集飞行可靠自主避险方法，弥补传统的冲突避险研究中，忽略冲突模式判定导致的避险安全度不高的问题，将有效提高航空器自主避险的可靠性。

1.3　本书内容安排

本书的研究以航空救援中的物资调度为出发点，通过增加调度架次，提高各个受灾点物资满足率，减小救援飞行在运输过程中的时间与运输成本消耗，以便有效提高救援的效率和水平；同时，从航空器预战术救援飞行航迹规划入手，在实际的飞行过程中，进行飞行航迹推测以及实时通航救援飞行冲突探测和避险，并以航空器从起点到目标点的安全高效飞行为目标。本书主要研究内容是在确保救援高效的前提下，对低空飞行安全进行分析，在确定航空器救援任务以及目视救援飞行规则和避让规则基础上，通过智能优化方法，构建低空飞行自主避险方法，最终实现航空器在低空救援空域安全高效地自主飞行。

1.3.1 研究内容

1. 不确定灾情信息下应急资源分布需求预测方法

应急救援资源的需求预测，受到社会、环境等因素影响，具有很强的时效性和阶段性，同时灾情和物资需求信息有着模糊性和不确定性，灾情发生短时间内获取的信息极为有限，需要在对灾区历史统计数据进行挖掘的基础上预测资源需求分布，以保证预测的准确性。以往的模型不能将历史数据挖掘规则结合到不确定信息融合应急救援物资需求预测中，因而难以获得准确的应急物资需求。

本书在不确定灾情信息条件下，根据历史数据采用模糊粗糙集方法获取救援优先级决策规则，并运用数据挖掘和信息融合技术对初步获取的灾情信息进行信息识别，再运用反馈补偿 *K*-means 范例推理算法对各受灾点的应急救援物资分布需求进行动态的预测。该内容见本书第 3 章。

2. 基于航空器性能的多出救点物资应急调度模型

目前对于航空救援的研究较少，且大多集中于战略层面的救援体系建设和应急响应研究，战术层面的研究有应急救援指挥中心选址研究以及航空器调度算法的研究，缺乏对于性能差异的救援航空器在多出救点进行多种物质和航空器应急调度研究，并未形成成熟的调度策略和研究思路。

本书对航空器调度问题进行了系统性阐述，从概念性的一般论述到构成要素的组成，再到问题分类，构造了航空器调度问题的优化模型，结合传统的矩阵编码的遗传算法和优化的爬山遗传算法对仿真实例进行结算，完成了分配方案和路径优化。侧重于各类物资及初始运力分布的调度安排，为之后的战术应急调度方案提供指导。该内容见本书第 4 章。

3. 基于随机风预测的航空应急调度模型

需要依据资源需求的动态变化，根据动态天气对航行轨迹的影响、出救点与目的地之间的距离以及航空器的运力，来协同调度从出救点到受灾点或配送中心的物资和运力，满足总体救援时间最短、物资需求满意度最高等要求。以往的研究大多只考虑单一因素对航路的影响或者只考虑航路的规划与航空运输效率，并未将多因素与航空运输相结合，缺乏多种动态天气对航空运输影响的研究，从而使模型趋于理想化，无法应用到航空救援的实际场景中。

本书考虑随机风对航空器飞行轨迹的影响，应用基于无迹卡尔曼滤波的数值气象预报释用技术对航路上的随机风进行预测，分析随机风影响下的航空器运动轨迹，依据速度矢量合成原理，构建航空器运动模型；然后，以物资需求满足率最大、救援优先满意度最大和应急响应时间最短为目标，建立由出救点到受灾点的航空应急救援调度规划多目标模型;最后,根据上述应急资源预测方法计算出各受灾点的救援优先级和物资需求量,确定航空运输配送方案,完成从出救点到受灾点进行直接救援的航空调度方式。该内容见本书第5章。

4. 基于动态路网的空地联运协同应急调度模型

空地联运救援条件下,需要依据资源需求的动态变化,根据航空器和车辆运力分布、对流天气对航空救援影响以及不同种类物资需求度,来协同调度物资和运力,满足救援时间最短、物资需求度最高的要求。以往的研究大多以单一运输方式为主,或将联运应急调度模型通过理论抽象进行简化,缺乏考虑天气、路段损毁的动态路网、航空器性能差异等对于空地联运的影响,从而使模型趋于理想化,无法应用于空地联运实际中。

本书首先按照距离划分出若干个由出救点-配送中心、配送中心-受灾点组合的交通小区,建立三层救灾网络;其次,考虑道路损毁对地面调度的影响,提取应急交通流数据,构建道路损毁条件下的地面动态路网运输调度模型;再次,借鉴航空应急救援调度方法,结合地面运输调度模型,以总体运输时间最短为线索,构建空地联运协同调度模型;最后,根据应急资源预测方法计算出各受灾点的救援优先级和物资需求量,确定空地联运配送方案,完成从出救点经由配送中心到受灾点的应急救援间接运输调度方式。

其中,空-地联运协同运输调度是指通过预测出的各受灾点物资需求量按照配送中心-受灾点交通小区的划分方式推断出各配送中心的物资需求量,再根据各配送中心的物资需求量划分受灾点-配送中心交通小区,并通过航空调度方式合理地将出救点的航空器及各类物资分配到对应的配送中心,最后通过地面调度方式将配送中心的救援物资分配到各个受灾点(见图1.1),这种救援方式提高了自然灾害的响应效率以及应急救援资源的利用率。该内容见本书第6章。

5. 空地医疗救援两阶段起降点优化选址覆盖模型

科学合理地开展应急医疗救援起降点选址问题研究,最大限度地发挥有限的应急资源的价值,是医疗救援中的一项重要工作。该项研究工作总结如下。①提出空地联运的医疗应急调度方式。针对出救点属性以及航空器在受灾点能否着陆,设置转运点进行转运调度,并对应空地联运(无转运点)和空地转运(有转运点)两种空地结合的应急调度方式进行对比研究。②建立两阶段选址覆盖模型。以覆盖面最大为目标建立集覆盖模型,以应急救援设施建设总成本最小为目标建立最大覆盖模型,集覆盖模型的最优目标函数值作为最大覆盖模型的经济约束,得到最优的航空器和车辆混合配置比例,保证层次模型间的衔接性、选址结果的覆盖特性和经济特性。③构建应急调度方式矩阵,进行模型预处理。基于医疗救援背

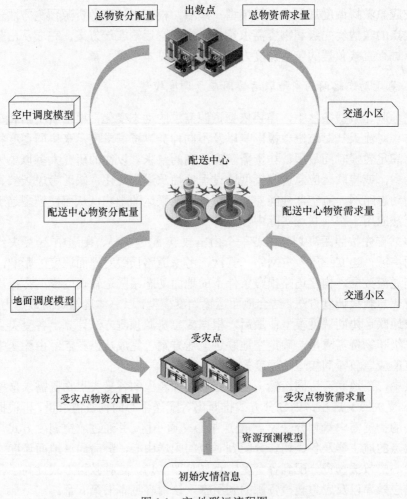

图 1.1　空-地联运流程图

景,将总救援过程分为"出救点-受灾点,受灾点-医院"两阶段,并结合不同应急调度方式的运输与装卸载特性,分阶段建立响应时间和总救援时间约束,进而得到应急调度方式矩阵,极大缩短模型求解时间。通过算例研究分析表明,相对于以往文献,本书提出的选址模型,覆盖率、建设成本和救援时间等指标获得更优的结果,验证了本书两阶段选址覆盖模型的可行性和高效性。该内容见本书第 7 章。

6. 基于三维网格和气象预测的航空器低空航迹规划方法

已有的研究多数是二维平面内的路径规划,低空飞行中三维的航迹规划主要使用的是高度修正方法,很少考虑航空器的性能约束,并且已解决的多数是单个航空器航迹规划问题,没有考虑多航空器之间的飞行冲突问题。本书针对目前航迹规划存在的诸多问题,在保证飞行安全的前提下,合理有效地划分低空救援空域三维网络,最大化利用空域满足救援需求。在空域网格划分的基础上,结合救援飞行任务、地形及气象因素、航空器的性能等约束构建单航空器初始最优飞行计划航迹搜索方法。在单航空器初始最优飞行计划航迹的基础上,结合时间窗原理以及飞行任务优先级属性,规划多航空器无冲突最优飞行计划航迹,并为实时的飞行冲突探测提供理论基础。

同时,针对数值天气预报数据误差较大和高空气象数据不适用于低空的问题,本书针对航空器在低空风环境中的规划航迹修正问题,建立气象预测修正模型,通过插值模型获取各航路点的矢量风数据,并基于 UKF 预测模型来融合记录数据与预报数据,修正其系统误差,由矢量合成计算得出航空器地速,将其应用到航迹规划中,从而在时间与空间两个方面提高规划航迹的精确度。最后,通过算例分析对模型进行对比验证。该内容见本书第 8 章。

7. 基于混合估计和意图推理的短期飞行航迹推测技术

在推测航空器的飞行航迹时,可以不受推测时间限制,但是随着推测时间延长,航迹推测的偏差会成倍增加。特别是在没有明确的航路、航线约束、导航台引导和空管二次雷达监视的环境下,参与低空救援飞行的航空器,主要依靠飞行员取地标参照物或通过全球定位系统(global positioning system,GPS)定位点来进行点到点的目视飞行。在这种情形下会给实时的航迹推测带来很大困难,同时也会给低空应急救援飞行带来更多不安全因素。

实时冲突探测保障低空飞行安全首先要解决的是精确的航迹推测。针对复杂低空救援飞行环境下实时的航迹推测问题,本书在划设的空域三维网格基础上,提出了基于混合估计和意图推理的航迹推测算法,该算法将 IMM 和 IIIA 相结合,具有水平和垂直方向上的航迹推测功能,实现了对低空救援环境中进行三维机动航空器的航迹推测。推测得到的航迹比单独使用 IMM 或者 IIIA 得到的推测航迹都精确,同时该算法与之前的方法相比,简化了算法模型,提高了运算效率,能够保证航迹推测算法的实时性要求。该内容见本书第 9 章。

8. 多冲突模式下实时救援飞行冲突探测与避险方法

低空飞行没有航路航线引导,飞行员采取的是点到点地目视飞行,这将导致较大的飞行偏差,给实时的冲突探测带来很大困难。同时,低空飞行受到的地形、恶劣天气以及风的影响要比高空航路飞行严重很多。所以,低空飞行过程中会有频繁的机动飞行,这也给实时的冲突探测与避险增加了很大难度。

本书在划设的空域三维网格环境中,提出了基于航迹推测的实时冲突探测算法与基于 Multi-Agent 模型的自主冲突避险算法。该算法在空域网格基础上,构建了基于航迹推测的冲突探测算法。该算法对两航空器水平面内可能的相遇态势进行分析,在精确航迹推测的基础上,先判定两推测航迹在空间上是否有交集,然后计算可能的冲突网格节点的时间窗,最后通过判断两个时间窗是否有交集来判定冲突。冲突避险算法在探测到飞行冲突时,为了实现自主避让飞行冲突,将航空器当做智能体 Agent,发生冲突的 Agent 通过相关救援目视飞行避让规则构建 Agent 模型。基于各个 Agent 任务优先级的不同,进行非协作式航向调整冲突避险策略,并提出了协作式航向调整冲突避险策略思想,确保航空器能够得到最优无冲突飞行航迹。在无冲突路径集中,选择一条最短、转弯次数最少的路径作为最优飞行航迹。

由于冲突态势多样化,既有两架航空器之间的冲突,又有多机之间的冲突;此外,由于救援航空器往往会以编队方式飞行,还要考虑机队在飞行中遭遇冲突的情形,多种类型的冲突态势使得冲突避险问题复杂化。本书提出了基于推测飞行轨迹的冲突探测模型,并引入基于目视飞行间隔标准的保护区模型来弥补基于推测轨迹冲突探测模型在特殊情形下的不足,以避险预警时间为基准,将冲突划分为两机(含机队)、多机模式。在每种冲突模式中,根据冲突航空器的飞行过程以及执行的任务划分不同冲突场景。在冲突避险方面,界定了两机、多机、机队三种冲突模式,并针对三种冲突模式分别提出了避险方案,从而实现协作式飞行冲突避险。该内容见本书第 10 章。

1.3.2 技术路线

本书主要章节的技术路线如图 1.2 所示。

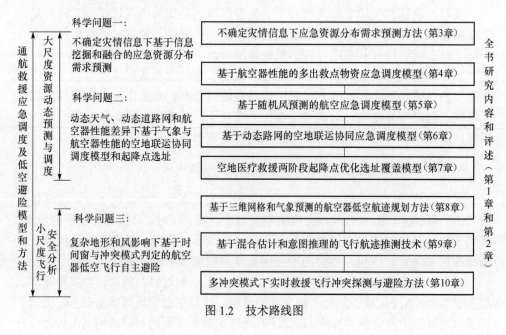

图 1.2 技术路线图

参 考 文 献

［1］ 于耕. 航空应急救援[M]. 北京: 航空工业出版社, 2009: 3-7.
［2］ 刘大响, 王湘穗. 安国利民的重大预战术举措——大力发展我国航空应急救援能力的思考[J]. 中国工程科学, 2009, 11(6): 68-73.

第 2 章 通航应急救援研究进展及评述

通航的应急救援和低空避险,既要保证航空器将应急物资高效运达各个应急点,缩短救援时间,又要保证航空器运行的安全,避免航空器之间或者航空器与低空障碍物的飞行冲突。研究工作主要涉及如下方面:应急救援资源需求预测研究,航空器应急调度研究,救援航空器飞行起降点优化选址研究,航空器飞行航迹规划研究,短期飞行航迹推测研究以及救援航空器的实时冲突探测和避险研究等。本章就上述研究进展进行评述。

2.1 应急救援资源分布需求预测

1. 应急救援资源需求的案例推理法

应急救援资源需求的案例推理法,首先描述和提取已经发生或即将发生的灾害特征,根据这些特征从历史灾情数据库中搜索相似案例,对比分析新旧灾情案例,对历史灾情需求进行调整,从而获取本次灾情的需求。王炜等[1]对突发公共事件应急资源需求预测方法进行了研究;邓守城等[2]运用范例推理算法对水上交通突发事件的资源需求进行了预测;袁晓芳[3]运用情景分析与案例推理算法对非常规突发事件进行了应急决策的研究;宁钟等[4]、于璐等[5]运用案例推理算法对应急救援供应链突发的危机进行了处理;傅志妍等[6]在对相似案例进行分析后利用目标物资与关键因素之间的模糊关系确定所需物资量,构建了案例推理-关键因素模型,并预测了应急救援物资需求量,减少了计算步骤;Zhang 等[7]利用多线性回归分析方法来分析历史范例的各属性指标,并识别出影响预测各物资需求的关键性因素,然后利用欧几里得算法找出相似范例,构建出基于多线性和范例推理的预测模型,克服了人为主观确定关键性因素的缺陷。但灾后的混乱状况,会造成需求本身的数量很难在短时间内准确获取,该方法估计可能失准。此外,相关作者还融合了案例与规则推理方法对应急资源进行调配[8, 9]。

2. 基于空间遥感和 GIS 技术的应急物资需求预测方法

随着高清遥感技术的发展,很多学者利用高清卫星遥感、航拍遥感影像结合地理信息系统(geographic information system,GIS)来快速评估地震等巨灾后损失情况,评估结果可用于应急资源需求预测的重要依据[10~12],Chang 等[13]提出了一个利用 GIS 的分析功能来估计不同降雨量情况下应急救援需求区域点和需求设备量；张会等[14]使用 GIS 分析受灾情况以及资源需求量，建立了城市突发性自然灾害的应急管理系统。此外，胡卓玮等[15]使用高分辨率卫星遥感数据形成融合数据，通过分析融合图像的光谱、几何、纹理特征，提取公路信息的形成规则，建立了公路信息提取模型；姜蓝齐等[16]通过分析洪涝灾害的影响因子，建立了相关的指标评价体系，并使用加权综合法计算出综合评价指数，借助 Arc-GIS 空间分析功能实现了洪涝危害区的划分；廖桂华等[17]通过对 GIS 及空间遥感技术的灵活运用模拟了厦门市地震范围、震源位置、灾情蔓延趋势及波及情况，结合最短救援路径分析以及初步灾情信息进行救援决策。

3. 基于时间序列的应急救援物资需求预测法

该方法适用于动态需求预测，目前基于该类理论的自回归移动平滑法、指数平滑法和独立同步法已经广泛用于应急需求预测[18~20]。Xu 等[21]通过分析灾害发生后救灾物资需求量的波动性，构建了混合经验模型分解与自回归移动平均法的预测模型；乔洪波[22]通过分析储备区与储备点之间的物资供需关系，计算出储备点的物资需求指数，同时考虑到相邻储备区的可分配物资量以及物资的需求等级对储备点物资需求量的影响，构建了基于需求满足率的储备点需求量计算模型。操张进[23]通过使用定性与定量混合预测方法对应急救援资源的需求进行预测，构建了基于相空间重构的最大 Lyapunov 指数法的定量预测模型，在此基础上，通过定性因素影响矩对定量预测的结果进行调整，增加了预测的准确性。赵一兵等[24]提出了基于支持向量机回归的应急资源需求预测方法。刘文博[25]提出了改进的基于加权最小二乘支持向量机的应急物资需求预测方法，该方法消除了有一定误差的数据样本对预测结果的影响。

4. 基于神经网络的应急资源需求预测方法

由于受到应急物资需求多元随机性的影响，传统的数学建模难以精确预测，而因为其广泛的适应能力和学习能力，神经网络在非线性系统的预测方面得到广泛应用。Tsai 等[26]提出了多时序单元神经网络结构以及并行集成神经网络，将人工神经网络法用在预测物资需求方面，避免所建模型的复杂性，在一定程度上提高了预测精度；孟参[27]整合了神经网络预测法和灰色系统预测模型 GM(1,1)，构建出基于灰色神经网络组合的应急救援物资需求预测模型；王晓等[28]将模糊粗糙集理论、神经网络学习规则以及多元线性回归方法融入案例推理过程中，较好地解决了非常规突发事件中资源数据不完备、不精确的问题；亢丽君[29]将粒子群算法用于优化 BP 神经网络，在此基础上构建基于 PSO-BP 神经网络的应急救援资源需求预测模型；张文芬等[30]将神经网络方法与小波理论相结合，建立了小波神经网络资源预测模型,对海上突发事件的应急资源需求进行动态预测;Mohammadi 等[31]提出了新的基于混合进化 RBF 神经网络的方法对紧急供应需求量的时间序列进行研究预测;Liu[32]针对高速公路交通事故资源需求的紧迫性,提出了神经网络的方法对应急资源需求进行预测。此外,钱枫林等[33]还运用 BP 神经网络模型预测地震灾害中的伤亡人数。

5. 不确定信息条件下应急需求预测方法

灾情信息的发布具有多源性、时效性和阶段性,而往往需要在救援信息不确定、不完整或者模糊的情况下来预测应急物资的需求,为准确的预测带来了困难。Sheu[34]提出了动态应急资源需求预测模型,其目标是预测给定时期内每个受灾地区的动态应急需求,通过两个计算过程:更新累加死亡数和应急需求逼近。估计过程中考虑了信息的不确定性,假设每个需求点在给定的时间内对某种资源的需求符合高斯过程,需求估计中采用了信息融合技术。Hu[35]受处理免疫系统的病原体的高效特殊结构以及容差机制的启发,提出了一个基于公差模型的保护灾害节点应急需求的预测方法;Guo 等[36]针对应急物流的复杂性、不确定性、非常规性、突发性以及经济疲软等特征,提出了基于模糊马尔可夫链的应急物资需求预测模型;Sun 等[37]采用两区域间模糊粗糙集方法来对应急物资需求进行预测。此外,Sheu 还提出了一个定向需求应急物流模型,旨在最大限度地分配救灾物资以及最大化幸存者恢复能力[38]。

以往的模型缺乏将历史数据挖掘规则结合到不确定信息融合应急救援物资需求预测中,因而难以获得准确的应急物资需求。因此,如何在灾情时变和不确定性条件下,形成动态信息挖掘和融合的应急物资分布需求预测技术,是本书需要解决的一个关键科学问题。

2.2 应急调度优化模型和方法

2.2.1 地面应急调度

在获取应急物资分布动态需求预测信息基础上,需要解决通航应急救援物资和运力的协同调度策略,以提高救援的合理性和有效性。应急救援资源地面路网调度一般包括静态路网调度和动态路网调度两方面。静态路网调度主要是从多个出救点中确定此次应急活动的出救点,并明确各个出救点的供应量,最大限度地满足各受灾点对应急救援资源的需求。相关研究有:Kusumastuti 等[39]根据印度尼西亚海啸的特殊场景,建立了一个基于救灾前后两阶段的分层模型框架,这个模型框架包含决定受灾区域的配送点的多周期最大覆盖地问题以及设备分配选址模型，但是需求没有假设随机性；Wex 等[40]建立了一个根据事件严重程度划分的完成时间和最小的相关决策支持模型，来解决各救援单元的合理配置与规划问题；Özdamar 等[41]研究了应急救援资源配送的多阶段多目标问题以及救灾物流决策支持系统；Barbarosoğlu 等[42]讨论了应急物资运输计划编制中的两阶段随机规划问题，并构建了应急救援中的直升机调度模型及算法；宋永朝等[43]采用蒙特卡罗模拟方法分析了山区路网的连通可靠度，提出了灾时山区路网应急救护中心优化选址方法；孟永昌等[44]针对路网应急疏散问题，提出了以路径流量为决策变量，以疏散流量最大、疏散路线最短及可靠性最高为目标的优化模型，并将自适应小生境帕累托遗传算法运用在模型的求解中。除了上述对确定性问题的研究，静态路网调度还包含不确定性问题，如 Bozorgi-Amiri 等[45]建立了包含需求、供应、采购和运输成本的不确定救灾物流信息下的多目标随机规划模型，在此模型中，不确定性没有直接通过随机变量而是通过有限离散场景通常的设置来体现；孙华丽等[46]针对突发事件发生后路网和应急物资需求的不确定性，以物资配送总成本最小及总时间最小为目标，构建了基于随机机会约束规划的多目标应急物流定位-路径模型；此外，还有相关学者针对单受灾点的组合点优化问题[47,48]以及针对多受灾点并存的大规模突发事件[49]做了相应研究。

出救点的组合优化问题考虑的是静态应急资源调度问题，但由于信息不充分，实际上资源调度往往是多阶段进行的，后一阶段调度的资源量与前一阶段调度的资源量息息相关。因此，资源动态调度模型更具有实际意义。相关研究有：詹沙磊等[50]着重研究了应急救援选址及对应急物资运用车辆配送的多目标规划问题；Lin 等[51]考虑到多受灾点、车辆、救援周期和软时间窗以及优化运输战略场景，为受灾点的应急资源供应提出了一个多目标整数规划模型，但这个模型考虑的是已知的混合时空需求而没考虑预算的约束，这些限制因素导致该模型很难运用到实际场景中；Pillac 等[52]将路径问题从信息质量和发展的角度分类，在阐述了动态路径的一般规则之后，提出了动态自由度这一概念，设计出解决动态性和不确定性的有效方法；高学英[53]提出了利用不确定信息处理理论来解决应急救援资源估计中的多种不确定信息，考虑应急救援效率、成本、公平性以及动态性，建立了相应的救援资源选址、配置以及调度模型；Ferrucci 等[54]通过禁忌搜索算法主动引导车辆去可能有需求的区域，并提出了新的主动实时控制方法来处理动态车辆路径问题；Yan 等[55]采用新的启发式资源受限项目调度算法去获取该救援的基线进度计划，帮助决策者高效地控制整个救援工程；杨兆升等[56]针对突发灾害造成的城市道路损毁、交通阻塞等多种不确定性特点，考虑路网可靠性、行程时间可靠性等因素的影响，结合城市路网交通分配的时变性，构建了基于双层规划思想的应急路径选择模型；陈森等[57]考虑到车辆配送及抢修毁损路段等方面问题，将车辆路径、路网结构结合优化，利用物资要素和时延要素之间的转换,建立了问题联合优化模型,提出了基于遗传算法和动态规划的求解方式。

应急资源路网调度需要考虑多方面的因素,如道路的损毁状况、通行能力、各点之间的距离、应急车辆的种类及运力等,具有一定的综合性和复杂性。在此,需要依据资源需求的动态变化以及由地面部分路网损毁形成的路网动态拓扑结构,来协同调度从配送中心到受灾点的物资和运力,满足总体救援时间最短、物资需求满意度最高的要求。以往的研究大多只考虑了单一因素对路网调度的影响,缺乏对车辆运力的考虑,这使得模型趋于理想化,无法应用于实际的应急调度中。因此,如何在路网损毁条件下,考虑灾区的不同救援优先级,建立动态路网调度模型,是本书需要研究的另一个科学问题。

2.2.2 航空应急调度

航空器应保证将应急物资安全高效地运达各个应急点。航空应急调度可实现运行的安全和整个协同救援调度的高效实施。航空器救援运行活动,需要考虑时间最短条件下由复杂地形和侧风的影响带来的飞行航迹的偏移;同时,航空器性能的差异较大,如飞行地速、升限和耗油率等,这些因素也会对航空器飞行航迹规划结果带来误差。对于航空应急救援中资源分配不均、应急调度效率不高等问题,夏正洪等[58]、刘浪[59]提出了救援航线优化以及空地协调等改进方法,Pasquier等[60]着重对航空应急调度方案决策方面进行了深入的探讨;罗冠辰等[61]考虑无人机飞行过程中可能遭遇的恶劣天气,构建了无人机的航迹规划模型;刘兆明[62]首先对航空调度问题进行了分解与设计,然后利用遗传算法等计算机智能方法的特点研究出一类基于计算智能的航空调度算法,该算法为航空调度规划问题提供了一种有效、新颖的解决方式;李昆鹏等[63]研究了一类航空运输与供应链生产协同调度的问题,建立了航空调度的整数规划模型;杨铭等[64]基于项目网络计划提出了一种可对多项目实施并行资源调度的改进粒子群算法,最终得到最优资源调度方案。以上这些算法尽管与航空救援的航迹规划存在优化约束差异,但在应急救援初始飞行航迹规划研究中可以得到借鉴。

以往的研究大多只考虑了单一因素对航路的影响或者只考虑了航路的规划与航空运输效率,并未将多种动态天气对航空运输影响进行研究,从而使模型趋于理想化,无法应用到航空救援的实际场景中。因此,如何在复杂动态天气条件下考虑航空运输中动态天气对飞行轨迹的影响,建立航迹修正后的航空调度模型,是本书研究的一个重要科学问题。

2.2.3 空地联运协同应急调度

空地联运这一概念最先在交通运输领域被提出,是运输行业中一种崭新的运营模式,主要通过联合航空公司与地面交通运输服务公司构建的运输网络,为乘客提供一站式出行服务，通过空地联合运输方式，使旅客、航空公司和地面交通运输服务公司三方之间实现共赢。空地联运在欧洲已经发展了一段时间，旅客可以通过组合飞机、高铁或汽车的联乘方式随心所欲地到达自己的目的地，这一成功的运输模式不仅对我国交通服务领域中空地联运的发展有一定的借鉴作用，也对应急救援领域有一定的启发。

国内外针对空地联运协同调度模型的研究成果尚不多见，应急救援资源预测、地面动态路网应急资源调度以及应急资源航空调度的研究较多，可为本书研究提供较好的研究基础和方法借鉴。

2.3 航空医疗救援设施优化选址

航空医疗救援不仅可以给患者提供较高水平的医疗救护，还能更快速地响应求救，节省运送时间。特别是对重病或重伤患者，以最短时间将患者带到医生身边获得直接救护始终是最重要的原则。直升机可实现点对点飞行，最大限度地缩短飞行距离，避免如地面救护车[65~67]一样遭受交通堵塞带来的救援时机延误。科学合理地开展应急医疗救援起降点选址问题研究，最大限度地发挥有限的应急资源的价值，是应急管理中的一项重要工作。对应急资源进行科学合理的调度在应急管理中具有非常重要的意义和作用。

应急物流作业主要分为灾前作业和灾后作业两个阶段，如图 2.1 所示。灾前作业主要包括短时间紧急疏散、设施选址和物资预存，灾后作业主要包括物资配送和伤员运输。

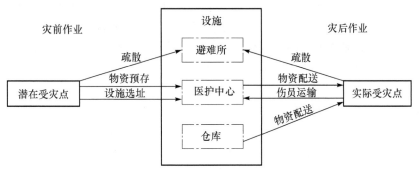

图 2.1 应急管理架构及工作流向图

2.3.1 设施选址

应急物流管理中优化模型通常会结合选址的过程，如物资预存、紧急疏散或物资配送，来建立新的设施点或选择已有的设施位置。较少文献仅考虑选址模型，如文献[68]~文献[70]所提出的模型,他们建立了最大覆盖选址模型,对覆盖范围和覆盖质量(根据分配给需求点的设施数)都做了要求,文献[70]在执行物资配送阶段还增加了随机车辆路由模型。

设施选址模型主要为 0-1 变量的混合整数规划,由于设施选址属于灾前预规划,因此已有的优化模型都是单阶段的,其中一些模型包括多目标,可以根据它们的数据类型、级别数和目标数对设施选址模型进行分类,如表 2.1 所示。数据类型是指模型所用参数是确定数还是随机数,一般在概率分布或基于场景时会用随机数;级别数是指该模型是单级还是双级,双级模型又可分为两类:一种是决策者和执行者共同做决策,另一种是不同决策阶段获取不同信息。

表 2.1 设施选址模型的目标级别与变量类型分类

目标函数	级别数	确定数	随机数
单目标	单级	文献[68]~文献[70],文献[73], 文献[78],文献[83]	文献[72],文献[76],文献[77], 文献[82],文献[84]
	双级	文献[72]	文献[81]
多目标	单级	—	文献[71]
	双级	—	文献[79]

设施选址对象是仓库和避难所,有时也指配送中心,选址模型主要面向紧急疏散过程或物资预选址过程,或同时结合物资预选址与物资配送。紧急疏散影响物资配送、物资预存但并不影响物资本身。预选址模型基于最大覆盖模型进行设施定位,使得所需物资需求总量覆盖率最大。这些模型对每个设施进行物资分配来满足各自需求,但侧重于战略规划,因此并没有考虑物资在网络中的路径问题。文献[71]和文献[72]在此基础之上加入了预算约束和响应时间约束,文献[73]提出了用关键时间来定义覆盖面,以满足需求的物资配送模型。这需要确定弧相关的决策变量,如需要运输的设备数以及移动所需时间;同时,为了结合策略与作业计划,还需要考虑物资分配和物资预存。

所有大规模应急情形下的紧急疏散选址模型都是从已有可用位置中选择避难所,并制定交通流计划,使得总紧急疏散时间最小。紧急疏散情形会受不确定性干扰,主要可分为外部交通流、需求数量以及紧急疏散三个大方面。交通流需要考虑运输时间,文献[74]~文献[76]对此提出了随机需求的概念,使得车辆的容量约束会影响在预定可允许总时间内完成紧急疏散工作的置信水平。紧急疏散是文献[75]主要关注的问题,Chen 等参照 Stackelberg 博弈建立了一个双层模型,上层选择避难所,下层针对选定的避难所进行紧急疏散路线的建模,让物流规划者只控制部分网络的流量,把紧急疏散路径的选择权交到灾民手中。

已有的物资分配和物资预存的选址模型主要目标是成本最小化,这些模型又涉及一些新的方面,如优先组织结构[77]、预算约束[78]、未满足需求成本[79~81]、设施扩建[82]以及不同类型设施[83]。文献[82]提出了清理需求约束。文献[81]还考虑了物资预定成本、维护成本和灾后物资损坏的可能性。文献[84]考虑的是时间最小化模型,并且关注了无法得到成本数据的情况。他们认为多供应商之间的补助可以消除成本问题。表 2.2 总结了已有的一些物资分配和物资预存选址模型探讨的目标、约束和其他决策。为了深入研究模型架构,并且保持复杂灵敏度,以下只讨论应急物流模型中会改变决策所增加的约束(如过流限制和非负约束等属于典型的基本车辆路由和位置/分配模型的约束)。

结合上面描述紧急疏散选址模型和选址-预定位模型,所有的考虑预选址与物资分配的设施选址模型中,只有文献[79]同时对物资作业成本与总运输时间进行了优化。从表 2.2 可以看出,很少有设施选址模型同时考虑成本最小与时间最短,进一步说明了较少文献考虑到建立多目标模型。

表 2.2 物资配送与库存预定位模型的目标、约束与其他决策

文献	优化目标		约束条件			其他决策
	优化成本	优化时间	容量约束	一般约束	特殊约束	
文献[77]	运输成本,设施新建成本,装备租金成本,抢救设备转运成本	—	设施受限	—	设施分配优先级	库存,急救中心分组
文献[84]	—	响应时间	—	设施数,总物资受限	—	—
文献[73]	设施新建成本,作业成本,运输成本	—	设施受限	满足需求关键时间	—	—
文献[78]	运输成本,储存成本	—	设施受限	预选址数量受限	投资成本受限	未满足需求度
文献[79]	仓库作业成本	运输时间	车辆受限	仓库存储物资上限	—	未满足需求度
文献[81]	设施新建成本,运输成本,未满足需求成本,存储成本	—	设施受限,路段受限	—	—	—
文献[82]	设施新建与扩建成本,库存获取成本,作业成本	—	设施受限	时段清理要求	—	容量

一些应急物流问题尚未完全得到解决,这为今后的研究奠定了基础,如文献[85]提出的基于中断的物资规划,文献[86]和文献[87]提出的库存模型以及文献[88]提出的基于医院容量的规划模型。

物资分配中商品流模型的目标、约束和其他相关决策,表中的变量计算约束是等式约束,用来计算新的变量,但是可以发现,并没有考虑到伤员运输的模型。

2.3.2 救援方式

物资配送与伤员运输中会涉及救援方式的选择问题，最常见的模型类型就是资源分配和商品流决策。对于多阶段模型，应该同时考虑商品流决策与运输模式的选择。原因有三：第一，模型可以考虑不同时间段的运输模式和商品，例如，文献[89]就考虑了物资的配载、路径及转运模式；第二，一些模型设置的目标是未满足需求总量最小化来优化响应时间，这需要不同点车辆数的实时数据，并确定他们所需装载的商品数量；第三，关于商品分批配送，这不仅需要已知所需转移的商品数，还需要已知车辆的装载容量。

文献[90]~文献[92]将分批配送与未满足需求的概念加进了他们的模型。文献[92]考虑了物资分配和人员运输，并加入了医疗中心间对病情严重伤员的转移能力约束。文献[93]提出了直升机的运输模式，并且他们的资源分配形式是飞行员-直升机-作业基地，模型目标是最小化分配成本和最小化救灾物资与伤员运输的完成时间。

交通流需要考虑运输时间，文献[84]考虑的是时间最小化模型，并且关注了无法得到成本数据的情况。他们认为多供应商之间的补助可以消除成本问题。

应急物流中还有其他的一些作业，如文献[94]规划了灾后物资配送关键时间段内的短期生命线改造；文献[95]提出了交通控制模型来管理震后不同模式的交通作业（物资分配和伤员运输）。

目前，运输模式的选择主要涉及多阶段模型，考虑物资的配载、路径及转运模式。大部分文献中较多讨论的是地面应急车辆进行救援响应，采取空地联运方式进行应急响应，特别是应用于医疗救援背景的模型非常少。文献[93]~文献[96]提出了多种运输模式的应急选址规划模型，为本书的研究提供借鉴。

综上所述，在应急预选址方面，已有的研究主要存在如下问题。①模型主要基于最大覆盖模型进行设施定位，使得所需物资需求总量覆盖率最大，从而对每个设施进行物资分配来满足各自需求，但侧重于战略规划，因此并没有考虑物资在网络中的路径问题。②已有研究在备选点集的选取上采取的方法主要有随机法，划分交通小区并取小区特征点，如重心与加权中心，或直接选取已有设施点集合。上述方法对已有设施的分布结构依赖程度大，只能对原系统进行优化，但无法确立新的最优系统，且交通小区的划分标准与数量确定没有科学的判定标准，主观性及不确定性大，对后续的系统优化有很大程度的影响。③已有的应急救援预选址方法中大多考虑了单种运输方式，而较少考虑多种交通方式联合选址的情况，而这对目标应急救援体系的预选址结果会产生很大的影响。

2.4 飞行航迹规划、推测和飞行意图推理

2.4.1 飞行航迹规划

在低空救援飞行航迹规划方面，相关研究并不是很多，但是在无人机航迹规划、航线飞行航迹规划等方面，国内外学者做了大量研究。归纳起来，解决航迹规划问题的算法包括传统经典算法和现代人工智能算法。前者主要包括动态规划法、梯度法、导数相关法、最优控制等；后者有启发式搜索、粒子群优化、人工势场法、遗传算法、禁忌搜索算法、模拟退火和人工神经网络等算法。如果结合空间、按照几何学的观点分类，可以将其分为基于图形的算法和基于网格的算法。基于图形的算法主要包括 Voronoi 图法、通视图法、子目标网络法、随机路线图法等。其中蚁群优化算法和量子粒子群算法常与 Voronoi 图相结合[97, 98]，利用 Voronoi 图可以在已知战场威胁源分布情况下生成初始可选路径集，它能够有效地将地理信息、威胁源中的点、对象和区域以集合拓扑结构表示出来。基于网格[99]的算法主要包括 RRT 算法[100]、A^*（A-star）算法[101]、Dijkstra 最短路径算法[102]、Floyed 动态规划算法[103]。A^*算法是一种标准的启发式搜索算法，在航迹规划中的应用非常广泛。它将规划空间划分为网格的形式，通过预先定义的代价函数寻找具有最小代价的航迹，但算法最终接近最优的程度取决于启发函数的表达式，当搜索空间很大时，计算量也会很大。Szczerba 等[104]提出了一种稀疏 A^*（sparse A^* search，SAS）算法，该算法将约束条件融入搜索进程，有效剔除了搜索空间中的无效节点，极大地减少了规划时间，但是基于二维空间的航迹搜索。Qi 等[105]采用变步长的 A^*算法进行航迹规划，在平坦的地形区采用大步长进行搜索，在复杂地区采用小步长进行搜索，有效缩短了规划时间，但没有考虑航空器性能约束。Khuswendi 等[106]将 A^*算法与人工势场法相结合进行航迹规划，将规划区域进行分割，使飞机先到达局部目标点，再到达全局目标点，有效缩短了规划时间。张险峰等[107]提出了一种基于航迹片段树的快速四维航迹规划方法，结合现代无人飞行器特点，利用改进的稀疏 A^*算法，生成遍布规划空间的航迹片段树，根据指定目标位置直接从航迹片段树中寻求最优叶节点，通过回溯及速度优化设置，快速获得能消除各种时间误差的飞行航迹。但该方法仍然解决的是单个航空器航迹问题。

以上提到的这些方法在低空应急救援飞行航迹预战术规划研究中都可以得到很好的借鉴和应用，但还是存在一些问题。①已有的研究多数是二维平面内的路径规划。②低空飞行中三维的航迹规划主要使用的是高度修正方法，很少考虑航空器的性能约束。③解决的多数是单个航空器航迹规划问题。没有考虑多航空器之间的飞行冲突问题。低空飞行航空器的航迹规划问题比较复杂，涉及大量不

同信息的处理，地形环境复杂多变，且规划空间中的多种约束互相耦合，所以选择一种简单高效的航迹规划算法至关重要。因此，如何科学高效地规划多航空器初始飞行计划航迹，在保障低空飞行安全的同时，又能最大限度地提高救援飞行效率，将是本书重点研究内容之一。

此外，在实际飞行过程中，航空器活动空域内的气象条件是造成实际运行轨迹与规划航迹产生偏差的重要因素。因此，考虑飞行过程中气象条件的影响效应，是提高航迹规划真实性的有效措施[108]，而对低空风的精确预测和分析航空器在风场的运动是问题的关键。目前，低空风的预测方法可分为三种：一是直接利用世界区域预报系统（world area forecast system，WAFS）发布的数值天气预报（numerical weather prediction，NWP）产品，如二进制格点加工数据（grided binary，GRIB）和网络通用数据格式（network common data form，NetCDF）格式存储的格点预报数据；二是在历史气象记录数据的基础上，采用各种预测方法进行预测，如持续性模型、自回归滑动平均模型[109]、卡尔曼滤波方法[110]或组合预测方法[111, 112]；三是将本地气象观测数据与 NWP 数据进行融合的数值气象预报释用技术，例如，将航空器气象资料中继（aircraft meteorological data relay，AMDAR）实测数据和 GRIB 数据融合[113]后可提高航路气象预报的时空分辨率及精度。但以上方法的不足主要有：NWP 数据的时间间隔较大，且存在系统误差；基于历史气象数据的预测，多用于风电场所在点的风速预测，无法满足航迹规划中获取多路点气象数据的要求；在数值气象预报释用技术的使用上，大多数运行于低空的小型航空器受限于机载设备无法获取 AMDAR 这种实时性较高的气象数据，因此该数据源并不适用于低空。在分析风对航空器的运行影响方面，现有文献提供方法主要有三种：一是基于航空器动力学建立运动模型[114]，并在其中考虑风的作用，但该方法需要根据不同航空器的性能参数建立特定的运动模型，通用性较差；二是基于数据挖掘的轨迹推测算法[115]，该方法在大量历史数据中挖掘航空器的历史飞行特性[116]，但其所需数据量大，处理效率不高；三是将航空器所处风场处理为随机不确定系统[117, 118]，利用卡尔曼滤波[119]或马尔可夫链[120]等方法对航空器的运动进行近似，但该方法的精度不足。

2.4.2 飞行航迹推测

顾名思义，航空器航迹推测就是对航空器在空中的运动轨迹做科学性推测。对国内外航迹推测相关文献进行研究发现：根据推测时段的不同，将其分为长期航迹推测和中短期航迹推测。前者主要在较长一段时间内（如 30min 以上）推测航空器的航迹变化情况，为预战术层面的决策提供支持；后者主要是获得较短时间（如 1~5min）内航空器的航迹，为航空器在战术层面上实时的航迹规划提供参考。

根据方法不同，将航迹推测方法归纳为以下三类。①通常情况航迹推测[121]

一般是指按照飞行前制作好的计划进行航迹推测。实际飞行过程中航空器受到风和恶劣天气等影响导致发生机动飞行等问题，这类航迹推测方法通常是不准确的。除此之外，飞行计划中的参数（如飞行速度和高度等）也是变化的。②最坏情况航迹推测方法[122]，通常会考虑飞行全过程中可能导致飞行安全事故发生的各种因素，其相对于其他方法来说是一种比较保守传统型的方法。③基于概率的航迹推测方法[123]，对一些由随机因素造成的航迹误差加以量化分析，并建立相应概率模型对航空器的航迹加以推测。基于概率的航迹推测方法包括基于计划航迹增加偏差修正的方法和通过建立一系列量化概率模型，进行概率性分析的方法，具体实现方法有以下两种：①基于目标跟踪推测的飞行状态和模式混合估计算法[124]；②通过构建航空器模型，进行航空器飞行动态模拟。

以上两种方法各有特点：跟踪推测混合估计算法，在推测机动目标航迹时具有更加精确的性能。它对目标飞行过程中的机动性做了充分考虑，基于当前状态的测量值和前一个采样周期的推测值就能进行下一周期的飞行状态估计，该算法只需要少量的实际飞行数据。混合估计算法中应用比较广泛的是 IMM 算法[125]，它不但能识别出航空器飞行模式间的相互转换，还能有效控制单一飞行模式下的干扰噪声，对机动目标追踪推测有着比较高的精度。通过构建飞行器模型，进行飞行动态模拟方法需要从航空器本身特性及运行环境着手，做大量的数学建模工作，如航空器运动模型、运行环境模型等，并最终将各种数据模型相互融合，创建航空器航迹推测模型。从长远研究角度来看，航迹建模具有比较深刻的意义。然而，其工作量巨大，各个模型需要庞大的数据和参数，如重量、推力、阻力和升力系数、不同时间段的风速风向等。特别是低空应急救援飞行，由于事发突然性和随机性，没有专业完备的团队配合，很难获得低空飞行过程中需要建立模型的相关实时数据。此外，不同类型的航空器有各自不同的性能参数，特别是某些航空器性能数据基于军方或者商业秘密无法获得。

2.4.3 飞行意图推理

由于缺少管制员的雷达监视和管制，低空救援飞行更多依赖于飞行员自身。因此，整个飞行过程中要想做到安全飞行，不得不考虑飞行员的飞行意图信息。相关的意图推测方法在国外已经研究多年，可以将其大致分为两类：一类是站在飞行员的立场上推测航空器的飞行意图，通过飞行员在何种飞行状态下做何种操作，该操作最终会以多大的概率导致什么样的结果，来分析飞行意图，该种方法属于离散式的研究方法[126]；另一类是从除飞行员以外的立场上，通过机载设备广播式自动相关监视（automatic dependent surveillance broadcast, ADS-B）获知航空器当前实时的位置和航向信息，以及飞行计划信息中的航迹改变点（trajectory change point, TCP），然后依据航空器飞向各个 TCP 的概率判定当前航空器的飞行意图,该方法属于连续性的研究方法。具有代表性的就是由 Krozel 等[127, 128]提出的意图推理算法(intent inference algorithm,IIA),该算法除了考虑运行环境中的天气和地形等信息,还考虑了临近航空器的广播意图消息。将航空器意图离散一个意图模型集合,使用航迹相关措施来识别哪个意图模型最接近当前航空器的实际意图。通过获取航空器的运动、飞行计划和环境信息等成功地推断出航空器的意图信息。但是在计算过程中存在推理延迟,并且不能实时获得航空器当前的飞行状态和模式,在短期内,导致轨迹推测准确度下降或者不符合实际情况。文献[129]和文献[130]提出了使用 IMM 算法对运行航空器进行动态仿真,结合航空器的飞行计划信息和获取的航空器实时的速度、高度信息,计算出航空器当前状态下的飞行参数和飞行模式。然后通过航空器当前的状态和飞行模式来推测未来时间段的航空器航迹。使用该方法推测出的航迹短期内更加符合理想情形下的飞行航迹,但是缺少了管制员或者飞行员的意图信息和周围的环境信息,会导致与实际的航迹有偏差。国内基于飞行意图信息的相关研究较少。少数文献中提出了管制意图信息概念[131],将管制意图信息作为 4D 航迹推测的一个输入数据,融合到航空器起飞爬升四维航迹推测计算中。宋英伟[132]提出了基于意图信息的冲突探测算法,即根据航空器的实时位置和速度以及飞行意图信息做飞行冲突探测。但是该方法只适用于航路上常规的飞行模式,机动飞行时冲突探测能力较弱,精确度不高。张权等[133]提出一种适用于机动飞行的冲突探测方法,该方法基于飞行意图的混合模型对航空器的意图信息进行估计,得到了机动飞行下的推测航迹,并对航路飞行中冲突概率计算进行了改进。王洁宁等[134]针对空域终端区内相同航班大量的同期历史飞行数据做特征信息提取,然后基于隐马尔可夫模型(hidden Markov model,HMM)对航空器在未来一段时间内的运行状态进行推测。该模型对于常态下的航空器航迹推测准确,但需要大量的飞行训练数据进行特征信息提取,在低空救援飞行过程中实用性不强。因此,如何在缺少大量实际运行数据的情况下,采用基于目标跟踪推测的飞行状态和模式混合估计算法,并及时有效地推测出航空器的飞行意图,实现对救援飞行中不同类型的航空器实时的航迹推测,也将是本书研究的一个重要科学问题。

2.5 飞行冲突探测和避险

2.5.1 飞行冲突探测

目前,国内外先后有多位学者进行了航空器冲突探测研究,归纳起来,依据研究方法的不同,可以将冲突探测算法分为两类:一类是几何确定型算法,另一类是分析概率型算法。几何确定型算法将航空器未来的航迹当成明确的来处理,通过比较航空器之间的相互距离与安全间隔来判定是否存在飞行冲突。该算法的本质是依据航空器性能、实时飞行状态、提前制定的飞行计划和获取的气象信息来对确定的航迹进行分段建模，基于以上信息对航空器未来时间内的航迹进行推测，然后基于时间维度来判定两航空器是否会发生飞行冲突。

分析概率型冲突探测算法主要考虑到航空器未来的航迹存在不确定性，通过对航空器之间冲突概率的计算来判定飞行冲突。它需要考虑导航性能误差、气象等因素对航迹的影响，根据航迹预估的期望值和误差分布（概率性的航迹），计算航空器对的冲突概率。这个算法分两步：第一步，为了减少要计算量（冲突概率的航空器对），结合几何确定型算法，利用航迹推测，过滤明显不会有飞行冲突的航空器对；第二步，计算可能发生飞行冲突的航空器对的飞行冲突概率，根据计算结果与一个固定的阈值比较来判定是否会发生飞行冲突；Reich[135~137]针对平行航路系统的碰撞风险提出了相邻航线飞机之间的 Reich 模型，是国际上公认的碰撞风险分析研究领域最早的研究成果；Jardin[138]以空中交通密度为变量，给出空中交通碰撞期望数的半经验模型；韩松臣等[139]运用 Reich 模型对区域导航平行航路的安全性进行分析，并提出了管制员干预模型；张兆宁等[140]分析了侧向碰撞影响因素，建立了非洋区甚高频全向信标系统导航下平行航路的侧向碰撞概率模型；Brooker[141]提出 Event 模型，给出了北大西洋地区空中交通管制系统飞机纵向间隔的碰撞风险模型；徐肖豪等[142]鉴于 Event 模型评估所得碰撞概率过于保守，将其长方体的碰撞模板改为圆柱体，建立了基于 Event 模型的侧向碰撞风险改进模型；李丹等[143]提出了基于布朗运动的概率型空中交通冲突探测算法；王世锦等[144]建立了同高度对头飞行冲突和交叉飞行冲突的低空空域冲突风险模型；张明、曲玉玲等[145, 146]结合上海终端空域规划实际，对终端区低空空域航空器变间隔下的碰撞风险模型进行了研究。

以上的两种冲突探测算法研究在实际应用中的问题是：几何确定型冲突探测算法需要逐对比较航空器，计算量比较大。可能无法满足冲突探测算法的实时性要求。其计算复杂性属于 $O(n^2)$ 级，还会扩大航空器的保护区，进而增加虚假报警率。同样，分析概率型飞行冲突探测算法也会出现许多难以克服的难题。通常情况下，其预估的冲突时间要大于相同条件下的几何确定型冲突探测算法的预估冲突时间，而且算法需要一个报警阈值。目前多数报警系统都是根据飞行和管制经验来确定报警阈值的。在低空飞行环境中，由于航空器类型不同以及缺少相应的飞行和管制经验，很难确定一个合理的报警阈值。

众所周知，低空救援飞行不仅存在同高度的对头、交叉和汇聚飞行，还有不同高度下的机动飞行。现有的模型在假设条件下对问题进行了简化，大多仅讨论同高度的碰撞风险分析，缺乏对于两航空器低空机动飞行的碰撞风险分析，与通用航空应急救援实际存在差距。

2.5.2 飞行冲突避险

依据国内外研究现状，可以将飞行冲突避险算法划分为离散型和连续型，离散型通过调整飞行计划航路点的顺序序列，使航空器能够按预定的顺序序列飞行，从而规避飞行冲突；而连续型通过改变航空器的航迹不让其飞入其他航空器的保护区。离散型避险算法相关研究有：Ghosh 等[147]采用势能法将单个航空器假定为一个带正电粒子，目标机场可以假定为一个带负电粒子，两航空器间隔被简化为假设的航空器具有的电荷间的排斥力，以解决二维平面内冲突避险问题。Menon 等[148]基于离散航迹点的多机冲突避险方法，并提供两种方法来进行冲突避险，第一种方法的目标函数是总的飞行时间和耗油率最小，使用序列二次规划法和目标获得法完成冲突避险，第二种方法再运用闭环导航法进行多机冲突避险。连续型避险算法相关研究有：Carreno[149]提出基于三维几何算法的避险选择算法，通过评估所有避险确定执行的方案，并采用模拟器评估避险选择算法的合理性。程丽媛等[150]采用内点约束条件和最优控制的庞特里亚金极小值原理，研究了自由飞行中飞机的控制向量受约束时的二维平面冲突避险问题。Archibald 等[151]引入博弈论思想，提出了采用 Multi-Agent 方法解决多机分布控制下的冲突避险问题。相关的冲突避险研究成果还有很多[152,153]。

这些成果为研究低空救援空中交通辅助决策系统的冲突自主避险问题提供了可以借鉴的思路和数学模型。然而，两种冲突避险算法实际应用中存在诸多问题：离散型避险方法在计算时，离散化程度的选取非常关键：如果离散化程度大，可以明显降低计算难度，但是，就会增大各个航段之间的飞行冲突概率；如果离散化程度小，就会导致冲突避险算法的计算量和计算难度成倍增加。连续避险方法需要对各个机动飞行进行运动学建模，其计算量较大，可能无法满足实时性要求。

低空救援飞行中，要做好冲突避险，涉及和研究的问题很多，如通航飞机的飞行规则、飞行计划信息、救援飞行环境、规划的时效性与可靠性等，是一项比较繁重的工作。低空空域由于地形复杂、监控设备稀少及性能上有盲区等原因，地面雷达无法实现有效的监控。因此，确保航空器之间安全间隔将从地面的集中控制转移到飞行员和机载设备上来，需要飞行员自主规避飞行冲突，更多地采用分布式的控制方式。而上面提到的两种冲突避险算法更多地依赖管制中心管制员的操作，因此对于通航救援实用性不强。为了减轻飞行员的工作负荷，保障安全飞行，需要更多的分布式决策支持技术来辅助飞行员，最终实现航空器自主避让冲突。因此，如何在复杂多变的低空运行环境中，在航空器运行状态时变的安全态势下，根据航空器时空参量和性能指标，揭示航空器机动飞行的冲突探测和避险机理问题，成了影响低空救援航空器安全运行的一个关键性科学问题。

2.6 航空应急救援的应用研究进展

目前，欧美发达国家均结合自身国情建立了完善的航空救援体系，并在各自应对自然灾害和突发事件的过程中表现出很强的应急救援能力[154]，而我国的航空应急救援受限于低空开放和通航发展问题，与发达国家相比仍存在较大差距[155]。美国作为超级大国，同样是世界上航空应急救援最发达的国家，其以 4R，即减轻（reduction）、就绪（readiness）、响应（response）、恢复（recovery），为总的救援规划目标，将应急管理体系划分为联邦政府、州和地方的三个级别，最高应急管理机构为国土安全部，在该机构下辖的管理体系下有近万架直升机可供执行救援任务，并为其配有 180 个飞行服务站和 58 个自动飞行服务站。此外，俄罗斯在紧急状态部下设航空应急救援技术局，拥有完善独立且极具专业性的设备和人员，通过对各个地方航空器的统一调度和支配综合管理国内外的航空救援事物；在德国，拥有超过 300 架的救援可用直升机，通过整合公司企业、军队及政府部门的救援业务，搭建了极为复杂精细的航空救援网络，并实现了国境内救援服务 15min 覆盖圈；英国和瑞士也均成立了国家级的航空应急救援指挥和调度中心；加拿大相对而言更加倚仗国内的国民警卫队，对全国的直升机救援进行管理和部署；巴西、日本、韩国也都具备了技术过硬且有丰富救援经验的航空应急救援队伍。

相比而言，我国的航空应急救援目前还处于完善期，与欧美国家相比依然存在较大差距，主要表现在如下方面[156]：

（1）航空应急救援管理体制缺失。我国还未设置常态化的航空应急救援管理机构并建立相应管理体制，对于重大灾害的航空应急救援，从组织机构到管理手段具有很强的临时性。尽管由多个部门构建了可供利用的救援队伍，但彼此之间并未形成高效的联动机制，无法充分发挥资源和队伍的巨大潜力。

（2）专业化救援队伍的缺失，过度依赖军队，且往往缺乏专业的救援设备和技术，救援人员没有经过复杂的救援训练，即使快速到达灾区，如果面对难度大的施救任务，也难以开展有效行动。

（3）航空工业实力不足，救援机型不配套，技术装备数量不足，基础通导设备不健全；直升机可用于救援的总量仅为 200 余架，且大型、专业救援直升机匮乏，能够全天候执行飞行救援任务的 EC225"超级美洲豹"也仅有 4 架。搜寻救援的无人机依然处于起步阶段，机载专业救援器材（强力探照灯、绞车和吊具、机载生命保障系统）严重不足。

（4）相关法律法规体系不健全，突发公共事件以及灾害响应应急预案缺失。造成救援过程中无章可依，协调沟通不足，且人才严重短缺，特别是驾驶人员。

总而言之，造成我国航空应急救援能力过于单薄的原因来自方方面面，既有技术层面的原因，也有管理方面的原因，更有认识方面的原因，建立综合一体化的航空应急救援体系依然任重而道远。针对暴露出来的问题，不能完全照搬其他国家的建设思路和规划，从我国当今国情出发，今后发展的具体思路如下[157]：

（1）组建类似国家航空应急救援局的常设机构，统一负责全国的航空救援工作，并同时划设省市级的相关机构，科学配置航空救援的救援点和临时指挥中心，分层指挥，并充分协调有关军民双方的救援航空器和所执行业务。

（2）编制一套成熟的救援基本流程，从报警受理与真伪核实，到险情报告与等级评估，再到救援方案的拟订、修正和实施，并通过各种信息技术手段对处置过程进行全方位监控，最后行动终止并进行效果评估和归档存储。

（3）完善航空救援的法律体系，制定综合灾害管理基本法及部分配套法规，完善各类型灾害应急预案，真正做到有法可依，有章可循，从而有效指挥和协调救援机构运作，充分整合灾害救援物资，提高行政和救援效率。

（4）救援装备的体系化建设。加大对大中型新型救援直升机预研的投资力度，解决机载设备与救援装备的整合配套与自主保障问题。

（5）构建救援信息平台，加快地面机场和通导设施的建设，进一步完善低空试点工作，并有效整合空域和航路结构，确保低空飞行的安全性，真正做到全天候救援。

（6）其他建议，加强人才队伍建设，培养更多航空救援的专业性力量。

同时，在航空医疗救援方面，我国与发达国家无论在救援运作模式和硬件设施方面，还是在人员配置、救援响应的速度和范围等均存在较大差距。表 2.3 是主要发达国家在空中医疗救援方面主要特点。

表 2.3 发达国家空中医疗救援主要特点

国家	救援运作模式	救援硬件设施	响应速度和覆盖范围	人员配置	救援管理机构	费用支付模式
美国	商业化市场化运作，产业发达	机场数量：19444，通用航空器数量：209034架，其中有 2094 架用于空中医疗，机型齐全，装备高级	响应速度很快，覆盖范围广	机上配专业医疗队伍，人员配备要求严格，设有理论实践培训	联邦紧急事务管理局下属的空军救援协调中心	医疗保险公司
德国	政府力量、民间和企业化力量共同发展	机场数量：563，通用航空器数量：21546 架，机型种类多	响应速度：15min，覆盖范围：全国	专业部门：德军航空医学中心第一研究部负责培养航空医学领域专业人才	联邦内政部下属的联邦民众保护与灾害救助局	医疗保险公司根据救护类型分级付费

续表

国家	救援运作模式	救援硬件设施	响应速度和覆盖范围	人员配置	救援管理机构	费用支付模式
日本	政府为主，民间机构为辅	通用航空器数量：2665架，机场数量：176	响应速度快，覆盖范围较广	消防航空队员由飞行员、机械师、救助队员、管理人员组成。各类人员有相应的准入标准	中央防灾会议	医疗保险公司
瑞士	航空救援服务队（Rega）为救援核心力量	机场数量：65，通用航空器数量：3657架，飞机配有先进医疗设备	响应速度：15min，覆盖范围：除Valais州外的全国	机上配备专业医生、护理人员	Rega指挥中心	保险公司的支付和入会员后缴纳会费

资料来源：www.GAMA.aero《2014年通用航空统计数据手册及2015行业前景》。

参 考 文 献

[1] 王炜, 刘茂. 基于CBR的突发公共事件应急资源需求预测方法[J]. 安全与环境学报, 2010, 10(5): 217-220.

[2] 邓守城, 吴青, 石兵, 等. 基于案例推理的水上交通突发事件应急响应资源需求预测[J]. 中国安全科学学报, 2014, 24(3): 79-84.

[3] 袁晓芳. 基于情景分析与CBR的非常规突发事件应急决策关键技术研究[D]. 西安：西安科技大学, 2011.

[4] 宁钟, 孙薇, 谢筱玲. 基于案例推理的供应链突发危机应急处理原型系统研究[J]. 管理学家 (学术版), 2011, (3): 3-13.

[5] 于璐, 李颖, 刘家国. 基于CBR和GRA的供应链突发事件应急系统研究[J]. 情报杂志, 2009, 28(10): 132-135.

[6] 傅志妍, 陈坚. 灾害应急物资需求预测模型研究[J]. 物流科技, 2009, 32(10): 11-13.

[7] Zhang H, Xu J. Research on emergency material demand forecasting model in disaster based on MLR-CBR [C]//International Conference of Logistics Engineering and Management, Chengdu, 2010.

[8] 邓守城, 吴青, 陈先桥, 等. 融合CBR&RBR的长江重点航段应急决策方法研究[J]. 武汉理工大学学报(交通科学与工程版), 2015, 39(1): 55-59.

[9] 王炜, 杨杰, 刘茂. 基于数据包络分析模型(DEA)的应急资源配置效果评价[C]//应急管理国际研讨会, 北京, 2010.

[10] 王龙, 王晓青, 丁香, 等. 基于遥感和GIS的建筑物震害损失评估方法研究与实现[J]. 地震, 2007, 27(4): 77-83.

[11] 赵福军, 蔡山, 陈曦. 遥感震害快速评估技术在汶川地震中的应用[J]. 自然灾害学报,

2010,(1):1-7.

[12] 张继贤, 刘正军, 刘纪平. 汶川大地震灾情综合地理信息遥感监测与信息服务系统[J]. 遥感学报, 2008, 12(6): 871-876.

[13] Chang M S, Tseng Y L, Chen J W. A scenario planning approach for the flood emergency logistics preparation problem under uncertainty[J]. Transportation Research Part E: Logistics & Transportation Review, 2007, 43(6):737-754.

[14] 张会, 刘茂. 基于 GIS 技术的城市突发自然灾害应急管理系统设计研究(英文)[C]//中国灾害防御协会风险分析专业委员会年会, 北京, 2010.

[15] 胡卓玮, 王志恒, 魏铼, 等. 基于 RS 与 GIS 混合编程的公路水毁灾情信息提取[J]. 自然灾害学报, 2013, (1): 96-103.

[16] 姜蓝齐, 马艳敏, 张丽娟, 等. 基于 GIS 的黑龙江省洪涝灾害风险评估与区划[J]. 自然灾害学报, 2013, (5): 238-246.

[17] 廖桂华, 江源通, 郑斓, 等. 基于 GIS 技术的厦门市地震应急管理系统[J]. 自然灾害学报, 2015, (3): 76-81.

[18] Aviv Y. A time-series framework for supply-chain inventory management[J]. Operations Research, 2003, 51(2):210-227.

[19] Gilbert K. An ARIMA supply chain model[J]. Management Science, 2005, 51(2):305-310.

[20] Zhang X. Inventory control under temporal demand heteroscedasticity[J]. European Journal of Operational Research, 2007, 182(1):127-144.

[21] Xu X, Qi Y, Hua Z. Forecasting demand of commodities after natural disasters[J]. Expert Systems with Applications, 2010, 37(6):4313-4317.

[22] 乔洪波. 应急物资需求分类及需求量研究[D]. 北京: 北京交通大学, 2009.

[23] 操张进. 基于定性相空间的应急资源需求预测方法研究[D]. 合肥: 中国科学技术大学, 2011.

[24] 赵一兵, 高虹霓, 冯少博. 基于支持向量机回归的应急物资需求预测[J]. 计算机仿真, 2013, 30(8): 408-412.

[25] 刘文博. 基于加权最小二乘支持向量机的应急物资需求预测方法[J]. 物流技术, 2015, 34(18): 163-166.

[26] Tsai T H, Lee C K, Wei C H. Neural network based temporal feature models for short-term railway passenger demand forecasting[J]. Expert Systems with Applications, 2009, 36(2): 3728-3736.

[27] 孟参. 基于模糊评判及灰色神经网络的应急物资库存管理研究[D]. 武汉: 武汉理工大学, 2007.

[28] 王晓, 庄亚明. 基于案例推理的非常规突发事件资源需求预测[J]. 华东经济管理, 2011, 25(1): 115-117.

[29] 亢丽君. 粒子群优化 BP 神经网络在应急物资需求预测中的应用研究[D]. 兰州: 兰州交通大学, 2013.

[30] 张文芬, 杨家其. 基于小波神经网络的海上突发事件应急资源动态需求预测[J]. 运筹与管理, 2015, 24(4): 198-205.

[31] Mohammadi R, Ghomi S M T F, Zeinali F. A new hybrid evolutionary based RBF networks method for forecasting time series: A case study of forecasting emergency supply demand time series[J]. Engineering Applications of Artificial Intelligence, 2014, 36(C):204-214.

[32] Liu J. Expressway emergency resources demand forecasting based on neural;network[C]// the 4th International Conference On Digital Manufacturing and Automation, Qingdao, 2013.

[33] 钱枫林, 崔健. BP 神经网络模型在应急需求预测中的应用——以地震伤亡人数预测为例[J]. 中国安全科学学报, 2013, 23(4): 20-25.

[34] Sheu J B. Dynamic relief-demand management for emergency logistics operations under large-scale disasters[J]. Transportation Research Part E: Logistics & Transportation Review, 2010, 46(1):1-17.

[35] Hu Z H. Relief demand forecasting in emergency logistics based on tolerance model[C]// International Joint Conference on Computational Science & Optimization. IEEE Computer Society, Huangshan, 2010.

[36] Guo Z, Qi M. Research on the demand forecast of emergency material based on fuzzy markov chain[C]// IEEE International Conference on E-Product E-Service and E-Entertainment, Zhengzhou, 2010.

[37] Sun B, Ma W, Zhao H. A fuzzy rough set approach to emergency material demand prediction over two universes [J] Applied Mathematical Modelling, 2013, 37(10-11):7062-7070.

[38] Sheu J B. Post-disaster relief-service centralized logistics distribution with survivor resilience maximization[J]. Transportation Research Part B: Methodological, 2014, 68(68):288-314.

[39] Kusumastuti R D, Wibowo S S, Insanita R. Hierarchical modeling approach for relief logistics nework design[C]// The 11th Asia Pacific Industrial Engineering and Management Systems Conference and the 14th Asia Pacific Regional Meeting of International Foundation for Production Research, Melaka, 2010.

[40] Wex F, Schryen G, Feuerriegel S, et al D. Emergency response in natural disaster management: allocation and scheduling of rescue units[J]. European Journal of Operational Research, 2014, 235(3):697-708.

[41] Özdamar L, Ekinci E, Küçükyazici B. Emergency logistics planning in natural disasters[J]. Annals of Operations Research, 2004, 129(1):217-245.

[42] Barbarosoğlu G, Özdamar L, Çevik A. An interactive approach for hierarchical analysis of helicopter logistics in disaster relief operations[J]. European Journal of Operational Research,

2002, 140(1):118-133.

[43] 宋永朝, 韩伟, 梁乃兴, 等. 基于Monte Carlo法的山区路网应急中心选址[J]. 重庆交通大学学报(自然科学版), 2011, 30(3): 424-428.

[44] 孟永昌, 杨赛霓, 史培军. 基于改进遗传算法的路网应急疏散多目标优化[J]. 武汉大学学报(信息科学版), 2014, 39(2): 201-205.

[45] Bozorgi-Amiri A, Jabalameli M S, Al-E-Hashem S M J M. A multi-objective robust stochastic programming model for disaster relief logistics under uncertainty[J]. OR Spectrum, 2013, 35(4):905-933.

[46] 孙华丽, 周战杰, 薛耀锋. 考虑路径风险的不确定需求应急物流定位-路径问题[J]. 上海交通大学学报, 2013, 47(6): 962-966.

[47] 潘郁, 余佳, 达庆利. 基于粒子群算法的连续性消耗应急资源调度[J]. 系统工程学报, 2007, 22(5): 556-560.

[48] 姜金贵, 梁静国. 基于粒子群优化算法的应急资源调度研究[J]. 统计与决策, 2009, (2): 53, 54.

[49] 王苏生, 王岩. 基于公平优先原则的多受灾点应急资源配置算法[J]. 运筹与管理, 2008, 17(3): 16-21.

[50] 詹沙磊, 刘南. 基于灾情信息更新的应急物资配送多目标随机规划模型[J]. 系统工程理论与实践, 2013, 33(1): 159-166.

[51] Lin Y H, Batta R, Rogerson P A, et al. A logistics model for emergency supply of critical items in the aftermath of a disaster [J]. Socio-Economic Planning Sciences, 2011, 45(4): 132-145.

[52] Pillac V, Gendreau M, Guéret C, et al. A review of dynamic vehicle routing problems[J]. European Journal of Operational Research, 2013, 225(1):1-11.

[53] 高学英. 大规模应急救援资源布局与调度优化方法研究[D]. 长春: 吉林大学, 2012.

[54] Ferrucci F, Bock S, Gendreau M. A pro-active real-time control approach for dynamic vehicle routing problems dealing with the delivery of urgent goods[J]. European Journal of Operational Research, 2013, 225(1):130-141.

[55] Yan L, Bao J, Hu X, et al. A heuristic project scheduling approach for quick response to maritime disaster rescue[J]. International Journal of Project Management, 2009, 27(6): 620-628.

[56] 杨兆升, 于尧, 孙文飞. 城市路网下应急救援路径选择方法[J]. 哈尔滨工程大学学报, 2013, (12): 1566-1572.

[57] 陈森, 姜江, 陈英武, 等. 未定路网结构情况下应急物资车辆配送问题模型与应用[J]. 系统工程理论与实践, 2011, 31(5): 907-913.

[58] 夏正洪, 潘卫军, 林瑞春, 等. 重大灾害条件下的航空应急救援效率研究[J]. 计算机工

程与设计, 2012, 33(3): 1251-1256.

[59] 刘浪. 非常规突发事件航空应急物流响应的军地协调机制[J]. 北京理工大学学报(社会科学版), 2012,14(2): 93-99.

[60] Pasquier M, Geiser V, De R M, et al. Helicopter rescue operations involving winching of an emergency physician[J]. Injury-international Journal of the Care of the Injured, 2012, 43(9): 1377-1380.

[61] 罗冠辰, 于剑桥, 张思宇, 等. 穿越恶劣天气区域的无人机航迹规划[J]. 北京理工大学学报, 2014, (10): 1054-1059.

[62] 刘兆明. 基于计算智能的航空调度优化方法研究[D]. 上海: 华东理工大学, 2007.

[63] 李昆鹏, 马士华. ATO 供应链中航空运输及并行机生产协调调度问题[J]. 系统工程理论与实践, 2007, 27(12): 8-15.

[64] 杨铭, 王凯, 李原, 等. 基于改进型粒子群算法的航空多项目调度方法[J]. 火力与指挥控制, 2010, 35(2): 36-40.

[65] Wang H J, Du L J, Ma S H. Multi-objective open location-routing model with split delivery for optimized relief distribution in post-earthquake[J]. Transportation Research Part E: Logistics & Transportation Review, 2014,69(9):160-179.

[66] Özdamar L, Ertem M A.Models, solutions and enabling technologies in humanitarian logistics[J]. European Journal of Operational Research, 2015, 244(1):55-65.

[67] Sheu J B, Pan C. A method for designing centralized emergency supply network to respond to large-scale natural disasters[J]. Transportation Research Part B: Methodological, 2014, 67(9): 284-305.

[68] Jia H, Ordóñez F, Dessouky M. A modeling framework for facility location of medical services for large-scale emergencies[J]. IIE Transactions, 2005, 39(1):41-55.

[69] Jia H, Ordóñez F, Dessouky M M. Solution approaches for facility location of medical supplies for large-scale emergencies[J]. Computers & Industrial Engineering, 2007, 52(2): 257-276.

[70] Dessouky M, Ordóñez F, Jia H, et al. Rapid distribution of medical supplies[M]// Hall R. Delay Management in Health Care systems. New York:Springer, 2006:309-338.

[71] Belardo S, Harrald J, Wallace W A, et al. A partial covering approach to siting response resources for major maritime oil spills[J]. Management Science, 1984, 30(10):1184-1196.

[72] Balcik B, Beamon B M. Facility location in humanitarian relief[J]. International Journal of Logistics: Research and Applications, 2008, 11(2):101-121.

[73] Iakovou E, Ip C M, Douligeris C, et al. Optimal location and capacity of emergency cleanup equipment for oil spill response[J]. European Journal of Operational Research, 1997, 96(1):72-80.

[74] Bozorgi-Amiri A, Jabalameli M S, Al-E-Hashem S M. A multi-objective robust stochastic programming model for disaster relief logistics under uncertainty[J]. OR Spectrum, 2013, 35(4):905-933.

[75] Kongsomsaksakul S, Yang C, Chen A. Shelter location-allocation model for flood evacuation planning[J]. Journal of the Eastern Asia Society for Transportation Studies, 2005,6:4237-4252.

[76] Song R, He S, Zhang L. Optimum transit operations during the emergency evacuations[J]. Journal of Transportation Systems Engineering and Information Technology, 2009,9(6): 154-160.

[77] Chang M S, Tseng Y L, Chen J W. A scenario planning approach for the flood emergency logistics preparation problem under uncertainty[J]. Transportation Research Part E: Logistics and Transportation Review,2007,43(6):737-754.

[78] McCall V M. Designing and prepositioning humanitarian assistance pack-up kits (HA PUKs) to support pacific fleet emergency relief operations[D]. Monterrey: Naval Postgraduate School, 2006.

[79] Mete H O, Zabinsky Z B. Stochastic optimization of medical supply location and distribution in disaster management[J]. International Journal of Production Economics, 2010,126(1): 76-84.

[80] Sheu J B, Pan C.Relief supply collaboration for emergency logistics responses to large-scale disasters[J]. Transportmetrica A: Transport Science, 2015,11(3): 210-242.

[81] Rawls C G, Turnquist M A. Pre-positioning of emergency supplies for disaster response[J]. Transportation Research Part B: Methodological, 2010,44(4): 521-534.

[82] Wilhelm W E, Srinivasa A V. A strategic, area-wide contingency planning model for oil spill cleanup operations with application demonstrated to the Galveston Bay area[J]. Decision Sciences, 1996,27(4):767-799.

[83] Horner M W, Downs J A. Optimizing hurricane disaster relief goods distribution: Model development and application with respect to planning strategies[J]. Disasters, 2010,34(3): 821-844.

[84] Duran S, Gutierrez M A, Keskinocak P N. Pre-positioning of emergency items worldwide for CARE international[J]. Interfaces. 2011,41(3):223-237.

[85] Fu K J, Hu X P, Wang X P. Research on emergency logistics scheduling model based on disruptions[C]// International Conference on Management Science and Engineering, Lille, 2006.

[86] Beamon B M, Kotleba S A. Inventory modelling for complex emergencies in humanitarian relief operations[J]. International Journal of Logistics: Research and Applications,

2006,9(1):1-18.

[87] Lodree J E, Taskin S. Supply chain planning for hurricane response with wind speed information updates[J]. Computers & Operations Research, 2009,36(1): 2-15.

[88] Yi P, George S K, Paul J A, et al. Hospital capacity planning for disaster emergency management[J]. Socio-Economic Planning Sciences, 2010,44(3):151-160.

[89] Haghani A, Oh S C. Formulation and solution of a multi-commodity, multimodal network flow model for disaster relief operations[J]. Transportation Research Part A: Policy and Practice ,1996,30(3):231-250.

[90] Özdamar L, Ekinci E, Küçükyazici B. Emergency logistics planning in natural disasters[J]. Annals of Operations Research ,2004,129:217-245.

[91] Yi W, Kumar A. Ant colony optimization for disaster relief operations[J]. Transportation Research Part E: Logistics and Transportation Review, 2007,43(6):660-672.

[92] Yi W, Özdamar L. A dynamic logistics coordination model for evacuation and support in disaster response activities[J]. European Journal of Operational Research, 2007, 179(3): 1177-1193.

[93] Barbarosoglu G, Özdamar L, Çevik A. An interactive approach for hierarchical analysis of helicopter logistics in disaster relief operations[J]. European Journal of Operational Research, 2002,140(1):118-133.

[94] Feng C M, Wang T C. Highway emergency rehabilitation scheduling in postearthquake 72 hours[J]. Journal of the Eastern Asia Society for Transportation Studies ,2003,5:3276-3285.

[95] Feng C M, Wen C C. Traffic control management for earthquake-raided area[J]. Journal of the Eastern Asia Society for Transportation Studies, 2003,5: 3261-3275.

[96] Erdemir E T , Batta R, Rogerson P A, et al. Joint ground and air emergency medical services coverage models: A greedy heuristic solution approach[J]. European Journal of Operational Research, 2010, 207(2): 736-749.

[97] 赵文婷, 彭俊毅. 基于 VORONOI 图的无人机航迹规划[J]. 系统仿真学报, 2006, 18(s2): 159-162.

[98] 刘森琪, 段海滨, 余亚翔. 基于 Voronoi 图和蚁群优化算法的无人作战飞机航路规划[J]. 系统仿真学报, 2008, (21): 5936-5939.

[99] 严平. 无人飞行器航迹规划与任务分配方法研究[D]. 武汉: 华中科技大学, 2006.

[100] 康亮, 赵春霞, 郭剑辉. 未知环境下改进的基于RRT算法的移动机器人路径规划[J]. 模式识别与人工智能, 2009, 22(3): 337-343.

[101] 王磊, 张明, 王硕. 基于三维空域网格的低空飞行航迹战略规划方法[J]. 航空计算技术, 2014, (3): 42-46.

[102] Chiba R, Arai T, Ota J. Integrated design for automated guided vehicle systems using

cooperative co-evolution[J]. Advanced Robotics, 2010, 24(1-2):25-45.

[103] 孙大伟. TF/TA 航迹规划技术与工程化研究[D]. 西安: 西北工业大学, 2006.

[104] Szczerba R J, Galkowski P, Glicktein I S, et al. Robust algorithm for real-time route planning[J]. IEEE Transactions on Aerospace and Electronic Systems, 2000, 36(3): 869-878.

[105] Qi Z, Shao Z, Ping Y S, et al. An improved heuristic algorithm for UAV path planning in 3D environment[C]// The 2nd International Conference on IEEE Intelligent Human-Machine Systems and Cybernetics, Nanjing, 2010.

[106] Khuswendi T, Hindersah H, Adiprawita W. UAV path planning using potential field and modified receding horizon A* 3D algorithm[C]// International Conference on IEEE Electrical Engineering and Informatics, Bandung, 2011.

[107] 张险峰, 周其忠, 王长青. 基于航迹片段树的快速四维航迹规划方法[J]. 北京航空航天大学学报, 2013, 39(3): 310-314.

[108] Korn B, Helmke H, Kuenz A. 4D trajectory management in the extended TMA: Coupling AMAN and 4D FMS for optimized approach trajectories [C]// The 25th International Congress of the Aeronautical Sciences, Hamburg, 2006.

[109] Torres J L, Garcia A, Blas M D, et al. Forecast of hourly average wind speed with ARMA models in Navarre (Spain) [J]. Solar Energy, 2005, 79(1): 65-77.

[110] Louka P, Galanis G, Siebert N, et al. Improvements in wind speed forecasts for wind power prediction purposes using Kalman filtering [J]. Journal of Wind Engineering and Industrial Aerodynamics, 2008, 96(12): 2348-2362.

[111] Chen K, Yu J. Short-term wind speed prediction using an unscented Kalman filter based state-space support vector regression approach [J]. Applied Energy, 2014, 113: 690-705.

[112] Tagliaferri F, Viola I M, Flay R G J. Wind direction forecasting with artificial neural networks and support vector machines [J]. Ocean Engineering, 2015, 97: 65-73.

[113] Frehlich R, Sharman R. Climatology of velocity and temperature turbulence statistics determined from rawinsonde and ACARS/AMDAR data [J]. Journal of Applied Meteorology and Climatology, 2010, 49(6): 1149-1169.

[114] Fukuda Y, Shirakawa M, Senoguchi A. Development of trajectory prediction model[C]// ENRI International Workshop on ATM/CNS, Tokyo, 2010.

[115] Hurter C, Alligier R, Gianazza D, et al. Wind parameters extraction from aircraft trajectories[J]. Computers, Environment and Urban Systems, 2014, 47: 28-43.

[116] Gariel M, Srivastava A N, Feron E. Trajectory clustering and an application to airspace monitoring[J]. IEEE Transactions on Intelligent Transportation Systems, 2011, 12(4): 1511-1524.

[117] Lee A G, Weygandt S S, Schwartz B, et al. Performance of trajectory models with wind uncertainty[C]//AIAA Modeling and Simulation Technologies Conference, Chicago, 2009.

[118] Zheng Q M, Zhao J Y. Modeling Wind Uncertainties for Stochastic Trajectory Synthesis [C]// The 11th AIAA Aviation Technology, Integration, and Operations Conference, Virginia Beach, 2011.

[119] Lymperopoulos I, Lygeros J. Sequential Monte Carlo methods for multi‐aircraft trajectory prediction in air traffic management [J]. International Journal of Adaptive Control and Signal Processing, 2010, 24(10): 830-849.

[120] Hu J, Prandini M, Sastry S. Aircraft conflict prediction in the presence of a spatially correlated wind field [J]. IEEE Transactions on Intelligent Transportation Systems, 2005, 6(3): 326-340.

[121] Chatterji G B. Short term trajectory prediction methods[C]//Proceedings of the AIAA Guidance, Navigation and Control Conference and Exhibit, Portland, 1999.

[122] Yang L C, Kuchar J K. Prototype conflict alerting system for free flight[J]. Journal of Guidance, Control, and Dynamics, 1997, 20(4): 768-773.

[123] Innocenti M，Gelosi P，Pollini L.Air traffic management using probability function fields[C]//Proceedings of the AIAA Guidance, Navigation and Control Conference and Exhibit, Portland,1999.

[124] 周波, 黄小宝, 程颖, 等. 基于ADS-B的低空飞行航迹预测[J], 电光与控制, 2015, 22(7): 17-21.

[125] 梁彦, 程咏梅. 交互式多模型算法性能分析[J]. 控制理论与应用, 2001, 18(4): 487-492.

[126] Rouse W B, Geddes N D, Curry R E. An architecture for intelligent interfaces: Outline of an approach to supporting operators of complex systems[J]. Human-Computer Interaction, 1987, 3(2): 87-122.

[127] Krozel J. Intent inference for free flight aircraft[C]//AIAA Guidance, Navigation, and Control Conference, Denver, 2000.

[128] Krozel J, Andrisani D. Intent inference and strategic path prediction[C]//AIAA Guidance, Navigation, and Control Conference and Exhibit, San Francisco, 2005.

[129] Hwang I, Balakrishnan H, Tomlin C. State estimation for hybrid systems: Applications to aircraft tracking[J]. IEE Proceedings-Control Theory and Applications, 2006, 153(5): 556-566.

[130] Hwang I, Hwang J, Tomlin C. Flight-mode-based aircraft conflict detection using a residual-mean interacting multiple model algorithm[C]// AIAA Guidance, Navigation, and Control Conference, Austin, 2003.

[131] 韩峰, 赵嶷飞, 张鹏. 飞机起飞爬升四维轨迹合成计算[J]. 中国民航学院学报, 2006,

24(21): 10-12.

[132] 宋英伟. 基于意图信息的塔台仿真计算研究[D]. 天津: 中国民航大学, 2009.

[133] 张权, 吴振亚. 一种适用于机动飞行的航行冲突探测方法[J]. 微计算机信息, 2010, (28): 194-196.

[134] 王洁宁, 孙禾, 赵元棣. 面向终端区航空器飞行状态识别的 HMM 方法[J]. 航空计算技术, 2013, 43(2): 1-5.

[135] Reich P G. Analysis of long-range air traffic systems—separation standards I[J]. Journal of Navigation, 1966, 19(115): 88-98.

[136] Reich P G. Analysis of long-range air traffic systems—separation standards II[J]. Journal of Navigation, 1966, 19(116): 169-186.

[137] Reich P G. Analysis of long-range air traffic systems—separation standards III[J]. Journal of Navigation, 1966, 19(117): 332-347.

[138] Jardin M R. Analytical relationships between conflict counts and air-Traffic density[J]. Journal of Guidance, Control and Dynamics, 2005,28(6):1150-1156.

[139] 韩松臣, 裴成功, 隋东. 平行区域导航航路安全性分析[J]. 航空学报, 2006, 27(6): 1023-1027.

[140] 张兆宁, 张晓燕, 李冬宾. 基于 VOR 导航的平行航路侧向碰撞概率计算模型[J]. 交通运输工程学报, 2007, 7(3): 21-24.

[141] Brooker P. Longitudinal collision risk for ATC track systems: A hazardous event model [J]. Journal of Navigation, 2006, 59(1): 55-70.

[142] 徐肖豪, 王振宇, 赵鸿盛. 基于 Event 的侧向碰撞风险改进模型[J]. 中国民航大学学报, 2008, 26(3): 1-4.

[143] 李丹, 崔德光. 基于布朗运动的空中交通短期冲突探测[J], 清华大学学报, 2008, 48(4): 477-481.

[144] 王世锦, 隋东. 低空空域飞行冲突风险研究[J]. 西南交通大学学报, 2010, 45(1): 116-122.

[145] 张明, 曲玉玲. 终端区冲突碰撞风险模型[C]//中国物流与交通学术会议, 大连, 2010.

[146] 曲玉玲, 韩松臣. 四维航迹同一进场航线碰撞风险模型[J]. 南京航空航天大学学报, 2010, 42(5): 601-606.

[147] Ghosh R, Tomlin C. Maneuver design for multiple aircraft conflict resolution[C]//Proceedings of the American Control Conference, Chicago,2000.

[148] Menon P K, Sweriduk G D, Sridhar B. Optimal strategies for free-flight air traffic conflict resolution[J]. Journal of Guidance, Control, and Dynamics, 1999,22(2):202-211.

[149] Carreno V A.Evaluation of a pair-wise conflict detection and resolution algorithm in a multiple aircraft scenario[R]. NASA/TM-2002-211963, NASA Langley Research Center,

Hampton, 2002.

［150］ 程丽媛, 韩松臣, 刘星. 采用内点约束的最优冲突避险方法[J]. 交通运输工程学报, 2005, 5(2): 80-84.

［151］ Archibald J K, Hill J C, Jepsen N A, et al. A satisficing approach to aircraft conflict resolution[J].IEEE Transactions on Systems, Man, and Cybernetics-Part C:Applications and Reviews,2008, 38(4): 510-521.

［152］ Alam S, Shafi K, Abbass H A, et al. An ensemble approach for conflict detection in free flight by data mining[J]. Transportation Research Part C: Emerging Technologies, 2009,(17): 298-317.

［153］ He X J, Liao M, Chen W F. A conflict detection and resolution scheme using dynamic flight model[C]//Proceedings of the 8th International Conference on Machine Learning and Cybernetics, Baoding, 2009.

［154］ 高健, 张兵. 国外航空应急救援现状与启示[J]. 中国民用航空, 2010, 1(118): 22-24.

［155］ 刘平. 建立民航独立的航空救援系统: 对汶川地震航空救援的反思及建议[J]. 中国民用航空, 2008, 91(7): 16-18.

［156］ 于耕. 航空应急救援[M]. 北京: 航空工业出版社, 2009: 1-2.

［157］ 林毓铭. 航空救援: 增强应对突发事件的硬实力[J]. 北京航空航天大学学报(社会科学版), 2011, 24(4): 15-18.

第3章 不确定灾情信息下的应急资源分布需求预测方法

应急救援资源的需求预测受到社会、环境等因素影响，具有很强的时效性和阶段性；同时，灾情和物资需求信息具有模糊性与不确定性，灾情发生短时间内获取的信息极为有限，需要结合对灾区历史统计数据进行挖掘来预测资源需求分布，以保证预测的准确性。一般来说，在应急救援过程中首要解决的是效率和准确度问题，而历史灾害范例数据库具有数据多而杂的特征，按照传统方法进行案例推理，必然会降低救援效率，影响整个救灾效果，因而，提高范例检索的效率和准确度是应急救援过程的核心问题。

本章首先分析历史灾情数据库中各范例的基本属性，提取范例的共同特征，将这些特征运用粗糙集方法进行简约，并根据各条件属性对物资预测结果的影响程度计算出属性权重；其次根据简约后的范例构造救援优先级决策规则，统计各规则发生的频率并计算其覆盖度，当条件覆盖度大于一定阈值时，说明该规则成立，则可得出当前案例的救援优先级；然后将简约后的灾情数据运用反馈补偿的 K-means 方法将案例分为 K 类，并找出这些类的中心点，并根据当前案例与各类中心点之间的距离判断当前案例属于哪一类，根据范例相似度的计算方法，检索出相似度最高的历史目标范例；最后根据目标范例的物资消耗以及范例属性权重来线性推测当前范例的物资需求量。

3.1 应急救援资源分布需求预测问题概述

3.1.1 应急救援资源分类

本章所指的对应急救援资源分类实质上是对应急救援物资的分类，经分析发现，应急救援物资主要有以下五个方面的特性：①突然性与弱预测性；②不确定性与动态变化性；③时效性与滞后性；④多样性与关联性；⑤强制性与社会性[1]。在应对不同自然灾害发生的过程中，由于灾害性质、社会环境各异，所需要的应急救援资源的种类、数量及紧迫程度都不相同。为提高应急救援效率以及救援物资利用率，有必要对应急救援物资进行科学的分类管理。应急救援物资的不同分类方法如下：①按使用实效分为快速消耗品和耐用品，其中快速消耗品一般包括饮用水、食品等，耐用品一般包括帐篷、睡袋、衣被等；②按紧急程度分为紧急级、严重级和一般级，紧急级是指能挽回灾民生命财产损失、对稳定灾情局势具有关键作用的重要物资，严重级是指减少灾害带来的损失并能对救灾工作发挥重要作用的物资，一般级是指有利于减少灾害损失而且必需的物资；③按需求诱因分为事故灾害类、自然灾害类、社会安全事件类、公共卫生事件类、经济安全事件类等，事故灾害类包括危化品事故、交通事故、工矿商贸企业的安全生产事故等灾害所需要的物资，自然灾害类包括地震灾害、气象灾害、水旱灾害等所需物资，社会安全事件类是指恐怖袭击、涉外突发事件、群体性社会事件等造成的危害所需的救援物资，公共卫生事件类是指动物疫情、食品安全以及大规模传染性疾病等灾害所需救援物资，经济安全事件类是指金融安全、物资短缺等事件造成的危害所需的物资。本章以救援时间为线索，故在救援物资的分类上选择按使用时效的划分方法，将物资分为快速消耗品和耐用品两大类。

3.1.2 应急资源需求预测问题的描述

本章讨论的应急救援资源分布需求预测问题是指在大规模灾害发生时，对若干个受灾点的各类物资需求量进行合理预测，为后续研究提供了基础数据，也使得整体应急救援工作有序、高效地进行。通常，自然灾害影响的范围越大、产生的后果越严重，灾区所需的应急救援资源数量也越多。这些灾害的基本属性以及其造成的影响也与后面提到的判定受灾点救援优先级息息相关。

运用基于反馈补偿 K-means 范例推理法预测各受灾点应急资源需求量的基本流程如图 3.1 所示。

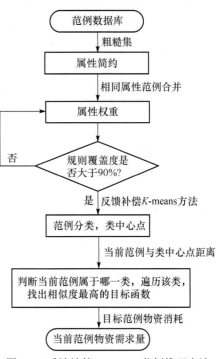

图 3.1 反馈补偿 K-means 范例推理方法流程图

3.2 基于反馈补偿 K-means 的历史灾情范例聚类算法

3.2.1 K-means 算法

聚类分析方法作为一种广泛使用的数据挖掘算法，能以较高的效率处理大数据,获得这些数据的分布特征及分布规则,并逐步应用于各领域。基于不同思想的聚类算法被提出,主要有基于层次的算法、基于划分的算法、基于网格的算法、基于密度的算法和基于模型的算法等[2]。针对历史灾情数据多而杂的特点,本章运用计算时间短、速度快、聚类效果较好的反馈补偿 K-means 算法对范例进行聚类分析,获得数据的分类,为后面找出与当前范例相似度最高的历史范例提供数据支持,并提高对历史范例数据库检索的效率。

K-means 算法采用欧氏距离作为两个灾情范例相似度的评价指标,其基本思想是:随机选取历史灾情范例数据库中的 K 个范例作为初始聚类的中心,根据范例数据库中各灾情范例到 K 个中心的距离将其归类到距离最小的类中,然后计算各个类中灾情范例距离的平均值,更新每个类的中心,直到聚类中心不再发生变化。它的目标是将历史灾情范例数据库中的范例分成若干个类,使得同一类内的灾情范例之间相似度尽可能大,不同类的灾情范例之间相似度尽可能小。

3.2.2 基于反馈补偿的 K 值确定算法

随着 K-means 算法研究的深入,一些不足也逐渐暴露出来,主要包括 K 值难以预先确定以及初始的聚类中心选择困难等。K 值的确定以及初始聚类中心的选择始终是 K-means 算法的重点及难点。

本章提出的基于反馈补偿 K-means 的历史灾情范例聚类算法,其 K 值确定算法步骤如下:首先,设 $K=2$,计算 K 个聚类中心之间的欧氏距离,再设 $K=K+1$,用同样的方法计算各聚类中心之间的平均间距,对比分类数目为 $K+1$ 时各聚类中心的平均间距相较于分类数目为 K 时的平均间隔是否增大,增大则再令 $K=K+1$,重复以上步骤,否则确定 K 值。此方法将灾情范例类间平均距离、类间重叠情况及类内数据的分散程度作为类内数目选择的重要参考,即 K 值的确定。

假设 $\bar{d}_K$ 为 K 个灾情范例聚类中心之间的平均距离,反馈补偿 K 值确定过程如图3.2所示。

在反馈补偿 K-means 灾情范例聚类算法中初始聚类中心点的选择规则为:第一个初始聚类中心点从历史灾情范例数据库中随机生成,第二个初始聚类中心点离第一个初始点最远,第三个初始聚类中心点离第一、第二个初始点的平均距离最远,反复如此,选出 K 个初始聚类中心。

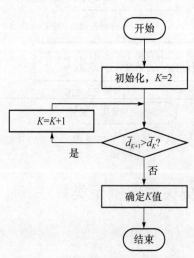

图3.2 基于反馈补偿的 K 值确定流程图

3.3 基于反馈补偿 K-means 范例推理法的应急资源需求预测

3.3.1 基于粗糙集的历史灾情范例属性简约

粗糙集理论[3]是波兰数学家 Pawlak 于 1982 年提出的,它在处理不完整数据和不精确数据方面具有独特的优势。设 $S=(C,B)$ 为历史灾情范例数据库,C_n 为第 n 个范例,B 为范例属性所组成的集合,即 $B=F \cup D$。其中,$F=\{f_1, f_2, \cdots, f_m\}$ 为灾情范例的条件属性集,即和地震有关的情景特征因素(如总人口、总面积、震级、震源深度、最高烈度、受灾人数、伤亡人数、砖混比例等)信息集,f_m 为第 m 个灾情属性的信息;$D=\{D_1, D_2, \cdots, D_i\}$ 为决策属性集,即主要应急物资需求集,D_i 为灾区第 i 类物资的需求量,在本章中 D_0 表示耐用品需求量,D_1 表示消耗品需求量。给定各条件属性阈值,范例条件属性值满足阈值要求为 1,否则为 0,按此规则生成 0-1 信息表[4]。如果 $C/\mathrm{ind}(F)=C/\mathrm{ind}(F-\{f_m\})$,则属性 f_m 是可以约简的,否则是不可约简的。灾情范例简约是本章的核心内容之一,它能在持续原有分类能力的情况下,去除冗余的数据和属性。

3.3.2 灾情范例属性权重值

在不同的决策环境下,灾情范例的各条件属性对决策结果会有不同程度的影响,需计算出简约后范例的各条件属性对物资预测结果的影响程度[5],用属性权重 ω_j 表示。

令灾情范例条件属性集 $F=\{f_1, f_2, \cdots, f_m\}$ 的影响权重集为 $\{\omega_1, \omega_2, \cdots, \omega_m\}$,且满足

$$\sum_{j=1}^{m} \omega_j = 1, \quad j=1,2,\cdots,m \tag{3-1}$$

令 $n(f)$ 表示灾情范例在条件属性为 f 时的取值。当 $n(f)$ 在范例库 $C=\{C_1,C_2,\cdots,C_n\}$ 中的取值差异比较大时,表明该条件属性对分类的判别影响也比较大,应赋予较高权重;反之,当 $n(f)$ 在分类中的取值差异比较小时,表明该条件属性对分类的判别影响也不大,应取较小的权重值。因此,可将灾情范例数据库中的每一个范例当成一类。范例 C_i 在条件属性 f_j 下的取值 $n(f_j)$ 为该案例在特征因素 f_j 下的隶属度函数 $n_{C_i}(f_j)$,并有

$$\bar{n}(f_j) = \frac{1}{n} \sum_{j=1}^{m} n_{C_i}(f_j), \quad i=1,2,\cdots,n, \quad j=1,2,\cdots,m \tag{3-2}$$

均方差为

$$\delta(f_j) = \left\{ \frac{\sum_{i=1}^{n}\left[n_{C_i}(f_j) - \bar{n}(f_j)\right]^2}{n} \right\}^{\frac{1}{2}} \tag{3-3}$$

则可求得灾情范例各条件属性的权重 ω_j 为

$$\omega_j = \frac{\delta(f_j)}{\sum_{j=1}^{m}\delta(f_j)}, \quad j=1,2,\cdots,m \tag{3-4}$$

3.3.3 灾情范例相似度

范例相似度计算的常用方法一般包括夹角余弦计算法、杰卡德相似系数法以及相关系数法等，其中夹角余弦更多的是从方向上区分差异，而对绝对的数值不敏感；杰卡德相似系数处理的都是非对称二元变量，并没有考虑向量中潜在数值的大小，而是简单地处理为 0 和 1；相关系数法是度量随机向量之间相关程度的一种方法，本章采用相关系数对灾情范例间的相似度进行计算，定义如下：

$$\rho_{C_xC_y} = \frac{\mathrm{COV}(C_x, C_y)}{\sqrt{D(C_x)}\sqrt{D(C_y)}} = \frac{E\left[(C_x - EC_x)(C_y - EC_y)\right]}{\sqrt{D(C_x)}\sqrt{D(C_y)}} \tag{3-5}$$

相关系数的取值范围是 $[-1, 1]$，计算出的相关系数绝对值越大，表明灾情范例 C_x 与灾情范例 C_y 之间的相关度越高。

3.3.4 救援优先级决策规则覆盖度

参照前面的定义，F 表示灾情范例条件属性的集合，D 表示灾情范例决策属性的集合。则有 $r_{ij}:\mathrm{des}(f_i) \to \mathrm{des}(d_j)$，$F_i \cap D_j \neq \varnothing$ 表示由条件属性到决策属性的决策规则集[6]。

定义 $c(r_{ij}) = |F_i \cap D_j|/|B|$，$F_i \cap D_j \neq \varnothing$ 为灾情救援优先级决策规则 r_{ij} 的覆盖度。

本章所提到的救援优先级决策规则覆盖度指的是满足这一决策规则的对象数占整个灾情范例数据库对象数的比例。

3.3.5 当前灾情范例物资需求预测

假设相似度最大的历史目标灾情范例的属性分别为 P_1、P_2、P_3 和 P_4，耐用品和消耗品的供应量分别为 N_1、N_2，条件属性 f_1、f_2、f_3、f_4 的权重值分别为 $\omega(f_1)$、$\omega(f_2)$、$\omega(f_3)$、$\omega(f_4)$，当前灾情范例的对应属性分别为 P_1'、P_2'、P_3' 和 P_4'，则当前灾情范例耐用品和消耗品的需求量 N_1' 和 N_2' 分别为

$$N_1' = \left[\frac{P_1}{P_1'}\omega(f_1) + \frac{P_2}{P_2'}\omega(f_2) + \frac{P_3}{P_3'}\omega(f_3) + \frac{P_4}{P_4'}\omega(f_4) \right] N_1 \quad (3\text{-}6)$$

$$N_2' = \left[\frac{P_1}{P_1'}\omega(f_1) + \frac{P_2}{P_2'}\omega(f_2) + \frac{P_3}{P_3'}\omega(f_3) + \frac{P_4}{P_4'}\omega(f_4) \right] N_2 \quad (3\text{-}7)$$

3.4 算 例 分 析

3.4.1 灾情范例属性简约及权重值

选取 2008~2012 年 22 个历史灾情数据[7]以及国家地震局地震数据共享中心提供的地震灾情数据作为训练样本（见表 3.1），样本的条件属性为：总人口 f_1，总面积 f_2，震级 f_3，震源深度 f_4，最高烈度 f_5，受灾人数 f_6，伤亡人数 f_7，砖混比例 f_8，决策属性为：耐用品需求量 D_0，消耗品需求量 D_1。将样本的各条件属性按表 3.2 的规则进行离散化处理，超过阈值的属性值设为 1，否则设为 0，离散化处理后的结果见表 3.3。

表 3.1 2008~2012 年地震灾情历史范例数据

编号	范例	总人口/人	总面积/km²	震级/级	震源深度/km	最高烈度/度	受灾人数/人次	伤亡人数/人次	砖混比例	优先级
1	四川省红白镇	30000	332.9	6.2	12	8	2857	1489	0.968	2
2	四川省渝氏镇	31587	50.6	4.3	8	7	13284	3068	0.761	3
3	四川省洛水镇	17066	29.6	5.7	10	6	3689	1438	0.944	1
4	四川省马祖镇	26375	42	5.1	10	7	3685	1011	0.556	1
5	四川省桥楼乡	8636	41.9	4.9	7	7	1016	700	0.156	1
6	四川省乔庄镇	25000	94.3	5	10	7	6749	1118	0.689	1
7	四川省清溪镇	34000	143	6.1	12	8	13753	3549	0.144	3
8	四川省曲河乡	5200	63	4.5	9	6	740	369	0.7	1
9	四川省沙州镇	11549	132.7	6.8	14	8	1589	876	0.833	2
10	四川省苏和乡	19628	12.9	4.6	8	7	2231	1169	0.656	1
11	四川省瓦砾乡	3836	41.1	4.2	9	6	623	67	0.833	1
12	四川省姚渡镇	18000	23.5	3.8	7	6	2832	917	0.167	1

续表

编号	范例	总人口/人	总面积/km²	震级/级	震源深度/km	最高烈度/度	受灾人数/人次	伤亡人数/人次	砖混比例	优先级
13	四川省三锅乡	10400	180.9	4	8	7	3441	623	0.722	1
14	新疆维吾尔自治区于田县	224800	39500	7.3	12	9	85000	4489	0.944	5
15	云南省永善县	420000	2833	5.3	11	6	134285	6690	0.556	3
16	云南省永善县	420000	2833	5	7	6	113998	3138	0.156	3
17	云南省盈江县	306705	4429	6.1	12	8	274419	4118	0.689	5
18	云南省鲁甸县	435000	1487	6.5	12	9	180507	3760	0.144	4
19	四川省越西县	327607	2256.56	6.7	15	9	13000	6319	0.7	5
20	云南省景谷县	306000	7777	6.6	13	8	175633	4249	0.833	5
21	浙江省文成县	212100	1293.24	4.2	5	6	177308	3577	0.656	4
22	四川省康定市	129320	11600	6.3	18	8	83926	4967	0.833	5

表 3.2 离散化处理规则

属性	离散值	说明	属性	离散值	说明
总人口 f_1	0	总人口<100000 人	最高烈度 f_5	0	最高烈度<8 度
	1	总人口≥100000 人		1	最高烈度≥8 度
总面积 f_2	0	总面积<1000km²	受灾人数 f_6	0	受灾人数<10000 人次
	1	总面积≥1000km²		1	受灾人数≥10000 人次
震级 f_3	0	震级<6 级	伤亡人数 f_7	0	伤亡人数<3000 人次
	1	震级≥6 级		1	伤亡人数≥3000 人次
震源深度 f_4	0	震源深度<12km	砖混比例 f_8	0	砖混比例<0.6
	1	震源深度≥12km		1	砖混比例≥0.6

例如，获得的一条范例信息为：{总人口 30000 人，总面积 332.9km²，震级 6.2 级，震源深度 12km，最高烈度 8 度，受灾人数 2857 人次，伤亡人数 1489 人次，砖混比例 0.968}，参照表 3.2 将此条范例进行离散化处理，得到的结果为{0，0，1，1，1，0，0，1}，如表 3.3 中第一行范例数据所示。

表 3.3 0-1 离散化后的范例信息

范例	f_1	f_2	f_3	f_4	f_5	f_6	f_7	f_8	ω_i
C_1	0	0	1	1	1	0	0	1	2
C_2	0	0	0	0	0	1	1	1	3
C_3	0	0	0	0	0	0	0	1	1
C_4	0	0	0	0	0	0	0	1	1
C_5	0	0	0	0	0	0	0	1	1
C_6	0	0	0	0	0	0	0	1	1

续表

范例	f_1	f_2	f_3	f_4	f_5	f_6	f_7	f_8	ω_i
C_7	0	0	1	1	1	1	1	0	3
C_8	0	0	0	0	0	0	0	1	1
C_9	0	0	1	1	1	0	0	1	2
C_{10}	0	0	0	0	0	0	0	1	1
C_{11}	0	0	0	0	0	0	0	1	1
C_{12}	0	0	0	0	0	0	0	0	1
C_{13}	0	0	0	0	0	0	0	1	1
C_{14}	1	1	1	1	1	1	1	1	5
C_{15}	1	1	0	0	0	1	1	0	3
C_{16}	1	1	0	0	0	1	1	0	3
C_{17}	1	1	1	1	1	1	1	1	5
C_{18}	1	1	1	1	1	1	1	0	4
C_{19}	1	1	1	1	1	1	1	1	5
C_{20}	1	1	1	1	1	1	1	1	5
C_{21}	1	1	0	0	0	1	1	1	4
C_{22}	1	1	1	1	1	1	1	1	5

从表 3.3 中可以看出，属性 f_1、f_2 对各范例的属性值相同，故只保留其中一个即可，在此保留属性 f_1；相同地，属性 f_3、f_4、f_5 对各范例影响的属性值相同，保留属性 f_3；属性 f_6、f_7 对各范例的属性值相同，保留属性 f_7。属性简约后的范例信息见表 3.4。

表 3.4 简约后的范例信息

范例	f_1	f_3	f_7	f_8	ω_i
C_1	0	1	0	1	2
C_2	0	0	1	1	3
C_3	0	0	0	1	1
C_4	0	0	0	0	1
C_5	0	0	0	0	1
C_6	0	0	0	1	1
C_7	0	1	1	0	3
C_8	0	0	0	1	1
C_9	0	1	0	1	2
C_{10}	0	0	0	1	1
C_{11}	0	0	0	1	1
C_{12}	0	0	0	0	1
C_{13}	0	0	0	1	1
C_{14}	1	1	1	1	5

续表

范例	f_1	f_3	f_7	f_8	ω_i
C_{15}	1	0	1	0	3
C_{16}	1	0	1	0	3
C_{17}	1	1	1	1	5
C_{18}	1	1	1	0	4
C_{19}	1	1	1	1	5
C_{20}	1	1	1	1	5
C_{21}	1	0	1	1	4
C_{22}	1	1	1	1	5

属性简约后得到新的条件属性集为 $F=\{f_1,f_3,f_7,f_8\}$。再按式（3-4）计算出当前条件属性的权重分别为 $\omega_1=0.13$，$\omega_2=0.36$，$\omega_3=0.31$，$\omega_4=0.20$，权重越大，说明该条件属性对分类判别的作用越大；反之，权重越小，说明该条件属性对分类判别的作用越小，在本章算例中，对分类判别影响最大的因素是震级，总人口数对分类判别的影响最小。

利用粗糙集属性简约方法，条件属性的维数从 8 维降到了 4 维，这能够有效减少灾害范例的冗余属性，提高运行效率，同时也在不失真的情况下节省大量灾情数据的存储空间；通过不同范例属性对预测结果的影响，根据 3.3.2 小节中属性权重的计算方法，计算出简约后各属性的权重，克服仅由专家主观性判断带来的误差，提高应急救援物资需求预测的精度。

3.4.2 救援优先级决策规则覆盖度

简约所得决策规则见表 3.5，运用作者及课题组开发的低空应急救援系统中的 500 条历史灾情数据构建范例数据库，统计各规则发生频率。

表 3.5 救援优先级决策规则

范例	f_1	f_3	f_7	f_8	ω_i	频率
C_1	0	1	0	1	2	0.132
C_2	0	0	1	1	3	0.098
C_3	0	0	0	1	1	0.065
C_4	0	0	0	0	1	0.124
C_7	0	1	1	0	3	0.128
C_{14}	1	1	1	1	5	0.113
C_{15}	1	0	1	0	3	0.087
C_{18}	1	1	1	0	4	0.075
C_{21}	1	0	1	1	4	0.101

覆盖度等于各规则频率之和，当规则覆盖度大于 90%时，该规则成立[6]。通

过表 3.5 中各规则出现的频率,计算出满足该决策的样本数占整体样本数的 92.3%,即规则覆盖率为 92.3%,说明该规则成立,可用于实际救援,也为后续受灾点物资需求预测提供了理论依据。

由表 3.5 可知,救援优先级的判断规则可根据总人口、震级、伤亡人数、砖混比例这四个属性决定,例如,当范例总人口小于 10 万人、震级大于等于 6 级、伤亡人数小于 3000 人次、房屋砖混比例大于等于 0.6 时,根据表 3.5 类比范例 C_1 可推断出该范例的救援优先级是 2;当总人口大于等于 10 万人、震级大于等于 6 级、伤亡人数大于等于 3000 人次、房屋砖混比例大于等于 0.6 时,类比范例 C_{14} 可推断出当前范例的救援优先级是 5,按此规则对各受灾点救援优先级的判定可为后续随机风条件下的航空调度以及空地联运协同调度模型提供数据基础。

3.4.3 灾情范例聚类分析及相似度

对范例数据库中的灾情数据运用 K-means 算法进行分类时,应先确定分类数,即 K 值。首先,设 K=2,计算出 2 个聚类中心之间的间距(即欧氏距离)为 217138.9999;再设 K=3,用同样的方法计算出 3 个聚类中心之间的平均间距为 308223.8637。对比可知,K=3 时聚类中心的平均间距相较于 K=2 的平均间隔明显增大,说明 K=3 时的聚类效果要比 K=2 时的聚类效果好。再设 K=4,计算出 4 个聚类中心之间的平均间距为 320208.7156,对比可知,K=4 时聚类中心的平均间距相较于 K=3 的平均间隔明显增大,说明 K=4 时的聚类效果要比 K=3 时的聚类效果更好。再设 K=5,计算出 5 个聚类中心之间的平均间距为 274362.7997,对比可知,K=5 时聚类中心的平均间距相较于 K=4 的平均间隔明显减小,说明 K=5 时的聚类效果要比 K=4 时的聚类效果更差,分类不明显,故确定 K 值为 4。

将类间平均距离、类间重叠情况及类内数据的分散程度作为类内数目选择的重要参考,通过对比以上实验聚类结果,可明显看出 K=2 时范例聚类效果太分散,K=3 及 K=5 时的范例聚类结果中各分类重叠区域较大,当 K=4 时范例聚类效果较好,分类清晰可见。故选取 K=4 作为分类数。

运用反馈补偿 K-means 方法对灾情数据分类后,计算当前灾情范例与各分类中心点的距离,判断当前案例属于哪一类,然后将当前灾情范例与该类中每个算例进行相似度计算,找出相似度最大历史灾情范例。当 K=4 时,各分类中心点数据见表 3.6。

表 3.6 当前范例与各中心点距离表

中心点	f_1	f_3	f_7	f_8	范例 X 与各中心点的欧氏距离
O_1	284433.8096	9.0890	5551.4796	0.6398	155114.9108
O_2	161188.3277	7.9835	3629.9042	0.7744	104617.4558
O_3	24804.5569	6.9407	1348.1024	0.7673	31896.3656
O_4	505972.1211	6.6562	8399.6711	0.5609	376667.7628

从历史灾情范例中选出 X 作为验算该算法的当前范例，其中 X=(129320, 6.3, 4967,0.833)，计算出 X 与上述四个中心点的欧氏距离分别为 155114.9108、31896.3656、104617.4558、376667.7628。通过分析可知，当前范例 X 与第二类中心点 O_2 的距离最近，故将当前范例视为第二类，然后运用 MATLAB 将属于第二类的数据筛选出来，并将当前范例 X 与第二类中的每个范例运用式（3-5）进行相似度计算。计算结果中最大的相关系数为 0.999983050183659，其对应的历史案例是 C_{141}=(136455,8.4,4418,0.783)，故可参照该范例的历史需求数据对当前范例的物资需求量进行预测。

3.4.4 灾情范例物资需求预测

通过查找范例数据库可知，历史范例 C_{141}=(136455,8.4,4418,0.783)对耐用品和消耗品的物资需求量分别为 1100kg 和 700kg，结合式（3-6）和式（3-7）求各条件属性权值，利用线性相关算法对当前范例的耐用品和消耗品的物资需求量进行预测，结果分别为

$$\begin{cases} D_0 = \left(\dfrac{129320}{136455} \times 0.13 + \dfrac{6.3}{8.4} \times 0.36 + \dfrac{4967}{4418} \times 0.31 + \dfrac{0.833}{0.783} \times 0.20 \right) \times 1100 = 1049(\text{kg}) \\ D_1 = \left(\dfrac{129320}{136455} \times 0.13 + \dfrac{6.3}{8.4} \times 0.36 + \dfrac{4967}{4418} \times 0.31 + \dfrac{0.833}{0.783} \times 0.20 \right) \times 700 = 668(\text{kg}) \end{cases}$$

由以上计算可知，当前案例 X=(129320,6.3,4967,0.833)对耐用品的需求量为 1049kg，对消耗品的需求量为 668kg。

3.4.5 范例推理预测法与遗传优化 BP 预测法的比较

已知当前验证案例 X=(129320,6.3,4967,0.833)对耐用品和消耗品的物资需求量分别为 1000kg 和 600kg，运用基于反馈补偿 K-means 的范例推理预测法计算出的对耐用品和消耗品的实际物资需求量分别为 1049kg 和 668kg，分别计算相同权值（即 $\omega_1=\omega_2=\omega_3=\omega_4=0.25$）和不同权值（即 $\omega_1=0.13$，$\omega_2=0.36$，$\omega_3=0.31$，$\omega_4=0.20$）时当前验证案例对耐用品和消耗品的物资需求量，对比本章提出的算法与遗传优化 BP 预测法[8]在相同权重和不同权重下的相对误差见表 3.7。

表 3.7 基于反馈补偿 K-means 的范例推理预测法与遗传优化 BP 预测法的比较

方法	相同权值				不同权值			
	预测量 D_0	预测量 D_1	相对误差 D_0/%	相对误差 D_1/%	预测量 D_0	预测量 D_1	相对误差 D_0/%	相对误差 D_1/%
K-means 案例推理预测法	1068	680	6.80	13.33	1049	668	4.90	11.17
遗传优化 BP 预测法	927	824	7.30	37.33	948	805	5.20	34.17

由表 3.7 可以看出，依据属性重要度而计算出的权重值，预测出来的相对误差较平均权重下的相对误差明显要小，且预测结果较为稳定，运用基于反馈补偿的 K-means 聚类方法对历史灾情范例进行先分类后处理，不仅提高了运行效率，也使得预测结果更为精确。

3.5 小 结

本章将基于反馈补偿的 K-means 聚类算法和范例推理理论引入灾后应急救援物资需求预测这一领域，在对自然灾害历史范例中的特征属性进行有效约简的基础上，再利用基于反馈补偿的 K-means 聚类算法对大量历史灾情数据进行分类处理，检索出相似度最高的历史范例，根据历史目标范例的物资消耗来推测当前相似范例的物资需求量[9~11]。基于反馈补偿的 K-means 聚类算法和范例推理理论的结合不仅提高了范例的检索效率，同时科学有效的 K 值确定方法也提高了预测精度，使其成为应急救援物资需求预测的新方法。进一步的研究考虑丰富相应的范例数据库，并与不同地区地理信息数据匹配，同时开展对于应急需求数据不全和模糊的物资需求分布预测研究。

参 考 文 献

[1] 高学英. 大规模应急救援资源布局与调度优化方法研究[D]. 长春: 吉林大学, 2012.

[2] 曾峰, 张肖宁. Application of cluster analysis to preventive maintenance scheme design of pavement [J]. 哈尔滨工业大学学报(英文版), 2009, 16(4): 581-586.

[3] 张文修, 吴伟志, 梁吉玉. 粗糙集理论与方法[M]. 北京: 科学出版社, 2003: 2-10.

[4] 王炜, 刘茂. 基于CBR的突发公共事件应急资源需求预测方法[J]. 安全与环境学报, 2010, 10(5): 217-220.

[5] 赵小柠, 马昌喜. 基于范例推理的灾害性地震应急物资需求预测研究[J]. 中国安全科学学报, 2012, 22(8): 3-9.

[6] 鄂旭, 邵良杉, 张毅智, 等. 一种基于粗糙集理论的规则提取方法[J]. 计算机科学, 2011, 38(1): 231-235.

[7] 郑通彦, 冯蔚, 郑毅. 2014年中国大陆地震灾害损失述评[J]. 灾害学, 2015, 25(2): 88-97.

[8] 李松, 刘力军, 解永乐. 遗传算法优化 BP 神经网络的短时交通流混沌预测[J]. 控制与决策, 2011, 26(10): 1581-1585.

[9] 喻慧, 张明, 喻珏. 基于反馈补偿 K-means 的救援物资需求预测[J]. 航空计算技术, 2016, 46(5): 52-56.

［10］ 喻慧, 张明, 喻珏. 基于 K-means 范例推理法的低空救援物资需求预测[J]. 中国民航大学学报, 2017, 35(2): 55-59.

［11］ 张明, 喻珏, 喻慧, 等. 一种不确定信息融合的应急物资分布需求预测方法: 中国, 201710193250.5[P], 2017.

第4章　基于航空器性能的多出救点物资应急调度模型

重大自然灾害通常具有波及范围特别大、破坏力特别强的特性，从而使得多个灾区同时提出航空救援的需求。然而，我们却面临着国内的通用航空发展缓慢、能够参与救援的航空器数量极为有限的困境，从而使得如何解决航空器合理分配和调度的问题变得越来越重要。

本章从航空应急救援自身特点出发，结合实际的救援调度业务流程，考虑在一个规定的调度规划周期内，采用合适的航空器调度策略使得在有限的作业时间内，各个受灾点的物资需求得到满足，同时使得参与救援的航空器架次最大化，总的调度时间最小，从而达到减小运力浪费、提高运输效率、降低运送成本的目的，最终达到提升航空救援抗震救灾能力的目标。具体来说，该模型规定在一个调度周期内，使得出救航空器架次最大且总的调度时间最小，此外分别针对快速消耗品对应急时间要求高以及耐用品持续消耗的不同特性，从多个出救点通过航空器向多个受灾点进行物资组合调度，并给出相应算例，结合基本的和改进的遗传算法对模型进行求解，并对两者的性能进行对比，验证了算法的可行性和高效性。

本章中所考虑应急调度运输仅为航空运输，这是一个广义上的多出救点多运输工具调度问题，它区别于应急响应中单纯的物资响应问题，该类问题按照资源种类和出救点数量可分为单个出救点、单种物资和多个出救点多种物资的调度问题，大多局限于路径问题和出救点的组合优化问题，分别通过以应急时间最短、出救点个数最少、成本最少为目标函数进行优化调度，而航空救援则要更多兼顾航空器本身的性能；此外，该类问题类似于配送车辆优化调度中的有时限多配送中心双向配送静态车辆调度优化问题。即在由若干个位置信息相对固定的装货节点与卸货节点联合构成的交通运输网络中，通过合适运输路线的选取，对运输任务进行合理分配，在满足一定的约束限制（如航空器载荷量限制、容积限制、配送里程限制等）下，达到一定的规划目标（如总的配送路程最短、耗费费用最少、使用车辆最少等）[1~6]。

本章提出的航空器应急救援调度模型，提供了在灾情事后的 3~5 天，根据初步灾情信息，实施的物资和航空器调度规划。

4.1 航空器调度问题概述

4.1.1 航空器调度优化问题分类

航空器优化调度问题可按照不同的构成要素和角度划分为多个类别：

（1）按照调度任务的特征分类，有纯粹的物资调度问题（仅涉及由配送中心向各个受灾点进行物资配送）、纯救援问题（仅考虑由各个受灾点将伤员送到配送中心或其他地点进行及时救治）及混合调度问题（既要考虑配送中心的物资配送，又要兼顾受灾点的人员救治）。本章主要考虑纯物资调度问题。

（2）按受灾点对救援物资的时间要求划分，由于救援的紧迫性以及某些物资的特性，如快速消耗品对时间的高度敏感性，通常的调度救援问题均有时限要求，具体又可分为硬时间窗问题（受灾点的救援所需物资必须在规定的时间窗内送达，不得拖后）和软时间窗问题（允许拖后，但要对该配送作业进行一定的惩罚）。

（3）按照航空器类型划分，有单航空器类型问题和多类型航空器问题，其中航空器在装载量、耗油率、航速等不同特性方面有所差异。

（4）按照航空器与配送中心的隶属关系划分，有航空器开放问题（航空器完成调度任务后可以不返回其初始配送中心）和航空器封闭问题（完成调度任务的航空器必须返回其始发的配送中心）。

（5）按受灾点、航空器、运输网络的属性信息是否确定，分为静态和动态调度问题（其中前者的各项属性全部固定且已知，而后者的信息未知或随时间发生变化）。

（6）其他，如按配送中心的数目分，有多配送和单配送问题；按优化目标分为单目标和多目标问题等。

4.1.2 航空器调度问题描述

航空器调度问题可描述为：在一个供求关系框架下，有若干架航空器、若干个物资配送中心和受灾点，要求在合理安排航空器的飞行路线和出行时间，满足给定的多种约束条件下，将物资配送中心（或受灾点）的救援物资由配送中心运往受灾点，并使得相应的目标函数最优化。

航空器优化调度问题可归结为如下的一般网络模型：设 $G=(V, E, A)$ 为一连通的混合网络，其中 V 表示顶点集（本章指配送中心或出救点以及受灾点），E、A 则分别表示无向的边集和有向的弧集，其中的边线与弧线均被赋予不同的权重（可表示配送的距离、时间或者费用），V'、E'、A' 分别为 V、E、A 的子集，求满约束条件（包括受灾点的物资需求或者配送中心供应量约束、硬时间窗或软时间窗约束、航空器配送距离约束、最大载荷约束等），并包含 V'、E'、A' 的某些巡回路线，使得目标函数达到最优，目标函数可以根据不同的配送场景选取总的配送航程最短、航空器的总吨位千米数最小、配送成本最低、配送物资满足率最高、时间最少、装载率最高等。

本章所提到的路径和调度问题指的是多个出救点，多架航空器在每天规定的作业时限内，向多个受灾点提供耐用品与快速消耗品两类物资，由于快速消耗品对时间敏感性较高，在调度初期应优先调度，但同时需保证耐用品的供应，防止出现断货和缺货的情况。在整个调度周期内，通过合理安排航空器的路径和时间，使总的出救架次达到最大，并在此基础上使得总调度时间最短。

任意一架航空器可以在任意一个出救点进行物资装载，但由于多个受灾点的物资需求量较大，而通航飞机的载荷量较小，因此需要多次运输。此外，由一个出救点直飞到达任意一个受灾点的时间不会超过其经由另一个受灾点的时间，因此航空器满载直飞由一个出救点到达单个受灾点并进行多次物资调度操作相对于将救灾物资一次配送给多个受灾点要经济和方便得多，而受灾点物资的需求量和出救点物资提供量均可通过满载飞行架次来进行衡量。另外，由于缺少必要的起降措施，航空器调度只能选择在白天有限的时间窗内进行，且每架航空器的日程安排是相互关联的，其第二天出救的位置点与之前一天的停靠点为同一个出救点。另外没有一架航空器是与固定的出救点进行捆绑的，其可以自由停靠在任何一个出救点，虽然出救点的位置固定，为了简便起见，本章的所有出救点均能提供足够的停靠点容纳所有的航空器。对于一个机队，可具有不同的载荷量以及不同的航速，可以在满足停靠点可用性的条件下在任意仓库点停靠。

因此，这里考虑的调度问题指的是一个典型的多出救点、多受灾点、多种航空器性能约束的调度问题，与其他调度问题不同，它含有一些特殊的限制条件，需要构造一个特定的模型对其进行描述。

4.1.3 航空器优化调度问题的构成要素

航空器优化调度问题主要包括救援物资、航空器、配送中心、受灾点、运输网络、目标函数以及约束条件等要素。

（1）救援物资：物资是配送的对象，可以根据每个受灾点或者出救点的救援物资视为一批货物，它们包含有不同的类别属性（如快速消耗品和耐用品）、重量和体积、要求送达的时间和受灾点、是否允许分批次配送等属性。其中物资的重量与体积是进行航空器装载决策的判定依据，当某个受灾点的物资需求超过该类型航空器的最大载荷量时，需要进行多架次航空器调度；而配送的受灾点位置和时间则是制定航空器飞行路线和出行时间的依据。

（2）航空器：作为救灾物资的一种运载工具，其主要的属性包括航空器类型、单次最大航程、最大装载量、配送前停靠位置以及完成配送任务后的停靠位置等。参与救援的航空器主要有通航的不同型别的直升机以及一些较大载重的运输机；航空器的最大装载量指的是其最大装载重量或最大装载容积，也是进行调度决策的一项重要依据；航空器配送后的停靠位置分为必须返回出发点、可返回任意配送中心或者可停靠在受灾点。

（3）配送中心或出救点：作为救援物资集散地以及航空器运作指挥的中心枢纽，在某次配送调度任务中可有单个或多个中心点，其所提供的物资种类可能是单一的或者多元的，总的物资存储量可满足或部分满足所有受灾点的物资需求。

（4）受灾点：其属性包括物资需求量、需求时间、需求次数以及物资满足率等，在某个配送系统中，单个受灾点的物资需求可能大于或者小于单架航空器的最大装载量；需求时间要求可分为无时间限制、硬时间窗和软时间窗约束几种情况；物资满足率则分为全部满足或部分满足。

（5）运输网络：由顶点（受灾点、配送中心）、无向边和有向弧构成。其中边和弧的属性包括方向、权重和交通流量限制等。其中权重可表示时间、成本或距离，可随时间或不同航空器变化而变化，亦可保持不变；而运输网络中顶点、边弧的交通流量也可分为无流量限制、顶点同时装卸货航空器架次限制、边弧上同时飞行的航空器架次限制或无流量限制。

（6）约束条件：航空器优化调度问题的主要约束条件包括如下几类：①满足或部分满足各个受灾点对救灾物资类型、规格和数量的需求；②满足受灾点对救灾物资到达时间的软硬时间窗约束；③在规定的时间配送（如缺少通信导航设备的地方只得在白天晴朗的气象条件下救援）；④航空器的实际调度过程中实际装载量不得超过最大装载量，单程配送路径的总长度不得超过最大航程；⑤航空器的停靠规定，不得在配送中心以外的其他地点进行停靠。

（7）目标函数：对于航空器优化调度问题，可选用单个或者多个目标，通常情况下经常选取的目标函数主要有：①各个受灾点的物资满足率最高，由于灾害发生时保证人员的安全性是救灾的首要目标，也就显示出一定的弱经济性，满足率越高则使得单位时间内参与救援的各部分力量得到充分调动，使得救灾效率最大化；②配送总里程最短，配送里程与航空器的耗油率、机组的疲劳程度以及完成配送的时间直接相关，合理的配送里程不仅能降低救援时间，使得救援及时快速，而且能够消除机组的疲劳程度，提高飞行安全性；③准时性最高，由于某些受灾点对救援物资的时限要求较为严苛，为提高调度任务质量，有时也需要将其列为确定调度安排的目标之一；④其他，如时间最短，配送航空器的吨位千米数最少等，综合考虑调配距离与装载重量，使得救援的各项任务趋于更为合理和科学。

4.2 调度优化模型

4.2.1 模型假定条件、定义、变量、参数和符号

1. 假定条件

（1）调度过程中航空器取满载直飞，每个架次的救援过程只针对单个受灾点进行。

（2）出救点所能提供的调度物资总量、各需求点所需的物资总量在定义的调度周期内保持不变，两种调度物资均需在规定时间限制内完成所需调度架次。

（3）航空器可以在任一个可用出救点进行装载，在受灾点进行物资投放或者降落卸载。

（4）航空器油量可以满足在任一次出救点—受灾点—出救点之间的调度飞行，且只得在出救点进行加油。

（5）机组调度与物资调度相互独立，可不予以考虑。

2. 定义

由出救点到受灾点的飞行过程称为出程飞行；相反，由受灾点飞回出救点的过程称为入程飞行。具体航空器调度示意图如图 4.1 所示。其中，□表示飞机前一晚和今晚停放位置；◎表示前一晚停放位置，但今晚不停放该处；○表示飞机前一晚和今晚都不停放该处；□表示救灾点。

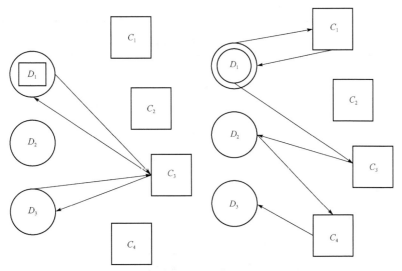

图 4.1 周期内每天航空器飞行调度示意图

3. 变量、参数和符号

模型的变量、参数和符号见表 4.1～表 4.4。

表 4.1 物资常量表

符号	含义
$r_c, c \in C$	各个受灾点 c 调度周期内总的耐用品需求架次
$v_c, \forall c \in C$	各个受灾点 c 快速消耗品每天的消耗架次
$\alpha_c, c \in C$	各个受灾点 c 快速消耗品每天最大需求满足度

表 4.2 集合常量表

符号	含义	符号	含义
D	出救点 d 集合	s	日常每天最多作业架次
C	受灾点 c 集合	F	航空器集合

表 4.3 时间常量表

符号	含义	符号	含义
b	每天允许的标准作业时间/min	t_f	航空器所需加油时间/min
t_a	每天实际作业时间/min	t_{qdc}^O	q 型航空器完成出程飞行所需时间/min
t_L	航空器所需装载时间/min	t_{qdc}^I	q 型航空器完成入程飞行所需时间/min
t_u	航空器所需卸载时间/min	k	总调度周期/d
k'	耐用品调度周期/d		

表 4.4 二元变量表

符号	含义
e_{fd}	二元变量,若航空器 f 在制定调度计划前停靠在出救点 d,则其值为 1;否则为 0
x_{fdcth}	二元变量,若航空器 f 在第 t 天进行第 h 次由出救点 d 满载运往受灾点 c 的出程飞行,则其值为 1;否则为 0
y_{fcdth}	二元变量,若航空器 f 在第 t 天进行第 h 次由受灾点 c 到出救点 d 的入程飞行,则其值为 1;否则为 0
v_{fdt}	航空器 f 第 t 天结束调度飞行任务后停靠在出救点 d 时,其值为 1;否则为 0

4.2.2 目标函数及约束条件

目标函数为

$$\max Z_1 = \sum_{f \in F} \sum_{d \in D} \sum_{c \in C} \sum_{t=1}^{k} \sum_{h=1}^{s} x_{fdcth} \tag{4-1}$$

$$\min Z_2 = \sum_{t=1}^{k} t_a \qquad (4\text{-}2)$$

s.t.

$$\sum_{f \in F} \sum_{d \in D} \sum_{t=1}^{k'} \sum_{h=1}^{s} x_{fdcth} \geq r_c + v_c k', \quad \forall c \in C \qquad (4\text{-}3)$$

$$\sum_{f \in F} \sum_{d \in D} \sum_{t=k'}^{k} \sum_{h=1}^{s} x_{fdcth} \geq v_c(k - k'), \quad \forall c \in C \qquad (4\text{-}4)$$

$$v_c \leq \sum_{f \in F} \sum_{d \in D} \sum_{h=1}^{s} x_{fdcth} \leq \alpha_c v_c, \quad \forall c \in C \qquad (4\text{-}5)$$

$$t_a = \sum_{d \in D} \sum_{c \in C} \sum_{h=1}^{s} \left(t_{qdc}^{O} + t_L + t_f \right) x_{fdcth} + \sum_{d \in D} \sum_{c \in C} \sum_{h=1}^{s} \left(t_{qdc}^{I} + t_U \right) y_{fcdth} \leq b \qquad (4\text{-}6)$$

$$\sum_{d \in D} x_{fdcth} = \sum_{d \in D} y_{fcdth}, \quad \forall f \in F, \forall c \in C, \ t = 1, 2, \cdots, k; \ h = 1, 2, \cdots, s \qquad (4\text{-}7)$$

$$\sum_{c \in C} x_{fdcth} \leq \sum_{c \in C} y_{fcdth-1}, \quad \forall f \in F, \forall d \in D, \ t = 1, 2, \cdots, k; \ h = 1, 2, \cdots, s \qquad (4\text{-}8)$$

$$\sum_{c \in C} x_{fdcth} \leq e_{fd}, \quad \forall f \in F, \forall c \in C, \ t = 1; \ h = 1 \qquad (4\text{-}9)$$

$$\sum_{c \in C} x_{fdcth} \leq v_{fd,t-1}, \quad \forall f \in F, \forall d \in D, \ t = 2, 3, \cdots, k; \ h = 1 \qquad (4\text{-}10)$$

$$v_{fdt} + \sum_{c \in C} \sum_{h=1}^{s} x_{fdtch} - \sum_{c \in C} \sum_{h=1}^{s} y_{fcdth} = e_{fd}, \quad t = 1 \qquad (4\text{-}11)$$

$$v_{fdt} - v_{fd,t-1} + \sum_{c \in C} \sum_{h=1}^{s} x_{fdtch} - \sum_{c \in C} \sum_{h=1}^{s} y_{fcdth} = 0, \quad t = 2, 3, \cdots, k \qquad (4\text{-}12)$$

$$\sum_{d \in D} v_{fdt} = 1, \quad f \in F, t = 1, 2, \cdots, k \qquad (4\text{-}13)$$

$$x_{fgcth}, y_{fcdth}, v_{fdt} \in \{0,1\}, \quad \forall f \in F, \forall d \in D, \forall c \in C, \ t = 1, 2, \cdots, k; \ h = 1, 2, \cdots, s \qquad (4\text{-}14)$$

这是一个非线性整数规划模型，目标函数（4-1）为使得调度周期内航空器出程飞行架次达到最大化，从而提高单位时间内的物资调运量，进而提高航空应急救援的效率；目标函数（4-2）为当出救架次达到饱和后，即无法出救更多架次的航空器时，使得参与救援的航空器总的调度时间最短，从而降低出救成本。两者并不矛盾，对于应急救援，最大限度地满足灾区需求可以提高救援质量，使得救援效果达到最好，但同时在出救架次一定的情况下，最大限度地降低飞行和运输成本也是可行的，两者使得总的救援过程可以更加高效且经济。

其中约束条件有三种，分别为物资约束、时间约束和航空器位置约束：

约束条件（4-3）保证两类物资中的耐久类物资在调度周期（k天）开始前k'天内完成所需资源调度，并且同时满足受灾点对快速消耗品的物资需求。

约束条件（4-4）确保消耗性物资在耐用品调度完成后的周期内，耐用品总的需求架次可以得到保障。

约束条件（4-5）确保调度周期内每天消耗品连续性需求得到满足，即避免出现消耗品耗尽。

约束条件（4-6）确保每天的实际调度时间在允许的调度作业时间限制之内。

约束条件（4-7）和（4-8）确保总的出入程飞行架次相同，且航空器只有在上一次执行了入程飞行作业后，本次方可执行出程飞行任务。

约束条件（4-9）和（4-10）确保航空器执行出程飞行的条件得到满足。

约束条件（4-11）和（4-12）确保航空器执行调度任务后停靠在出救点的条件得到满足。

约束条件（4-13）确保每架航空器在执行完当天的调度任务后只得停靠在一个出救点处。

约束条件（4-14）确保本章中所有变量均是二元变量，简而言之，变量数值仅可以取 0 和 1 两种数值。

4.3 求解算法设计

上述模型是一类广义的运输工具路径规划和调度问题，属于典型的 NP 难问题，精确求解方法的计算量会随着问题规模的扩大呈指数型增长，即所谓的组合爆炸现象。由此，精确算法无法满足对该类规模较大、涉及因素较多问题的求解，需要根据具体问题的特性构造合适的启发式算法。其中，遗传算法作为求解组合优化问题的有效方法得到广泛应用，它们对于带有大量局部极值点、不可微、不连续、多维、多约束条件的组合优化问题具有较好的适用性，本章分别采用传统遗传算法和其改进的爬山遗传算法对模型进行求解，并对两者的性能进行分析比较。

4.3.1 基于矩阵编码的遗传算法设计

通过前面所建立的模型可知，合理地确定受灾点和出救点以及航空器的位置关系是求解航空器路径问题的关键,在满足物资约束、时间约束和位置约束条件下使总的物资调度架次最多,调配时间最短,因此构造矩阵编码的遗传算法如图4.2所示。

矩阵编码方法是将矩阵整体看成一个遗传的子代个体,计算过程中不需要将矩阵展开成单列或者单行元素,从而在很大程度上保存了子代个体基因的完整性。矩阵编码仅就遗传算法的编码方式进行了改变,而其核心思想和求解思路并未发生实质性变化。依然沿袭传统算法中初始种群的生成、选择、解的评判和收敛性检测步骤,重点是在编码方式改变的基础上,对解的各种交叉、变异以及解码操作如何进行。

(1)染色体编码。根据该目标规划模型中解的表达特性,采用矩阵编码的方法,一个解矩阵代表一条染色体。此外,由于对于实数的数值优化问题,浮点数在表示的精度和执行速度等方面比二进制位串均具有明显的优势。同时根据以往的经验,在求解组合优化问题时采用二进制编码存在某些程度的缺陷,例如,会在目标函数中引入附加的多峰性,从而导致编码后的目标更为复杂。因此,本章采用浮点数矩阵编码的方式,其中行代表每架航空器该周期内的调度计划,列表示各个时刻航空器所在的位置点。具体表达形式如下:

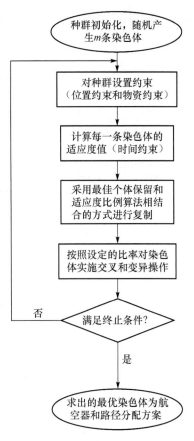

图4.2 航空器调度基本遗传算法流程图

$$X_p = \left[d_{ij}, c_{ij} \right]_{k \times n}, \quad \begin{array}{l} p=1,2,\cdots,m \\ i=1,2,\cdots,k \\ j=1,2,\cdots,n \end{array} \quad (4-15)$$

其中,k为一个调度周期包含天数;n为航空器架次;d和c分别为出救点与受灾点集合。存放在一个缓冲数组中,并随机产生m条该类型的染色体以完成种群的初始化。将由前台界面中选定的各类参数存放到相应数组中,以便在计算染色体适应度函数时进行调用。同时,将各条染色体的适应度初值设为0,是否被选择的标志设为0,可行化标志设为false。

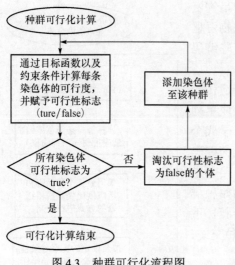

图 4.3 种群可行化流程图

（2）初始化及可行化（可行化原理见图 4.3）。所谓解的可行化即将染色体的编码向量映射为满足全部约束限制的可行解的过程。本章对于约束条件的处理引用搜索空间限定法加以解决，其具体原理如图 4.4 所示。通过该类处理方法能够使得遗传算子局限在最小的搜索空间中，从而很大程度上提高了遗传算法的搜索效率。

上述位置约束和后面的物资约束均符合这条原理。随机产生的 m 条该类染色体，由上一步解的表达特性可知初始化之后的解集满足位置约束条件，可行化操作只需判定解的时间和物资约束即可。其中时间约束通过引入带有各点间时间常数的矩阵，求和后与每天的作业时限比较，若小于时限则要求转入下一步，若不满足则需将每天最后一次飞行的受灾点虚拟化，以缩短时间使之符合要求。

判断物资约束须将原解矩阵分解出一个子矩阵，并对原矩阵和新生成的子矩阵中各个受灾点的出现频率进行统计，若达到频次要求则可行化操作结束，若不满足则需产生新解以维持种群数量不变，并继续执行可行化操作，直到所有解均达到可行化。

（3）解的个体评价及适应度函数评估。众所周知，衡量和评价某个染色体好坏的准则即适应度函数，通常将适应度大的个体应优先进入下一代种群。即适应度函数值在很大程度上体现了单条染色体个体的生存竞争能力，函数值越大则说明该染色体的性能越优越，其对应的解更接近于最优解。在本章的航空器调度模型中，根据目标函数的特征，取两目标函数的加权和作为本算法的适应度函数，其表达形式为

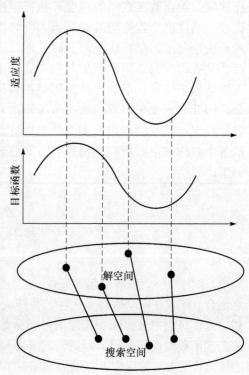

图 4.4 搜索空间原理图

$$f(i) = w_1 Z_1^i + \frac{w_2}{Z_2^i} \tag{4-16}$$

并根据不同的算例赋予加权系数不同的取值，在此 w_1 与 w_2 分别取 1 和 5000。

（4）选择与复制。在本问题的求解过程中，应用适应度函数计算出当前代中的适应度平均值，然后对该代种群中所有染色体按照适应度函数值由高到低进行排序，显而易见排在榜首的个体性能最为优越，将其直接进行复制进入下一代种群，而其他剩余个体则采用适应度比例方法，选择进入下一代。

适应度比例方法又被称作轮盘赌选择（roulette wheel selection）或者蒙特卡罗选择（Monte Carlo selection），是当前遗传算法中所普遍采用的选择方法。在此类选择机制下，每条染色体个体被选中的概率与其适应度函数值呈正相关关系。具体而言，根据种群的规模将轮盘旋转一定次数，而每次选择的次数与种群中染色体的个数相同，根据适应度函数值，每次旋转为新种群产生一条染色体。该过程表现出采样过程的随机性（具体原理见图 4.5）。采用该方式对种群个体进行选择，为接下来的交叉和变异操作提供了便捷性，并增加了种群的多样性，避免种群过早取得局部最优解，并有效提高整个算法的收敛速度。

本章采用最佳个体保存与轮盘赌相结合的选择策略，即计算解的适应度最大者直接复制进入，其余解按照适应度按比例复制，其比例 P_i 为

$$P_i = \frac{f(i)}{\sum_{j=1}^{m} f(j)}, \quad \sum_{i=1}^{m} P_i = 1 \tag{4-17}$$

（5）染色体交叉和变异操作。复制操作中并不会产生新的个体，而交叉操作作为遗传算法中主要的操作可产生新的个体，即新的航空器调度方案。具体实施过程为：按照一定的比例随机选择若干条染色体进行交叉操作，即交换解矩阵中的行或列；同理，选取某条染色体中的随机位置点进行变异，计算后的解须进行可行化操作以满足各个约束条件。

本章所提及的交叉运算定义为按一定的给定概率 P_c 交换两个矩阵染色体中对应位置的行（或列）基因元素的操作过程，其中交换的行（或列）是随机选取的。例如，第 k 代种群 P_k 的 2 个矩阵染色体：

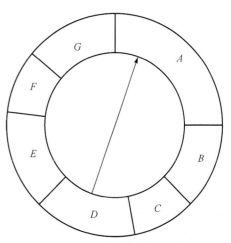

图 4.5 轮盘赌选择原理图

$$A_i = \begin{bmatrix} a_{11}^i & a_{12}^i & \cdots & a_{1n}^i \\ a_{21}^i & a_{22}^i & \cdots & a_{2n}^i \\ \vdots & \vdots & & \vdots \\ a_{m1}^i & a_{m2}^i & \cdots & a_{mn}^i \end{bmatrix}, \quad A_j = \begin{bmatrix} a_{11}^j & a_{12}^j & \cdots & a_{1n}^j \\ a_{21}^j & a_{22}^j & \cdots & a_{2n}^j \\ \vdots & \vdots & & \vdots \\ a_{m1}^j & a_{m2}^j & \cdots & a_{mn}^j \end{bmatrix} \quad (4\text{-}18)$$

本章以行交换为例,经交叉操作后矩阵染色体变为

$$A_i = \begin{bmatrix} a_{11}^j & a_{12}^j & \cdots & a_{1n}^j \\ a_{21}^i & a_{22}^i & \cdots & a_{2n}^i \\ \vdots & \vdots & & \vdots \\ a_{m1}^i & a_{m2}^i & \cdots & a_{mn}^i \end{bmatrix}, \quad A_j = \begin{bmatrix} a_{11}^i & a_{12}^i & \cdots & a_{1n}^i \\ a_{21}^j & a_{22}^j & \cdots & a_{2n}^j \\ \vdots & \vdots & & \vdots \\ a_{m1}^j & a_{m2}^j & \cdots & a_{mn}^j \end{bmatrix} \quad (4\text{-}19)$$

变异算子:在物种进化的过程中其变异率较小,因此在算法设计中仅起到辅助作用,在每一代中按一定的概率 P_m 使得一条矩阵染色体中的某个(些)位置上的基因元素取代其他值,而被改变的基因元素则是随机选取的。第 k 代种群 P_k 的 1 个矩阵染色体为

$$A_i = \begin{bmatrix} a_{11}^i & a_{12}^i & \cdots & a_{1n}^i \\ a_{21}^i & a_{22}^i & \cdots & a_{2n}^i \\ \vdots & \vdots & & \vdots \\ a_{m1}^i & a_{m2}^i & \cdots & a_{mn}^i \end{bmatrix} \quad (4\text{-}20)$$

经过单点变异运算之后得到的矩阵染色体为

$$A_i = \begin{bmatrix} a_{11}^i & a_{12}^i & \cdots & a_{1n}^i \\ a_{21}^i & a & \cdots & a_{2n}^i \\ \vdots & \vdots & & \vdots \\ a_{m1}^i & a_{m2}^i & \cdots & a_{mn}^i \end{bmatrix} \quad (4\text{-}21)$$

其中,a 为按一定规则变化后基因元素值。对变异成功获得的染色体计算其适应度函数,并将其与父代染色体进行比较,选择性能较优者进入下一代种群。

(6)采用指定代数的终止条件:事先设置最大遗传代数 N,若达到 N 代,算法终止,将最优染色体对应的航空器调度方案进行输出。

4.3.2 爬山遗传算法

基本遗传算法在局部搜索能力方面暴露出的不足是为人共知的。相比在组合优化遗传算法研究方面,则可以用极快的收敛速度达到最优解的 90% 左右,但若

取得真正的最优解则要花费相当长的一段时间。若同时兼顾解的品质以及收敛速度两个指标，基本遗传算法显然不是最佳的求解策略。另外，利用基本遗传算法求解一些优化问题时还会陷入过早收敛现象（早熟）或停滞现象，对最终的寻优效果和计算效率产生影响。为了克服基本遗传算法的不足，改善算法的性能，通常人们从三个方面着手：①引入高级操作策略（如倒位操作）；②引入群体策略（如多种群遗传算法和群体规模可变的遗传算法）；③将基本遗传算法与其他搜索方法相结合的策略（如爬山算法、神经网络算法、模拟退火算法、专家系统算法等）。

许多研究表明，采用第三种策略，即构造混合遗传算法，构造航空器调度的爬山遗传算法，充分利用启发式信息或与领域相关的知识，从而有效地提高遗传算法的局部搜索能力，进一步改善其解的品质和收敛速度。该算法的特点是对每一代得到的最优个体实施多次爬山操作，然后以通过爬山操作得到的个体取代原个体。具体采用以下算法策略：

（1）解的表示方法及初始化同基本遗传算法。仅对每一代得到的最优个体利用两交换法进行爬山操作，采用固定的爬山次数，并将操作后的个体取代原个体。

（2）引入罚函数思想对约束条件进行处理，即对不可行解引入惩罚权重，降低该解的遗传概率。解的评价函数如下：

$$f(i) = w_1 Z_1^i + \frac{w_2}{Z_2^i} - P_w M \tag{4-22}$$

其中，P_w 为惩罚权重；M 为不可行解中不可行路径数，为零时为可行解。

（3）选择交叉策略及终止条件不变，提高变异概率，以消减对最优值进行爬山操作引起的单峰效应，增加种群的多样性，跳出局部最优。

4.4 算例分析

4.4.1 算例设计

本章以汶川地震中相关受灾点为背景设计算例，具体受灾点如图4.6所示。其中震区11座，广汉市是区域内可以具备航空器起降的城市，另取绵阳市和成都市作为出救点，选择区域中的都江堰市、彭州市、雅安市、江油市和汶川县为受灾点，在调度周期5天内对两类应急物资采用3架航空器进行调度，三个出救点均具有两种物资，且存储量足够。航空器在调度周期前停靠在广汉市，每天最多允许调度架次为3次，每天的调度时间为630min，装卸载时间均为20min，加油时间为40min，$α_c$ 取值为2，要求在调度周期前3天完成耐用品的调度。相应的出救点与受灾点间的飞行时间以及各个受灾点两类物资的需求分别见表4.5和

表 4.6。

图 4.6 汶川地震受灾点分布

表 4.5 出救点到受灾点所需飞行时间　　　　（单位：min）

	眉山市	什邡市	简阳市	江油市	汶川县
广汉市	40	75	80	60	50
成都市	80	40	55	70	65
绵阳市	115	55	70	80	95

表 4.6 受灾点物资需求表　　　　（单位：架次）

指标	眉山市	什邡市	简阳市	江油市	汶川县
r_c	2	3	2	3	2
v_c	1	1	1	1	1

4.4.2 求解结果分析

针对本问题的研究特性，编码遗传算法中的各类参数取值如下：种群个数为 20，遗传代数为 100，交叉概率 P_c 取 0.7，变异概率 P_m 取 0.15。w_1、w_2 则分别取为 1 和 5000。改进爬山遗传算法参数设置为：将变异概率 P_m 设为 0.6，P_w 取值为

2。图 4.7~图 4.9 分别表示目标函数值以及适应度函数值的变化轨迹。

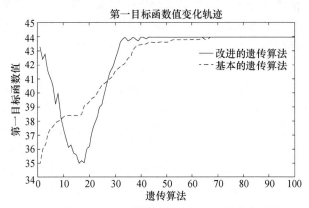

图 4.7　基本和改进遗传算法第一目标函数值变化轨迹

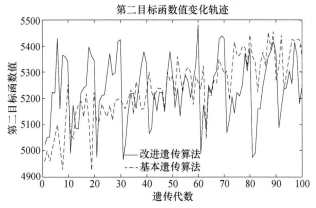

图 4.8　基本和改进遗传算法第二目标函数值变化轨迹图

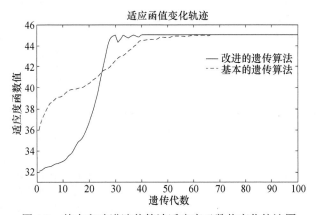

图 4.9　基本和改进遗传算法适应度函数值变化轨迹图

由图4.7可知,基本遗传算法与改进遗传算法在出救架次目标函数值变化有较大差异,其中前者由于进行了解的可行化操作以及第一目标函数值在适应度函数中权重较大,其变化轨迹较为平缓且总体为非递减状态,而改进的遗传算法最初阶段由于可行解较少,引入的非可行解大多由于缺少时间限制而使得出救架次值在一定程度上较高,随着解的可行化程度提高,呈现先减后增的过程。

由图4.8可知,传统的遗传算法适应度函数中对第二目标函数值即出救时间的优化更多体现在第一目标函数值一定的情况下,且随着第一目标函数值增加呈现总体上升而局部减小的趋势,这与实际情况的优化过程和目标函数值的设定权重一致。而改进的遗传算法在对时间优化上差异更为明显,这也是由非可行解的原因引起的。

由图4.9可见,无论采用基本还是改进的遗传算法,两者的适应度函数值都是增加的,而改进的遗传算法比基本遗传算法适应度值变化范围更大,且收敛速度更快,但存在小范围的波动,前者是由于对每代种群的最优解进行了爬山操作,而后者则由较大的变异概率引起。但两者均可求得最优解,其对应总的调度架次为44架次,调度时间为5285min,将其中一架航空器调度计划展开,见表4.7～表4.9。

表4.7 第一架航空器调度规划表

日期	调度路径
第1天	广—眉—成—什—成—眉—广
第2天	广—汶—成—江—广—江—成
第3天	成—汶—成—什—成—简—绵
第4天	绵—眉—成—江—绵(两次)
第5天	绵—简—成—眉—成—什—广

表4.8 第二架航空器调度规划表

日期	调度路径
第1天	广—简—成—简—成—眉—成
第2天	成—眉—成—什—成—什—广
第3天	广—江—广—眉—绵—汶—广
第4天	广—江—绵—汶—成—什—绵
第5天	绵—汶—成—什—广—江—广

表4.9 第三架航空器调度规划表

日期	调度路径
第1天	广—江—成—什—绵—汶—广
第2天	广—眉—成—简—绵—汶—成
第3天	成—简—成—什—成—简—绵
第4天	绵—汶—成—简—成—什—广
第5天	广—眉—广—简—成—什—广

根据以上计算结果可知，通过将具备更强局部搜索能力的爬山算法与传统的遗传算法相结合，从而构造出低空救援航空器调度问题的爬山遗传算法。该算法能够很大程度上弥补传统遗传算法在求解该问题过程中局部搜索能力不强、收敛性弱的缺陷，也能够使得爬山算法所表现出的全局搜索能力较弱的特点隐匿起来，从而得到了更为优化的计算结果，显示出更为强大的寻优能力。

4.5 小　　结

本章针对当前航空应急救援调度的实际问题，构建了调度模型，并结合基本的和改进的基于矩阵编码的遗传算法对模型进行了计算，最后采用汶川地震部分灾区为背景设计算例，并验证了模型的可行性和高效性。

（1）在应急救援过程中，调度时间的重要性是不言自明的，以此为前提背景方可考虑更多其他的优化目标。考虑于此，本章通过提高单位时间内的调度量从侧面缩短了救援时间。

（2）应急资源调度过程中，在满足时间第一性前提下，结合适当的调度成本目标函数，能避免大量不必要的经济损失，有效地提高综合调度效益，本章通过缩短调度时间来减小操作成本。

（3）本章模型所涉及的数据可根据具体问题进行调整，虽对快速消耗品速度和最大满足度进行了统一规定，但是当某些地区灾害特别严重时，可以提高其相应的满足度，从而增强救灾的效果。此外，本章的调度计划周期较长，对可能存在的突发状况缺乏准备，可适当调整计划安排。

航空器调度算法实际上是一个典型的多目标规划问题，本章针对航空器调度分配规模较小的特性，提出并设计了重大灾害条件下针对各个出救点与各个受灾点的航空器调度算法，该算法能够在 n^2 的时间复杂度内求得问题的最优解。此外，本章所给出的调度方案是一个中长期的规划，属于战略层面的调度规划，其中各个城市辖下的县区级地域调度在后续章节给出了更为精细的战术层面的规划，各个受灾县区的受灾物资需求和后与战略调度过程中的物资量相当。

在航空器实施救援的过程中，航行路线的选择同样重要，它不仅关系到救援的效率，而且会对救援的安全性产生重要影响，特别是在气象和环境条件均十分恶劣的山区等自然灾害多发区，其能见度会变得很低，且随着强烈的短时天气变化发生剧烈变动。本章中取直飞有时与现实条件会有所出入，所以能够加入一套完整的航线设计算法，形成合理的自由飞行条件下的冲突探测和避险策略以及合理的越障飞行策略具有很高的理论价值和现实意义。

参 考 文 献

[1] Sheu J B, Pan C.Relief supply collaboration for emergency logistics responses to large-scale disasters[J]. Transportmetrica A: Transport Science, 2015,11(3): 210-242.

[2] Sheu J B. Dynamic relief-demand management for emergency logistics operations under large-scale disasters[J]. Transportation Research Part E: Logistics and Transportation Review, 2010, 46(1): 1-17.

[3] Özdamar L, Demir O. A hierarchical clustering and routing procedure for large scale disaster relief logistics planning[J]. Transportation Research Part E : Logistics and Transportation Review,2012,48(3): 591-602.

[4] Zhang M,Zhou Y,Yu H, et al. Air rescue multi-good aircraft-scheduling model based on the improved genetic algorithm[J]. Journal of computational and Theoretical Nanoscience, 2016.2,(2):1511-1516

[5] 周毅, 张明. 航空应急救援中多物资需求预测与调度规划[C]//第十届全国交通运输领域青年学术会议, 西安, 2013.

[6] 张明, 周毅, 王磊, 等. 低空救援空中交通调度指挥系统及其调度指挥方法: 中国, 201410361394.3[P], 2014.

第5章 基于随机风预测的航空应急调度模型

航空应急救援调度是保障低空救援快速响应的核心问题，受多方面因素的影响。在航空器活动空域内随机风是造成航空器实际运行轨迹与规划轨迹产生偏差的主要因素，本章综合考虑救援优先级以及随机风对飞行轨迹的影响，提出航空应急救援调度的框架。首先，应用基于 UKF 的数值气象预报释用技术对航路上的随机风进行预测，分析随机风影响下的航空器运动轨迹，依据速度矢量合成原理，构建航空器运动模型。然后，在已知各受灾点救援优先级和物资需求量的前提下，以物资需求满足率最大、救援优先满意度最大和应急救援响应时间最短为目标，建立航空应急救援调度规划多目标优化模型。最后，对该模型进行求解，并运用真实地震场景数据对该模型进行验证。

5.1 航空调度规划问题概述

本章的航空器调度问题是指在大规模灾难发生的情景中，对有限资源（如航空器、救援物资等）进行合理配置的过程。航空优化调度问题是一个典型的多目标规划问题：①物资需求满足率最大；②救援优先满意度最大；③救援航空器飞行总里程最短。在满足约束条件（航空器最大业载约束、航空器最大飞行半径约束、物资供应需求量之间的约束、点与点之间的满足关系等）的情况下，使得各目标函数值达到最优，目标函数可以根据总的配送航程最短、配送物资满足率最高、救援优先满意度最高等条件选取不同的配送方案。

解决航空调度规划问题的基本流程如图 5.1 所示。

5.2 随机风影响下的航空器运动模型

5.2.1 基于无迹卡尔曼滤波的随机风预测

低空空气运动受地形扰动和地表摩擦作用大，气流混乱，使得低空风与高空自由大气层内的风呈现出不同的特性，随机波动性强是低空风的特征，其观测数值也具有明显的非线性特点。UKF 具有很强的处理随机波动能力，因此它适用于对风速、风向形成的非线性系统的估计。UKF 是无迹变换和卡尔曼滤波算法的结合[1]，其需要采用样本点来求取后续时刻的预测值。UKF 的关键操作是使用无迹变换来近似非线性函数的概率密度分布。无迹变换是一种计算随机变量统计特性的方法，根据状态量的均值和方差，构造一组σ点集，对这个集合进行非线性变换、加权计算后，通过非线性状态方程获得更新后的滤波值，即获得下一时刻系统的预测值。

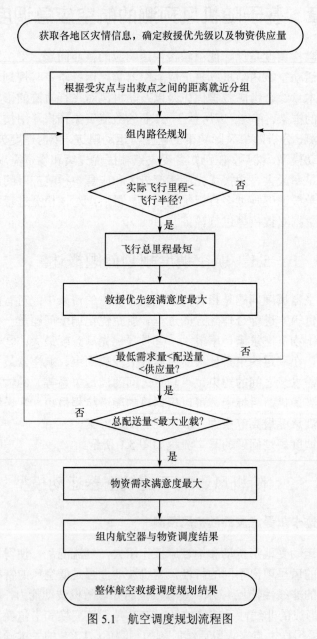

图 5.1　航空调度规划流程图

由于交换站的位置固定，要确定空域中任意点的风速风向，需要运用插值方法将预报数据插值到交换站记录数据所在的坐标位置处,为此,本章建立一个空间插值模型[2],当选定某交换站后,就可以根据交换站的三维坐标确定与其相邻的 8 个格点数据,它们的位置可以在空间中构建一个六面体,由于交换站位置已知,六面体顶点的坐标以及顶点处的 u、v 值可由 NetCDF 数据得到,则经过若干次两点线性插值计算即可得出空间任意点的 u、v 值。

针对世界区域预报系统(world area forecast system,WAFS)发布的数值天气预报数据误差较大和高空气象数据在低空的不适用问题,通过基于 UKF 的数值气象预报释用技术将低空的格点预报数据与地面国际交换站的观测数据融合,获得航路上任意点低空风的预测数据;然后,结合各航路点随机风的风速、风向与航空器的真空速,经矢量合成计算出航空器的修正地速,从时间、空间上提高规划航迹的精确度。

5.2.2 随机风条件下的航空器运动模型

在初始航路与随机风矢量都确定的条件下,可以利用速度的矢量合成运算分析随机风对飞行的影响,求出航空器的真空速与风速的合速度,即地速,由地速确定各航段的飞行时间和到达各个航路点的时刻。

航空器在随机风作用下会偏离计划航线,因此为使航空器沿计划航线飞行,应使航迹角等于航线角,以此平衡由侧风造成的偏流。对航空器的真空速以及预测的随机风数据进行 u、v 方向上的分解分析,过程如图 5.2 所示。

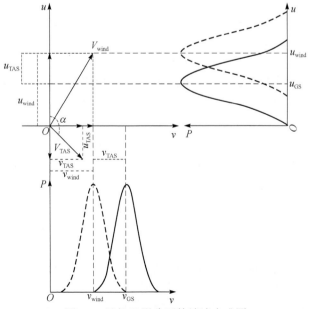

图 5.2 随机风影响下的地速合成图

其中，V_{TAS} 表示真空速，V_{wind} 表示风速，α 表示航向与航迹的夹角。通过分析由 UKF 方法预测到的预报随机风数据，假设 u、v 分量均服从正态分布[3]。图 5.2 中虚线分别表示平均速度为 u_{wind} 和 v_{wind} 的正态分布曲线，其分布函数记作 $N(u_{wind}, \sigma_1^2)$ 及 $N(v_{wind}, \sigma_2^2)$。然后将航空器的真空速分解到 u、v 方向上，基于矢量合成原理，可求得航空器的合速度，即地速。

u_{wind} 和 v_{wind} 以及 u_{GS} 和 v_{GS} 之间的关系如下：

$$v_{GS} = v_{wind} + V_{TAS}\cos\alpha \tag{5-1}$$

$$u_{GS} = u_{wind} + V_{TAS}\cos\alpha \tag{5-2}$$

由上述过程可推断出航空器地速也满足正态分布，图 5.2 中实线分别表示平均速度为 u_{GS} 和 v_{GS} 的正态分布曲线，其分布函数记作 $N(u_{GS}, \sigma_1^2)$ 及 $N(v_{GS}, \sigma_2^2)$。随机风影响下的航空器速度 v_{mk} 的分布函数记作 $N(u, \sigma^2)$，其中，$u = \sqrt{u_{GS}^2 + v_{GS}^2}$，对应的概率密度分布函数为 $f(v_{mk}) = \dfrac{1}{\sqrt{2\pi}\sigma} e^{-\dfrac{(v_{mk}-u)^2}{2\sigma^2}}$。

5.3 随机风影响下的航空调度规划模型

5.3.1 模型假定条件、变量及参数

1. 模型假定条件

（1）航空器在随机风作用下会偏离计划航线，因此为使航空器沿计划航线飞行，应使航迹角等于航线角，以此平衡由侧风造成的偏流。

（2）出救点的物资不是无限量供应的，出救点能分配的所有救援物资不能满足各受灾点所需救援物资量之和，故会有救援物资满意度这一概念。

（3）各个受灾点所需物资可以相互混装，即可以装在同一航空器内。

（4）每个受灾点的物资需求量都有配送区间限制，即配送量不得低于受灾点的最低需求量，也不得高于最高需要量，避免物资的浪费。

（5）每架航空器配送的物资量不得超过该航空器的最大业载。

（6）由于航空器最大载油量一定，每架航空器的最大配送里程一定不能超过该航空器的飞行半径。

（7）假设每架航空器都是从出救点始发，对该交通小区内的受灾点运送应急物资后，最终需返回原出救点。

（8）本章划设的时间片区间较小，则可将出救点物资供应量以及各受灾点的物资需求量看成在定义的周期内是恒定不变的。

（9）航空器只能在出救点加油及装载物资，在受灾点卸载物资。

2. 变量及参数

模型的参数和变量见表 5.1 和表 5.2。

表 5.1　模型参数表

参数	含义
Q_{mk}	出救点 m 处第 k 架航空器的最大载荷量
f_{mk}	出救点 m 处第 k 架航空器的最大载油量
c_{mk}	出救点 m 处第 k 架航空器的平均耗油率
M	出救点总数
K	航空器总数
G	出救点/受灾点分组集合
L_m	出救点 m 援助的受灾点的数目
N	受灾点总数
H_j	第 j 条路径上选取的随机风测试点的个数

表 5.2　模型变量表

变量	含义
m	第 m 个出救点，$m=1,2,\cdots,M$
k	第 k 架航空器，$k=1,2,\cdots,K$
i_g	分组 g 内的受灾点 i，$i_g \in G_g$
g	第 g 个受灾点分组
l	救援物资种类，$l=0$，表示耐用品；$l=1$，表示消耗品
j	第 j 条飞行路径
W_{i_g}	各受灾点 i 的救援优先级，$W_{i_g}=1,2,\cdots,5$
n_{mk}	从出救点 m 处出发的第 k 架航空器服务的受灾点的个数
r_{mji}	受灾点 i 在从出救点 m 出发的路径 j 中的顺序
$\bar{v}_{mk}$	出救点 m 处第 k 架航空器的平均飞行速度
$D_{i_g}^l(t)$	在时间间隔 t 内分组 g 中受灾点 i 对物资 l 的时变需求量
$X_{m,i_g}^l(t)$	在时间间隔 t 内由出救点 m 运往分组 g 中受灾点 i 物资 l 的重量
$S_{m,G_g}^l(t)$	在时间间隔 t 内分组 g 中出救点 m 对物资 l 的供应量
$\mathrm{LD}_{i_g}^l(t)$	在时间间隔 t 内分组 g 中受灾点 i 对物资 l 的最低需求量
$d_{r_{mj(i-1)}r_{mji}}$	各受灾点之间的距离
$d_{r_{mjn_{mk}}r_{mj0}}$	受灾点离出救点的距离
$\mathrm{sign}(n_{mki_g})$	开关变量，表示从出救点 m 处出发的第 k 架航空器是否经过受灾点 i_g

5.3.2 目标函数及约束条件

对于每一个受灾点分组，在给定的时间间隔 t 内，使得各个分组内的物资需求满足率 $F_g^1(t)$ 最大，救援优先满意度 $F_g^2(t)$ 最大，以及救援航空器飞行总里程 $F_g^3(t)$ 最短，目标函数表示如下：

$$\max F_g^1(t) = \frac{\sum_{\forall l}\sum_{m=1}^{M}\sum_{\forall i_g \in G_g} X_{m,i_g}^l(t)}{\sum_{\forall l}\sum_{\forall i_g \in G_g} D_{i_g}^l(t)}, \quad \forall (g,t) \tag{5-3}$$

$$\max F_g^2(t) = \sum_{i=1}^{n_{mk}} W_{i_g}(n_{mk} + 1 - r_{mji}) \tag{5-4}$$

$$\min F_g^3(t) = \sum_{m=1}^{M}\sum_{k=1}^{K}\sum_{i=1}^{n_{mk}} \left[\left(d_{r_{mj(i-1)}r_{mji}} + d_{r_{mjn_{mk}}r_{mj0}} \right) \mathrm{sign}(n_{mk}) \right] \tag{5-5}$$

其中，m 表示第 m 个出救点，$m=1,2,\cdots,M$，M 为出救点总数；k 表示第 k 架航空器，$k=1,2,\cdots,K$，K 为出救点 m 拥有的航空器架次；i_g 表示分组 g 内的受灾点 i，$i_g \in G_g$；$D_{i_g}^l(t)$ 表示在时间间隔 t 内分组 g 中受灾点 i 对物资 l 的时变需求量，l 分为快速消耗品和耐用品两类物资，$l=1$ 时，表示快速消耗品，$l=0$ 时，表示耐用品；$X_{m,i_g}^l(t)$ 表示在时间间隔 t 内由出救点 m 运往分组 g 中受灾点 i 物资 l 的重量；W_{i_g} 表示各受灾点 i_g 的救援优先级；n_{mk} 表示从出救点 m 处出发的第 k 架航空器服务的受灾点个数；r_{mji} 表示受灾点 i 在从出救点 m 出发的路径 j 中的顺序（不含出救点）；令 r_{mj0} 为出救点，$d_{r_{mj(i-1)}r_{mji}}$ 表示各受灾点之间的距离，$d_{r_{mjn_{mk}}r_{mj0}}$ 表示出救点与受灾点之间的距离；$\mathrm{sign}(n_{mk})$ 为开关变量，表示从出救点 m 处出发的第 k 架航空器是否参与救援。

$$\mathrm{LD}_{i_g}^l(t) \leqslant \sum_{m=1}^{M} X_{m,i_g}^l(t) \leqslant D_{i_g}^l(t), \quad \forall g, i_g, l, t \tag{5-6}$$

$$\sum_{\forall i_g \in G_g}\sum_{m=1}^{M} X_{m,i_g}^l(t) \leqslant \sum_{m=1}^{M} S_{m,G_g}^l(t), \quad \forall g, G_g, l, t \tag{5-7}$$

$$\sum_{\forall l}\sum_{\forall i_g \in G_g} X_{m,i_g}^l(t) \leqslant Q_{mk}, \quad \forall m, i_g, k \tag{5-8}$$

$$\sum_{i=1}^{n_{mk}}\left(d_{r_{mj(i-1)}r_{mji}} + d_{r_{mjn_{mk}}r_{mj0}} \right) \leqslant \frac{f_{mk}}{c_{mk}} \bar{v}_{mk}, \quad \forall m, k, j \tag{5-9}$$

$$\sum_{k=1}^{K} n_{mk} = L_m, \quad \forall m \tag{5-10}$$

$$\sum_{m=1}^{M} L_m = N \tag{5-11}$$

$$0 \leqslant n_{mk} \leqslant L_m \tag{5-12}$$

$$\text{sign}(n_{mk}) = \begin{cases} 1, & n_{mk} \geqslant 1 \\ 0, & n_{mk} < 1 \end{cases} \tag{5-13}$$

$$X_{m,i_g}^{l}(t) \geqslant 0, \quad \forall g, i_g, l, m, t \tag{5-14}$$

$$W_{i_g} \in (1,5) \tag{5-15}$$

其中，Q_{mk}、f_{mk}、c_{mk}、v_{mk} 分别表示出救点 m 处第 k 架航空器的最大载荷量、最大载油量、平均耗油率和平均飞行速度；L_m 为出救点 m 援助的受灾点数目，N 为所有受灾点总数目。式（5-9）中的 $\bar{v}_{mk} = \frac{1}{H_j} \sum_{h=1}^{H_j} v_{mkj}^h$，$H_j$ 是航路 j 上随机风观测点的个数，v_{mkj}^h 是从出救点 m 处出发的第 k 架航空器在路径 j 上航路点 h 处的地速，依据 UKF 数值气象预报释用技术可以预测出每一个交换站的随机风数据，再由 5.2 节提到的插值模型可以计算出航路上任意点的随机风速，再与航空器真空速进行矢量合成，得到航空器任意点的地速。由于随机风速是服从正态分布的，航空器地速也是随机分布的，即 $v_{mk} \propto N(u, \sigma^2)$。$H_j$ 取值越大，航路上平均地速 $\bar{v}_{mk}$ 越准确。

约束条件（5-6）确保在任意时间间隔，对于任意受灾点，其总的配送量要大于最低需求量且不得超过其实际需求量；约束条件（5-7）确保在任意时间间隔，对于任意分组 g 内所有的受灾点，其总的配送量不能超过对应出救点的供应量；约束条件（5-8）确保任意一架航空器不能超过其最大载荷量；约束条件（5-9）确保任意一架航空器的总配送里程不得超过其性能限制的最大航程；约束条件（5-10）确保各个出救点所辖的受灾点都获得救援；约束条件（5-11）确保所有受灾点都得到救助；约束条件（5-12）确保从出救点 m 处出发的第 k 架航空器服务的受灾点的个数不超过出救点 m 所辖的受灾点个数；约束条件（5-13）中当 $\text{sign}(n_{mk}) = 1$ 时，表示当出救点 m 处第 k 架航空器的救援受灾点数量大于等于 1 时，则说明该航空器执行了救援任务，当 $\text{sign}(n_{mk}) = 0$ 时，说明该航空器没有执行救援任务；约束条件（5-14）确保对于任意受灾点，其任何时刻的配送量的非负性，使得问题具有实际意义；约束条件（5-15）表示设定的救援优先级取 1~5 的任意整数。

5.3.3 模型的求解

通过本章建立的模型可知，合理确定受灾点和出救点以及航空器的位置关系是求解航空器路径问题的关键，在满足物资约束、航空器性能约束和位置约束条件下使得总的物资满意度最大、救援优先满意度最大以及调配路程最短。模型的求解步骤如下：

（1）受灾点分组。根据各受灾点的救援优先级 W_{i_g} 以及与出救点之间的距离 $d_{r_{mjn_{mk}}r_0}$，对受灾点进行分组，实现救援优先满意度最大的目标。

（2）组内路径规划。考虑随机风影响下的航空器总航行里程 $\sum_{i=1}^{n_{mk}}\left(d_{r_{mj(i-1)}r_{mji}}+d_{r_{mjn_{mk}}r_{mj0}}\right)$ 不得超过它最大航程的约束 $(f_{mk}/c_{mk})\bar{v}_{mk}$。在分组后的受灾点之间进行航行路径规划，实现航空器总运输路径 $\sum_{m=1}^{M}\sum_{k=1}^{K}\sum_{i=1}^{n_{mk}}\left(d_{r_{mj(i-1)}r_{mji}}+d_{r_{mjn_{mk}}r_{mj0}}\right)$ 最短的目标；若根据各受灾点的救援优先级和最大航程约束还不能确定航空器的调度方案，或者有多个航空器调度方案，则执行步骤（3），确定出航空器最终调度方案。

（3）救援物资分配。考虑航空器所装载的救援物资 $\sum_{\forall l}\sum_{\forall i_g \in G_g} X_{m,i_g}^l$ 不得超过其最大载荷量 Q_{mk} 的性能约束，对出救点中有限的救援物资进行分配，实现物资满意度最大的目标。

5.4 算例分析

5.4.1 数据获取

本章运用从国家地震科学数据共享中心获取的四川省地震案例的数据，验证航空应急救援调度规划模型的可行性和有效性。根据各地区实际灾情情况，确定出救点的供应量和受灾点的需求量、最低救援物资量以及受灾点的救援优先级，其中出救点 3 个，受灾点 18 个，具体参数见表 5.3 和表 5.4。

表 5.3 出救点救援情况

序号	地名	救援优先级	供应量/kg	
			S_m^0	S_m^1
1	成都市	无	6000	4000
2	乐山市	无	6000	4000
3	泸州市	无	6000	4000

表5.4 受灾点救援情况

序号	地名	救援优先级	需求量/kg D_i^0	D_i^1	最低需求量/kg LD_i^0	LD_i^1
4	都江堰市	4	1400	800	1000	500
5	彭州市	5	1700	1100	1200	600
6	什邡市	4	900	700	600	400
7	广汉市	2	600	500	300	300
8	金堂县	1	800	500	600	300
9	中江县	3	1100	900	800	600
10	洪雅县	3	1100	900	700	700
11	雅安市	4	1600	800	1300	500
12	夹江县	1	400	300	300	200
13	井研县	5	900	600	600	400
14	富顺县	1	400	400	200	300
15	隆昌县	3	1300	800	800	600
16	峨眉山市	2	900	600	600	400
17	峨边彝族自治县	4	1300	1000	1000	600
18	江安县	2	1200	700	900	500
19	兴文县	2	1300	1100	1000	800
20	叙永县	2	1100	600	700	300
21	合江县	4	700	700	500	400

本章算例中涉及四种救援机型，分别是米171、米8、运七-100以及运五B(K)，各航空器性能参数见表5.5。

表5.5 航空器性能表

机型	最大装载油量/kg	平均小时耗油率/kg	平均飞行速度/(km/h)	最大业载/kg
米171	2732	420	230	4000
米8	2027	310	180	2900
运七-100	4790	690	423	5500
运五B(K)	900	250	190	1500

由六面体插值模型[2]求得在交换站坐标位置的预报随机风数据见表5.6，对应的随机风分量图与合成随机风速图分别如图5.3和图5.4所示。

表5.6 交换站的预报随机风数据

序列	u分量/(m/s)	v分量/(m/s)	风向/(°)	序列	u分量/(m/s)	v分量/(m/s)	风向/(°)
1	-8.22109	3.096002	178.7894	5	-8.54335	2.760375	178.7417
2	-8.50132	3.074244	178.7762	6	-5.96725	2.726115	178.8577
3	-8.68536	3.026139	178.7645	7	-6.17387	2.646679	178.8342
4	-8.71515	2.927397	178.7533	8	-6.35687	2.53235	178.8083

续表

序列	u 分量/(m/s)	v 分量/(m/s)	风向/(°)	序列	u 分量/(m/s)	v 分量/(m/s)	风向/(°)
9	−6.48779	2.377908	178.7805	25	−9.18085	6.227895	179.0253
10	−6.53854	2.184142	178.7516	26	−8.82292	4.129391	178.8669
11	−8.66544	4.476649	178.9061	27	−8.91456	4.06918	178.8574
12	−9.04453	4.410188	178.8829	28	−8.96513	3.996232	178.8485
13	−9.38519	4.293882	178.8583	29	−8.93809	3.901841	178.8408
14	−9.61591	4.110244	178.8331	30	−8.79882	3.778968	178.8349
15	−9.66666	3.849385	178.8082	31	−11.2607	5.024794	178.8489
16	−8.89341	5.754836	179.0035	32	−11.5372	5.091888	178.8448
17	−9.2132	5.625553	178.9774	33	−11.7602	5.108503	178.8390
18	−9.43946	5.451726	178.9529	34	−11.8469	5.049638	178.8321
19	−9.50738	5.202419	178.9299	35	−11.7181	4.894799	178.8249
20	−9.36043	4.854606	178.9076	36	−9.93732	4.09711	178.8203
21	−8.77416	7.033259	179.1049	37	−10.0377	4.127017	178.8193
22	−9.07299	6.957304	179.0834	38	−10.0365	4.106525	178.8176
23	−9.27875	6.821929	179.0632	39	−9.86863	4.007229	178.8149
24	−9.33216	6.588525	179.0439	40	−9.48224	3.810378	178.8113

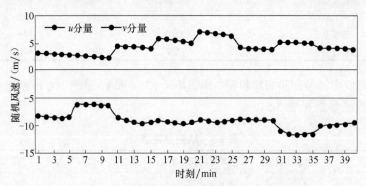

图 5.3 随机风分量图

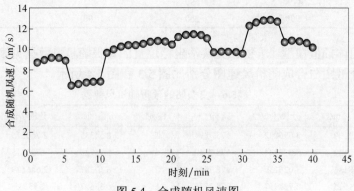

图 5.4 合成随机风速图

5.4.2 结果及分析

运用 MATLAB 软件对本章提出的多目标优化模型进行编程求解,得到航空应急救援调度决策见表 5.7,此决策结果下整个运输网络的总配送里程为 6621.3km;救援物资分配结果见表 5.8,此分配结果下的平均物资需求满意度为 95.99%,为目标函数的最优解。得到的应急救援调度决策场景图如图 5.5 所示。

表 5.7 航空应急救援调度决策表

出救点	所辖受灾点	航空器类型	配送路线	配送里程/km	总配送里程/km
成都市 1	4,5,6,7,8,9	运七-100	1—5—4—1	646.5	1870.9
		米 171	1—9—8—1	697.0	
		米 8	1—6—7—1	527.4	
乐山市 2	10,11,12,13,16,17	运五 B(K)	2—13—12—2	332.8	2848.7
		米 171	2—10—16—2	891.2	
		米 8(2 架)	2—11—2	884.9	
			2—17—2	739.8	
泸州市 3	14,15,18,19,20,21	运七-100	3—19—18—14—3	778.9	1901.7
		运五 B(K)	3—21—3	544.4	
		米 171	3—15—20—3	578.4	

表 5.8 救援物资分配

出救点	受灾点	X_m^0 配送物资量/kg	X_m^1 配送物资量/kg	物资满意度/%
成都市	都江堰市	1400	800	93.80
	彭州市	1200	600	
	什邡市	900	700	
	广汉市	600	500	
	金堂县	800	500	
	中江县	1100	900	
乐山市	洪雅县	1100	900	96.46
	雅安市	1400	800	
	夹江县	400	300	
	井研县	900	600	
	峨眉山市	900	600	
	峨边彝族自治县	1300	700	
泸州市	富顺县	400	400	97.70
	隆昌县	1300	800	
	江安县	1200	700	
	兴文县	1300	800	
	叙永县	1100	600	
	合江县	700	700	

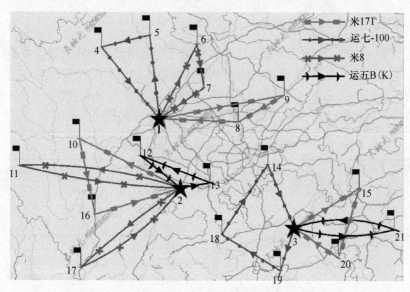

图 5.5 某地震灾区应急救援调度决策场景图

针对本章提出随机风影响下的航空器调度,分别探讨无风和有风情况下的航空器调度问题。通过对表 5.6 进行分析可知,随机风 v_{wind} 满足分布函数 $N(-10.146, 0.293)$,现选取任一运输路径,如图 5.5 中 1—4—5—1,其运输机型为运七-100,它的平均飞行速度为 423km/h,与随机风速合成后的瞬时速度 v_{mk} 满足分布函数 $N(415.193, 0.314)$,在该路径上选取 100 个随机风测试点(即 H=100),通过 $\bar{v}_{mk}$ 的计算公式求得运七-100 在该路径上的平均速度为 414.096km/h,求得随机风影响下该路径的运输时间为 1.558h(见表 5.9 第 4 列数据),再依次计算每条路径的运输时间,对比的运输时间见表 5.9。

表 5.9 无风及有风状态下的运输时间表

交通小区	无风状态下的运输时间/h	无风状态下的总运输时间/h	随机风影响下的运输时间/h	随机风影响下的总运输时间/h
交通小区 1	1.528 3.03 2.93	7.488	1.558 3.126 3.049	7.733
交通小区 2	0.865 3.358 8.396	12.619	1.233 3.964 9.138	14.335
交通小区 3	1.528 2.865 2.515	6.908	1.877 2.991 2.594	7.462

由表 5.9 可知，无风状态下的总运输时间为 27.015h，随机风影响下的总运输时间为 29.530h，因此可以推断出考虑随机风影响的延误时间为 2.515h，从各出救点出发的航空器平均延误时间为 0.838h。

本章建立的航空应急救援调度规划模型借鉴了文献[4]的应急物流分配模型，它主要实现了救援需求预测以及受灾区域的分组，更侧重于对物资的调度，而本章建立的模型在考虑物资满意度的基础上，更考虑了随机风对飞行轨迹的影响以及救援优先级对调度决策的影响，更适用于实际航空救援场景。

在不同供需量、不同受灾程度的情况下，为了评估该模型的有效性，提出了两个标准对文献[4]的模型和本章的航空调度模型进行定量分析：①总运输时间 $\overline{AT}$；②物资需求满意度 $\overline{AF}$。运用 5.4.1 小节提供的数据，采用相同的评价方法对文献[4]的模型进行解算，结果见表 5.10。

表 5.10 模型性能比较

模型对比	$\overline{AT}$/h	$\overline{AF}$/%
本章提出的模型	29.530	95.98
文献[4]提出的模型	27.015	87.40

由表 5.10 可知，本章提出的模型相较文献[4]提出的应急物流分配模型，物资需求满意度提高了 9.82%，但总体运输时间多出了 2.515h，因为本章的模型考虑到了实际气象因素对航空器飞行路径的影响，会造成一定的延误，所以本章提出的多目标优化模型更适用于实际航空救援场景。

5.5 小　　结

本章针对当前航空应急救援调度的实际问题，构建了多目标规划模型，并运用 MATLAB 软件对模型进行了计算，最后采用某地震灾区数据为背景设计算例，分析了无风和有风影响下的航空器调度运输时间，并与文献[4]的模型进行了对比，验证了本章提出的模型的可行性和高效性[5, 6]。

（1）在应急资源调度过程中，在满足救援优先级第一性前提下，结合适当的物资需求满意度目标函数，能避免大量不必要的经济损失，有效地提高调度效益，本章通过合理分配救援物资以及规划最短路径，间接降低了经济成本。

（2）在应急救援过程中，调度时间的重要性是不言而喻的，本章虽未直接将最短调度时间作为目标函数，但本章重点考虑了最短规划路径以及优先分配性能好的航空器给救援优先级高的受灾点等条件，从侧面缩短了救援时间。

（3）本章模型所涉及的数据可根据具体问题进行调整，虽对受灾点的救援优先级、物资需求量和最低需求量进行了定量求解，但是当某些地区灾害特别严重时，可以提高其相应的救援优先级以及物资需求量，从而增强救灾的效果。

在航空器实施救援的过程中，在考虑救援优先级的基础上，航行路线的选择同样重要，它不仅关系到救援的效率，还会对救援的安全性产生重要影响，特别是气象条件十分恶劣的自然灾害多发区，不仅能见度会降低，而且短时间内天气状况可能发生剧烈的变动，给气象预测环节带来了不小的难度，本章在考虑气象时主要考虑的是随机风对航行轨迹的影响，并未考虑多种复杂天气对航空器调度的影响；本章中取航空器飞行时的航向角等于航线角，理想的直飞有时与现实条件会有所出入；未详细考虑应急救援过程中的选址问题；最后，后续的航空器调度研究可以在考虑飞行路径的基础上，提前生成飞行计划，在自由飞行条件下对航空器进行冲突探测和避险策略以及越障飞行的策略进行探讨，这将会具有很高的理论研究价值和现实意义。

参 考 文 献

[1] Kolås S, Foss B A, Schei T S. Constrained nonlinear state estimation based on the UKF approach[J]. Computers & Chemical Engineering, 2009, 33(8):1386-1401.

[2] Zhang M, Wang S, Yu H. A method of rescue flight path plan correction based on the fusion of predicted low-altitude wind data[J]. Promet-Traffic & Trasportation, 2016, 28(5):479-485.

[3] 史宇伟, 潘学萍. 计及历史气象数据的短期风速预测[J]. 电力自动化设备, 2014, 34(10): 75-80.

[4] Sheu J B. Dynamic relief-demand management for emergency logistics operations under large-scale disasters[J]. Transportation Research Part E: Logistics and Transportation Review, 2010, 46(1):1-17.

[5] Yu H, Zhang M, Shen Z, et al. Aviation emergency rescue dispatching plan based on route optimization model considering random wind[C]// The 4th International Conference on Information Technology and Science, Tokyo, 2016.

[6] Zhang M, Yu H, Yu J, et al. Dispatching plan based on route optimization model considering random wind for aviation emergency rescue[J]. Mathematical Problems in Engineering, 2016, (6):1-11.

第6章 基于动态路网的空地联运协同应急调度模型

航空救援是实际救援中最常用的手段,其运输灵活迅捷,尤其是那些道路网受损、陆路无法抵达的受灾地区,直升机空投应急资源或运输危重患者非常高效,但目前我国专门用于应急救援的直升机数量极为有限,而且其运输费用高昂,运量有限。在应急救援工作中,实际情况可能远比预想的要复杂,例如,在某些山区,由于地形复杂、障碍物多、短期天气难预测、能见度低及可见视野范围狭窄等诸多原因,飞行安全难以保障,因此仅依靠航空调度运输资源是不太现实的。由于公路运输对灾害的强适应性、灵活性和运力大等特点,公路运输往往成为应急救援最重要、最可靠的补充运输方式。

鉴于航空运输较强的机动性和灵活性以及公路运输的强适应性,本章研究是在第5章的基础上衍生出的另一种应急救援方式,即从出救点经过配送中心再到受灾点进行间接救援的空地联运协同调度方式。首先根据道路损毁条件下的地面动态路网信息构建地面调度模型,然后根据第5章构建的航空调度规划模型,以运输时间为线索,运用航空运输和地面运输相结合的方法,构建空地联运协同调度模型,最后利用第3章的应急资源分布需求预测模型计算出各受灾点物资需求量及救援优先级,设计空地联运大算例并对调度结果进行分析。最后对构建的优化模型进行实例验证分析。

6.1 空地联运协同调度问题概述

本章的空地联运协同调度问题描述的是大规模自然灾害发生的情景中,根据受灾点的物资需求量,将应急物资通过航空器从出救点运输到配送中心,再通过车辆从配送中心运往受灾点的两阶段运输模式。空地联运协同调度模型是结合了航空运输调度和地面运输调度的综合调度模型,两者相辅相成,能在一定程度上提高救援范围的覆盖率以及救援效率。

其中,航空调度问题是指从出救点出发向配送中心执行配送服务,并对救援航空器、救援物资进行合理分配过程,在划分的出救点-配送中心分组内,可参照第5章的模型完成空地联运系统中的航空优化调度。地面动态路网调度问题是指车辆从配送中心出发向多个受灾点执行配送服务,并对救援车辆、物资等进行合理分配的过程。在划分的配送中心-受灾点分组内,有且仅有一个配送中心和若干个受灾点以及充足的配送车辆、有限的物资,要求合理规划路径使得救援物资在最短的时间内从配送中心运往受灾点,在满足既定的约束条件下使得相应的目标函数最优化。地面调度中应急救援路径的选择主要取决于路网各路段的运行时间,在保证地面调度通行安全可靠的前提条件下,选择总配送时间最短的路径作为此次应急救援首选路径,对于复杂路网,综合考虑应急救援资源需求种类、数量、实际路段损毁程度,从总体运输时间最短以及救援优先级和物资需求满意度这几方面出发,平衡各受灾点的需求。

6.2 空地联运协同调度模型

6.2.1 模型的假定条件、变量及参数

1. 模型的假定条件

(1) 假设在配送中心-受灾点这样的分组内,有且仅有一个配送中心。
(2) 假设参与救援的是单一地面运输服务车型,有最大的车容量限制。
(3) 假设所有的配送中心分布在同一平面坐标内。
(4) 物资配送时的距离以欧几里得直线距离公式计算,配送时的距离等于车辆行驶时间,即时间与距离为同单位换算。
(5) 假设配送中心的救援车辆足够多,并可同时分配、同时出发。
(6) 假设每辆车储备油量足够,不会出现因燃油耗尽而停止运输的情况。
(7) 假设出救点物资存储量不足,不能够完全满足各受灾点的需求。

2. 常量、变量及参数

模型的常量,参数和变量见表 6.1 和表 6.2。

表 6.1 模型参数表

参数	含义
$Q^k_{i_p,m}$	出救点 i_p 到配送中心 m 的第 k 架航空器的最大载荷量
$f^k_{i_p,m}$	出救点 i_p 到配送中心 m 的第 k 架航空器的最大载油量
$r^k_{i_p,m}$	出救点 i_p 到配送中心 m 的第 k 架航空器的平均耗油率
K	航空器总数
G	出救点/受灾点分组集合
t_1	航空器加油时间
t_2	航空器装卸货时间
I	出救点总数
M	配送中心总数
J	受灾点总数
α_1	救援优先级的加权系数

续表

参数	含义
α_2	物资需求满意度的加权系数
λ	从配送中心到受灾点的一条可行路径
t	时间片
e	燃油单价
A	地面动态路网节点集合
H	选取的随机风测试点的个数

表 6.2 模型变量表

变量	含义
i_p	分组 p 内的出救点 i，$i=1,2,\cdots,I$，$i_p \in G_p$
m	第 m 个配送中心，$m=1,2,\cdots,M$
j_g	分组 g 内的受灾点 j，$j=1,2,\cdots,J$，$j_g \in G_g$
k	第 k 架航空器，$k=1,2,\cdots,K$
p	第 p 个出救点分组
g	第 g 个受灾点分组
l	救援物资种类，$l=0$，表示耐用品；$l=1$，表示消耗品
c^k	第 k 架航空器的运输次数 c（来回），$c=1,2,3,\cdots$
s	地面动态路网中的节点，$s \in A$
d	地面动态路网中的节点，$d \in A$
W_{jg}	分组 g 内受灾点 j 的救援优先级，$W_{jg}=1,2,\cdots,5$
$X_{j_g}^l(t)$	在 t 时段分组 g 中受灾点 j 对物资 l 的实际运送量
$D_{j_g}^l(t)$	在 t 时段分组 g 中受灾点 j 对物资 l 的需求量
$D_m^l(t)$	在 t 时段配送中心 m 对物资 l 的需求量
T_{sd}^t	在 t 时段节点 s 到节点 d 的无阻运输时间
τ_{sd}^t	在 t 时段节点 s 到节点 d 因路阻产生的延误时间
x_{sd}^t	开关变量，在 t 时段节点 s 到节点 d 是否被使用
$d_{i_p,m}^k$	分组 p 中出救点 i 到配送中心 m 的距离
$X_{i_p,m}^{kl}(t)$	在 t 时段由分组 p 中出救点 i 的第 k 架航空器运往配送中心 m 物资 l 的量
$S_{i_p}^l(t)$	在 t 时段分组 p 中出救点 i 的物资 l 的供应量
S_m^l	配送中心 m 的物资 l 的供应量
$LD_{j_g}^l(t)$	在 t 时段分组 g 中受灾点 j 对物资 l 的最低需求量
$\bar{v}_{i_p,m}^k$	分组 p 中出救点 i 到配送中心 m 的第 k 架航空器的平均飞行速度

6.2.2 目标函数及约束条件

1. 航空调度模型（Plan 1）

目标函数：

$$Z_1 = \min\left\{\max\left[\frac{d_{i_p,m}^k}{\overline{v}_{i_p,m}^k}c^k + (c^k - 1)(t_1 + t_2)\right]\right\} \quad (6\text{-}1)$$

$$Z_2 = \min\left[\sum_{\forall i_p \in G_p}\sum_{k=1}^{K}\left(2r_{i_p,m}^k \frac{d_{i_p,m}^k}{\overline{v}_{i_p,m}^k}c^k e\right)\right] \quad (6\text{-}2)$$

$$Z_3 = \min \sum_{\forall i_p \in G_p}\sum_{\forall l}\sum_{k=1}^{K}\frac{X_{i_p,m}^{kl}(t)}{Q_{i_p,m}^k(t)} \quad (6\text{-}3)$$

约束条件：

$$\sum_{\forall l}\sum_{k=1}^{K} X_{i_p,m}^{kl}(t)c^k \leqslant \sum_{\forall l} S_{i_p}^l(t), \quad \forall i_p, m \quad (6\text{-}4)$$

$$\sum_{\forall i_p \in G_p}\sum_{\forall l}\sum_{k=1}^{K} X_{i_p,m}^{kl}(t)c^k \leqslant \sum_{\forall l} D_m^l(t), \quad \forall m \quad (6\text{-}5)$$

$$\sum_{\forall l} X_{i_p,m}^{kl}(t) \leqslant Q_{i_p,m}^k(t), \quad \forall i_p, m \quad (6\text{-}6)$$

$$2d_{i_p,m}^k \leqslant \frac{f_{i_p,m}^k}{r_{i_p,m}^k}\overline{v}_{i_p,m}^k, \quad \forall i_p, m \quad (6\text{-}7)$$

$$X_{i_p,m}^{kl}(t) \geqslant 0, \quad \forall i_p, m, k, l, t \quad (6\text{-}8)$$

$$c^k = 1, 2, 3, \cdots \quad (6\text{-}9)$$

约束条件（6-4）确保在任意时间段内，对于任意出救点，其总的配送量要小于它的供应量；约束条件（6-5）确保在任意时间段内，各出救点的配送总量应小于或等于配送中心的需求量；约束条件（6-6）确保任意一架航空器不得超过其最大载荷量；约束条件（6-7）确保任意一架航空器的总配送里程不能超过其最大航程；约束条件（6-8）确保实际配送量的非负性，使得问题更具实际意义；约束条件（6-9）表示对于任意航空器，运输次数应取大于1的整数。

2. 地面调度模型（Plan 2）

对于每一个配送中心-受灾点分组，在时间间隔 T 内，地面动态路网调度模型考虑的是最坏路网情况下的行程时间以及受灾点的救援优先级和物资满意度，依据最大最小准则，目标函数 Z_1 是从配送中心到某一受灾点路径行程时间最大值中的最小值,即各个交通小区内的总运输时间最短;目标函数 Z_2 是受灾点的救援优先级和物资满意度的加权和最大值,模型目标函数表示如下:

$$Z_1 = \min\left\{\max\left[\sum_{(s,d)\in A}\sum_{t=1}^{T}\left(T_{sd}^t + \tau_{sd}^t\right)x_{sd}^t\right]\right\} \quad (6\text{-}10)$$

$$Z_2 = \max\left[\alpha_1 W_{j_g} + \alpha_2 \frac{\sum_{\forall l} X_{j_g}^l(t)}{\sum_{\forall l}\sum_{\forall j_g \in G_g} D_{j_g}^l(t)}\right] \quad (6\text{-}11)$$

其中,α_1 取 1,α_2 根据配送中心的物资总量来决定;τ_{sd}^t 为某一路段时间阻抗,根据美国联邦公路管理局路阻函数模型计算出时间阻抗公式[1]可得 $\tau_{sd}^t = \alpha\left(Q_{sd}^t / C_{sd}^t\right)^\beta$,$Q_{sd}^t$ 代表通过路段 (s,d) 的机动车交通量,C_{sd}^t 代表路段 (s,d) 的实际通行量,α 和 β 为相关参数,建议值 α=0.15,β=4。

约束条件:

$$\sum_{\forall l}\text{LD}_{j_g}^l(t) \leqslant \sum_{\forall l} X_{j_g}^l(t) \leqslant \sum_{\forall l} D_{j_g}^l(t), \quad \forall g, j_g, t \quad (6\text{-}12)$$

$$\sum_{\forall j_g \in G_g}\sum_{\forall l} X_{j_g}^l(t) \leqslant \sum_{\forall l} S_m^l, \quad \forall g, G_g, t \quad (6\text{-}13)$$

$$W_{j_g} \in (1,5) \quad (6\text{-}14)$$

$$X_{j_g}^l(t) \geqslant 0, \quad \forall g, j_g, l, t \quad (6\text{-}15)$$

$$x_{sd}^t = \begin{cases} 1, & (s,d) \in \lambda \\ 0, & \text{其他} \end{cases} \quad (6\text{-}16)$$

$$\sum_{t=1}^{T}\sum_{d:(s,d)\in A} x_{sd}^t - \sum_{t=1}^{T}\sum_{d:(s,d)\in A} x_{ds}^t = \begin{cases} 1, & s = m \\ -1, & s = j_g \\ 0, & \text{其他} \end{cases} \quad (6\text{-}17)$$

约束条件(6-12)确保在任意时间段内,配送中心对任一受灾点的总配送量大于等于受灾点最低需求量且不得超过其实际需求量;约束条件(6-13)确保在任意时间段内,分组 g 内所有受灾点的实际配送量之和不能超过对应配送中心的供应量;约束条件(6-14)表示设定的救援优先级取 1～5 的任意整数;约束条件(6-15)确保实际配送量的非负性,使得问题更具实际意义;约束条件(6-16)表示地面路网中路段 (s,d) 在 t 时段被路径 λ 使用,则 $x_{sd}^t=1$,否则 $x_{sd}^t=0$;约束条件(6-17)表示起点只有出发、没有到达,终点只有到达、没有出发,中间节点的到达和出发次数相等(等于 0 或者 1)。

6.2.3 模型的求解

空地联运协同调度模型是由航空调度模型和地面调度模型两部分组成的，航空调度阶段主要实现对于救援航空器以及救援物资的分配，地面调度阶段主要实现对救援车辆和物资的分配以及配送最短路径的规划。在已知受灾点物资需求量和救援优先级的条件下，按照距离划分出若干个由出救点-配送中心、配送中心-受灾点组合的交通小区，并根据受灾点的物资需求量及交通小区的划分预测配送中心的物资需求量。

1. 求解航空调度模型

（1）确定运输次数方案。首先，判断任意出救点-配送中心交通小区内任一出救点的航空器飞行半径[本章用航空器满油飞行时间与在航路上的平均飞行速度的乘积表示$\left(f_{i_p,m}^k / r_{i_p,m}^k\right) \bar{v}_{i_p,m}^k$]是否大于等于出救点与配送中心之间的来回程距离$2d_{i_p,m}^k$：若满足，则表明该机型可执行救援任务；若不满足，则对其他类型的航空器进行判断，确定可执行救援的航空器。然后，计算各个航空器在出救点-配送中心航路上的配送时间，以总体运输时间最短（取从各出救点到配送中心配送时间的最大值）为目标，确定各个航空器运输次数c^k的调度方案。

（2）确定最终运输次数。由步骤（1）得到的航空器运输次数c^k调度方案可能有一个或者多个，甚至没有。若第一步中未得出c^k调度方案，则需考虑以不同的方式重新划分交通小区；若只有一个c^k调度方案，则计算其运输成本，直接执行第三步；若有多个c^k调度方案，则逐个计算调度方案的运输成本，在得到的方案中以运输成本最小为目标确定最终航空器运输次数c^k的调度方案。

（3）救援物资分配。考虑航空器所装载的救援物资$\sum_{\forall l} X_{i_p,m}^{kl}$不得超过其最大载荷量$Q_{i_p,m}^k$的性能约束以及出救点航空器物资总配送量$\sum_{\forall l}\sum_{k=1}^{K} X_{i_p,m}^{kl} c^k$不得大于其物资存储量$\sum_{\forall l} S_{i_p}^l$等其他约束，根据出救点的物资存储量$\sum_{\forall l} S_{i_p}^l$、配送中心的物资需求量$\sum_{\forall l} D_m^l$以及航空器最大载荷$Q_{i_p,m}^k$，以实现救援航空器利用率$X_{i_p,m}^{kl}/Q_{i_p,m}^k$最大为目标，确定航空器物资$X_{i_p,m}^{kl}$配送方案，综合步骤（2）中求得的航空器运输次数$c^k$调度方案，确定交通小区内航空器调度方案（包括$c^k$和$X_{i_p,m}^{kl}$）。

其他出救点-配送中心交通小区可按照上述步骤求解航空调度模型，即可求得相应的航空调度方案。

2. 求解地面调度模型

（1）提取路网信息。在任一配送中心-受灾点交通小区内，确定配送中心及各受灾点之间的相对位置，测量路网中各路段的距离，并计算无损状态下车辆通过各路段的行驶时间 T_{sd}^t；根据灾后道路的通行能力，确定路段的损毁程度。

（2）组内路径规划。根据道路的通行能力，运用美国联邦公路局路阻函数模型计算出路网损毁造成的时间阻抗 τ_{sd}^t，结合车辆在道路无损条件下的行驶时间 T_{sd}^t，考虑路网定义的约束，运用 Floyd 算法确定地面运输的车辆路径 λ 选择方案，实现配送时间最短的目标。

（3）救援物资分配。考虑到受灾点的救援优先级 W_{j_g} 对救援物资调度结果的影响以及配送中心对任一受灾点的总配送量 $\sum_{\forall l} X_{j_g}^l$ 需求限制等约束条件，对配送中心中有限的救援物资 $\sum_{\forall l} S_m^l$ 进行分配，实现受灾点救援优先级 W_{j_g} 和物资满意度 $X_{j_g}^l / D_{j_g}^l$ 加权和最大的目标。结合步骤（2）中求得的车辆路径 λ 选择方案，确定交通小区内地面调度方案（包括 λ 和 $X_{j_g}^l$）。

其他配送中心-受灾点交通小区可按照上述步骤求解地面调度模型，即可求得相应的地面调度方案。

解决上述空地联运模型的伪代码如图 6.1 所示。

航空调度：
1. Evaluation: $d_{ip,m}^k, \bar{v}_{ip,m}^k, t_1, t_2, G_p, K, r_{ip,m}^k, e, Q_{ip,m}^k, l \leftarrow$ initial data
2. $S \leftarrow$ initial solution $S^* \leftarrow S$
3. $S \leftarrow \phi$
4. while $d_{ip,m}^k \times 2 \leqslant f_{ip,m}^k / r_{ip,m}^k \times \bar{v}_{ip,m}^k$ do
5.   Calculate $Z_1 = \min(\max(d_{ip,m}^k / \bar{v}_{ip,m}^k \times c^k + (c^k - 1) \times (t_1 + t_2)))$
6. $S \leftarrow c^k$
7.   if $S = \phi$ then
8.   Redivide traffic zone G_p
9.   else
10.   Calculate $Z_2 = \min \left(\sum_{\forall ip \in G_p} \sum_{k=1}^{K} (r_{ip,m}^k \times d_{ip,m}^k / \bar{v}_{ip,m}^k \times c^k \times 2 \times e) \right)$
11. $S \leftarrow c^k$
12.   end-if
13.   if $\sum_{\forall l} \sum_{k=1}^{K} X_{ip,m}^{kl} \times c^k \leqslant \sum_{\forall l} S_{ip}^l$ then
14.   if $\sum_{\forall ip \in G_p} \sum_{\forall l} \sum_{k=1}^{K} X_{ip,m}^{kl} \times c^k \leqslant \sum_{\forall l} D_m^l$ then
15.   if $\sum_{\forall l} X_{ip,m}^{kl} \leqslant Q_{ip,m}^k$ then
16.   Calculate $Z_3 = \min \sum_{\forall ip \in G_p} \sum_{\forall l} \sum_{k=1}^{K} (X_{ip,m}^{kl} / Q_{ip,m}^k)$
17. $S^* \leftarrow S + X_{ip,m}^{kl}$
18.   end-if
19.   end-if
20.   end-if
21. end while
22. Return S^*

地面调度：
1. Evaluation: $s, d, A, T_{sd}^t, W_{jg}, G_g, l, D_{jg}^l, \alpha_1, \alpha_2$ ← initial data
2. S ← initial solution $S^* \leftarrow S$
3. $S \leftarrow \phi$
4. while X_{jg}^l do
5.   Calculate $Z_1 = \min\left(\max\sum_{(s,d)\in A}\sum_{t=1}^{T}(T_{sd}^t + \tau_{sd}^t) \times x_{sd}^t\right)$
6. $S \leftarrow \lambda$
7.   if $S = \phi$ then
8.   Redivide traffic zone G_g
9.   else
10.   if $\sum_{\forall l} LD_{j_g}^l \leq \sum_{\forall l} X_{j_g}^l \leq \sum_{\forall l} D_{j_g}^l$ then
11.   if $\sum_{\forall j_g \in G_g}\sum_{\forall l} X_{j_g}^l \leq \sum_{\forall l} S_m^l$ then
12.   Calculate $Z_2 = \max\left(\alpha_1 W_{j_g} + \alpha_2 \times \sum_{\forall l} X_{j_g}^l / \sum_{\forall l}\sum_{\forall j_g \in G_g} D_{j_g}^l\right)$
13. $S^* \leftarrow S + X_{j_g}^l$
14.   end-if
15.   end-if
16. end-if
17. end while
18. Return S^*

图 6.1 求解模型的伪代码图

6.3 算例分析

6.3.1 数据来源

为验证提出的空地联运协同调度模型的可行性与有效性，本章以从国家地震科学数据共享中心获取的四川省地震案例为背景，设计以下算例进行验证。假设某次地震灾害造成 3 大区域（分别以南充市、宜宾市、康定市为中心）受灾，各区域下辖共有 25 个县、市需要进行救援，各受灾点受损程度不同，所需提供的紧急救援服务也不同。

在低空应急救援系统中分别选取 8 个地区（广元市、达州市、绵阳市、泸州市、西昌市、成都市、阿坝州、稻城县等地，这些地区均含有机场）作为本算例的出救点，根据距离划分形式为出救点-配送中心的交通小区 a、b、c、…，将交通小区内出救点所有的物资量通过航空调度方式运输到 3 个配送中心（这些地区含有机场），然后再以配送中心为起点，划分形式为配送中心-受灾点的交通小区 1、2、3、…，将交通小区内配送中心所有的物资通过地面调度方式运输到下辖受灾点（这些地区暂未建机场），各交通小区划分如图 6.2 所示。

出救点的供应量和配送中心的需求明细见表 6.3。本算例中涉及四种救援机型，分别是米 171、米 8、运七-100 以及运五 B（K），各航空器性能参数见表 6.4。

第 6 章 基于动态路网的空地联运协同应急调度模型

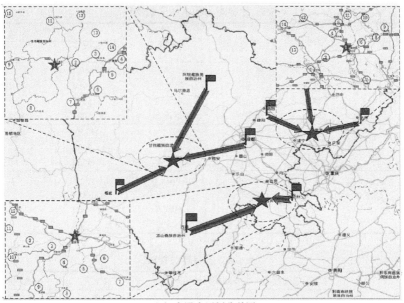

(a) 交通小区划分总图

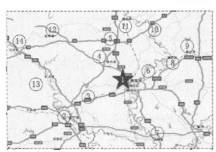

(b) 交通小区a出救点与配送中心分布

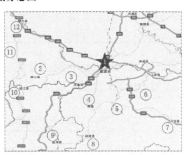

(c) 交通小区b出救点与配送中心分布

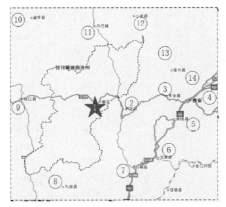

(d) 交通小区c出救点与配送中心分布

图 6.2 交通小区划分图

表 6.3 出救点与配送中心供需明细

交通小区	序号	地名	类型	供应/需求量/kg	
				$S_{i_p}^0 / D_m^0$	$S_{i_p}^1 / D_m^1$
交通小区 a	1	南充市	配送中心	18600	12500
	2	广元市	出救点	7000	5000
	3	达州市	出救点	6000	3000
	4	绵阳市	出救点	5000	4000
交通小区 b	5	宜宾市	配送中心	11300	7500
	6	泸州市	出救点	5000	3500
	7	西昌市	出救点	6000	3500
交通小区 c	8	康定市	配送中心	24300	13400
	9	成都市	出救点	10000	5000
	10	阿坝州	出救点	8500	4000
	11	稻城县	出救点	5500	4000

表 6.4 航空器性能表

机型	最大装载油量/kg	平均小时耗油率/kg	平均飞行速度/(kg/h)	最大载荷量/kg
米 171	2732	420	230	4000
米 8	2027	310	180	2900
运七-100	4790	690	423	5500
运五 B(K)	900	250	190	1500

在配送中心-受灾点分组中,交通小区 1 的配送中心点是南充市,其耐用品的供应量 S_m^0 为 18000kg,消耗品的供应量 S_m^1 为 12000kg,各受灾点基本信息见表 6.5。

表 6.5 交通小区 1 的受灾点基本信息

编号	名称	救援优先级	需求量/kg		最低需求量/kg	
			D_h^0	D_h^1	LD_h^0	LD_h^1
2	遂宁市	无	0	0	0	0
3	蓬溪县	无	0	0	0	0
4	西充县	4	2300	1400	1800	1000
5	古楼县	无	0	0	0	0
6	利溪县	无	0	0	0	0
7	武胜县	1	1500	1100	800	500
8	蓬安县	2	1400	1000	800	600
9	营山县	3	1900	1200	1300	700
10	仪陇县	2	1500	1100	900	500
11	南部县	3	2100	1500	1600	1100
12	盐亭县	3	1800	1200	1100	800
13	射洪县	4	2400	1900	1700	1400
14	三台县	5	3700	2100	2800	1600

交通小区 1 内配送中心与受灾点以及各受灾点之间的距离和交通流量情况如

图 6.3 所示（同心圆表示受灾点，实心点仅表示路网节点；线段上数字为节点间距离，km；线段下括号中第一个数字为交通容量，第二个数为交通流量，辆）。

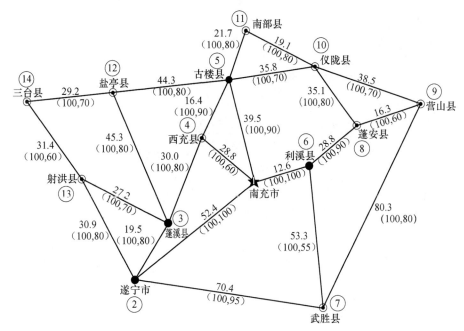

图 6.3 交通小区 1 内各点之间距离与交通流分布

交通小区 2 的配送中心点是宜宾市，其耐用品的供应量 S_m^0 为 11000kg，消耗品的供应量 S_m^1 为 7000kg，各受灾点基本信息见表 6.6。

表 6.6 交通小区 2 的受灾点基本信息

编号	名称	救援优先级	需求量/kg		最低需求量/kg	
			$D_{j_2}^0$	$D_{j_2}^1$	$LD_{j_2}^0$	$LD_{j_2}^1$
2	屏山县	无	0	0	0	0
3	水富县	无	0	0	0	0
4	高县	2	1100	700	900	400
5	珙县	无	0	0	0	0
6	长宁县	无	0	0	0	0
7	兴文县	1	1700	1000	1300	700
8	筠连县	2	2500	1600	2100	1100
9	盐津县	3	1400	900	1000	500
10	绥江县	2	1000	800	600	300
11	沐川县	3	2600	1700	2100	1300
12	犍为县	3	1000	800	600	400

交通小区 2 内配送中心与受灾点以及各受灾点之间的距离和交通流量情况如图 6.4 所示。

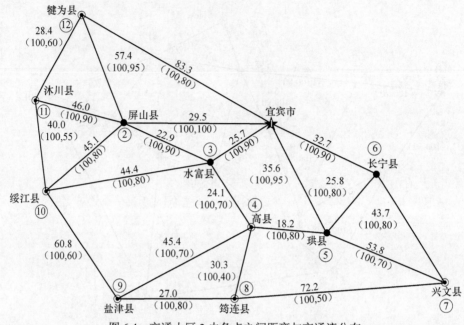

图 6.4 交通小区 2 内各点之间距离与交通流分布

交通小区 3 的配送中心点是康定市，其耐用品的供应量 S_m^0 为 24000kg，消耗品的供应量 S_m^1 为 13000kg，各受灾点基本信息见表 6.7。

表 6.7 交通小区 3 的受灾点基本信息

编号	名称	救援优先级	需求量/kg		最低需求量/kg	
			$D_{j_3}^0$	$D_{j_3}^1$	$LD_{j_3}^0$	$LD_{j_3}^1$
2	泸定县	无	0	0	0	0
3	天全县	无	0	0	0	0
4	雅安市	5	4200	2800	3500	2300
5	荥经县	5	3900	2400	3500	2000
6	汉源县	2	1800	1000	1400	500
7	石棉县	3	2500	1200	1900	600
8	九龙县	1	1600	900	1000	400
9	雅江县	无	0	0	0	0
10	道孚县	2	1900	900	1600	500
11	丹巴县	无	0	0	0	0
12	小金县	3	2400	1100	1800	800
13	宝兴县	4	2900	1600	2700	1400
14	芦山县	4	3100	1500	2900	1100

交通小区 3 内配送中心与受灾点以及各受灾点之间的距离和交通流量情况如图 6.5 所示。

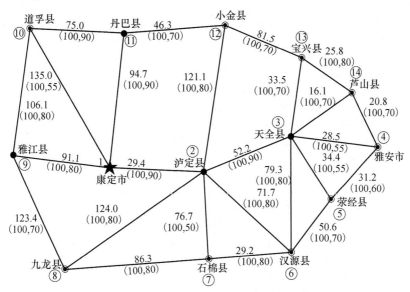

图 6.5 交通小区 3 内各点之间距离与交通流分布

对于图 6.3～图 6.5 中的交通流分布，根据路阻模型可计算出每个路段车辆通行时间。由美国联邦公路管理局路阻函数模型计算出的时间阻抗公式 $\tau_{sd}^t = \alpha (Q_{sd}^t / C_{sd}^t)^\beta$ 可知，当路段的理论通行量与实际通行量分别为（100,100）时，$\tau_{(100,100)} = 0.15 \times (100/100)^4 = 0.15(h)$；当路段的理论通行量与实际通行量分别为（100,95）时，通过该路段的延误时间为 $\tau_{(100,95)} = 0.15 \times (100/95)^4 - 0.15 = 0.034(h)$；同理可得，当路段的理论通行量与实际通行量分别为（100,90）、（100,80）、（100,70）、（100,60）、（100,55）、（100,50）、（100,40）时，通过该路段的延误时间分别为 $\tau_{(100,90)} = 0.079h$、$\tau_{(100,80)} = 0.216h$、$\tau_{(100,70)} = 0.475h$、$\tau_{(100,60)} = 1.007h$、$\tau_{(100,55)} = 1.489h$、$\tau_{(100,50)} = 2.25h$、$\tau_{(100,40)} = 5.709h$，当车辆通过该路段的延误时间超过 5h 时，就可认为该路段不具备车辆通行能力，故在最短路径选择时可直接避过该路段。

6.3.2 空地联运调度结果

运用 MATLAB 软件编写多目标程序对空地联运协同调度模型进行求解，得到的航空运输调度结果见表 6.8，其中运输时间是获取物资从各出救点到配送中心的最长运行时间，航空器利用率是指航空器实际装载质量与航空器最大载荷量之比。

表 6.8 航空运输调度结果

起止点	运输方式（架/趟/kg）				最大载荷量/kg	实际配送		运输时间/h	航空器利用率/%
	米171	米8	运七-100	运五B（K）		D_m^0 /kg	D_m^1 /kg		
广元市—南充市	1/1/4000	1/1/2900	1/1/5100	0/0/0	12400	7000	5000	1.176	94.1
达州市—南充市	1/2/7500	0/0/0	0/0/0	1/1/1500	9500	6000	3000		
绵阳市—南充市	0/0/0	1/1/2900	1/1/4600	1/1/1500	9900	5000	4000		
泸州市—宜宾市	0/0/0	2/1/5500	0/0/0	2/1/3000	8800	5000	3500	1.067	98.3
西昌市—宜宾市	1/1/4000	0/0/0	1/1/5500	0/0/0	9500	6000	3500		
成都市—康定市	0/0/0	2/1/5800	1/29200	0/0/0	16800	10000	5000		
阿坝州—康定市	2/1/8000	0/0/0	1/1/4500	0/0/0	13500	8500	4000	1.166	92.6
稻城县—康定市	1/1/3600	1/1/2900	0/0/0	2/1/3000	9900	5500	4000		

本章针对配送中心不同的物资需求量（根据配送中心下辖的各受灾点需求量之和可得），分配了相应的航空器进行配送，若航空器数量有限，则可采取多趟运输方式。例如，交通小区 c 中出救点成都有 2 架米 8 和 1 架运七-100，耐用品和消耗品的存储量分别为 10000kg 和 5000kg；阿坝州有 2 架米 171 和 1 架运七-100，耐用品和消耗品的存储量分别为 8500kg 和 4000kg；稻城县有 1 架米 171、1 架米 8 以及 2 架运五 B（K），耐用品和消耗品的存储量分别为 5500kg 和 4000kg；配送中心康定市对耐用品和消耗品的需求量分别为 24000kg 和 13000kg，共计 37000kg。利用航空调度模型计算得到的航空调度结果为：从成都市到康定市通过 2 架米 8 同时运输 1 趟救援物资（耐用品和消耗品均可）5800kg，1 架运七-100 运输 2 趟救援物资 9200kg，共计 15000kg；从阿坝州到康定市通过 2 架米 171 同时运输 1 趟救援物资 8000kg，1 架运七-100 运输 1 趟救援物资 4500kg，共计 12500kg；从稻城县到康定市通过 1 架米 171 运输 1 趟救援物资 3600kg，1 架米 8 运输 1 趟救援物资 2900kg，2 架运五 B（K）同时运输 1 趟救援物资 2000kg，共计 8500kg；交通小区 c 内三个出救点的航空调度总量为 36000kg。该调度方法在保证的总体运输时间最短的前提下，提高了航空器利用率，使得每架救援航空器可以被最大化利用，在此决策结果下航空器最长调度时间为 1.176h，平均利用率高达 95.0%。

地面运输调度结果按交通小区划分为三部分，各部分结果显示又分为路径选择和物资配送两大类，交通小区 1 的调度结果见表 6.9 和表 6.10，交通小区 2 的调度结果见表 6.11 和表 6.12，交通小区 3 的调度结果见表 6.13 和表 6.14。其中，物资配送路线按最大最小准则确定；配送时间是根据车辆无阻行驶时间以及由阻抗引起的延误时间计算得到的，其中救援车辆平均速度取 40km/h；总配送时间即取车辆从配送中心到受灾点的最长配送时间；物资满意度是指配送中心分配给受灾点的物资量与受灾点物资需求量之比。

表 6.9 地面应急救援调度决策表

	所辖受灾点	配送路线	配送时间/h	总配送时间/h
	4	1—5—4	1.556	
	7	1—2—7	3.104	
	8	1—6—8	1.114	
	9	1—6—8—9	2.529	
配送中心 1	10	1—6—8—10	2.208	3.596
	11	1—5—11	1.826	
	12	1—5—12	2.391	
	13	1—2—13	2.299	
	14	1—5—12—14	3.596	

表 6.10 救援物资分配表

配送中心	受灾点	X_i^0 配送物资量/kg	X_i^1 配送物资量/kg	物资满意度/%
	西充县	2300	1400	
	武胜县	900	600	
	蓬安县	1400	1000	
	营山县	1900	1200	
南充市	仪陇县	1500	1100	96.47
	南部县	2100	1500	
	盐亭县	1800	1200	
	射洪县	2400	1900	
	三台县	3700	2100	

表6.11 地面应急救援调度决策表

配送中心	所辖受灾点	配送路线	配送时间/h	总配送时间/h
配送中心2	4	1—5—4	1.595	
	7	1—6—7	2.206	
	8	1—3—4—9—8	4.301	
	9	1—3—4—9	3.41	4.301
	10	1—3—10	2.048	
	11	1—2—11	1.967	
	12	1—2—12	2.207	

表6.12 救援物资分配表

配送中心	受灾点	X_i^0 配送物资量/kg	X_i^1 配送物资量/kg	物资满意度/%
宜宾市	高县	1100	700	
	兴文县	1700	1000	
	筠连县	2500	1600	
	盐津县	1400	900	95.74
	绥江县	700	300	
	沐川县	2600	1700	
	犍为县	1000	800	

表6.13 地面应急救援调度决策表

配送中心	所辖受灾点	配送路线	配送时间/h	总配送时间/h
配送中心3	4	1—2—3—14—4	4.071	
	5	1—2—3—5	4.547	
	6	1—2—6	2.641	
	7	1—2—6—7	3.587	
	8	1—2—8	4.13	4.547
	10	1—11—10	4.468	
	12	1—2—12	4.058	
	13	1—2—13	3.511	
	14	1—2—3—14	3.076	

表 6.14 救援物资分配表

配送中心	受灾点	X_i^0 配送物资量/kg	X_i^1 配送物资量/kg	物资满意度/%
康定市	雅安市	4200	2800	98.14
	荥经县	3900	2400	
	汉源县	1800	1000	
	石棉县	2500	1200	
	九龙县	1300	500	
	道孚县	1900	900	
	小金县	2400	1100	
	宝兴县	2900	1600	
	芦山县	3100	1500	

综合考虑航空调度和地面调度结果。首先，根据第 3 章的物资预测方法计算出每个受灾点的物资需求量，例如，对于配送中心-受灾点形式组合的交通小区 1，受灾点西充县对耐用品和消耗品的需求量分别为 2300kg 和 1400kg，武胜县对耐用品和消耗品的需求量分别为 1500kg 和 1100kg，蓬安县对耐用品和消耗品的需求量分别为 1400kg 和 1000kg，营山县对耐用品和消耗品的需求量分别为 1900kg 和 1200kg，仪陇县对耐用品和消耗品的需求量分别为 1500kg 和 1100kg，南部县对耐用品和消耗品的需求量分别为 2100kg 和 1500kg，盐亭县对耐用品和消耗品的需求量分别为 1800kg 和 1200kg，射洪县对耐用品和消耗品的需求量分别为 2400kg 和 1900kg，三台县对耐用品和消耗品的需求量分别为 3700kg 和 2100kg，故相应的配送中心南充市对耐用品和消耗品的需求量分别为 18600kg 和 12500kg。

其次，根据配送中心的需求量划分出救点-配送中心交通小区，在保证飞行安全的前提下，使得总运输时间最短、运输成本最小以及救援航空器利用率最大这三个目标最优化，并运用航空运输方法将出救点的各类物资分配到相应的配送中心。例如，以南充市为配送中心的交通小区 a，划分到的出救点为广元市、达州市、绵阳市，其对耐用品和消耗品物资存储量分别为（7000kg，5000kg）、（6000kg，3000kg）、（5000kg，4000kg），能运送到南充市的物资总量为（18000kg，12000kg），故将出救点的所有物资根据 Plan1 全部运往南充市，航空器调度策略为：广元市至南充市，米 171 1 架、运输 1 趟，米 8 1 架、运输 1 趟，运七-100 1 架、运输 1 趟，运输耐用品 7000kg、消耗品 5000kg，耗时 0.993h，航空器利用率为 96.7%；达州市至南充市，米 171 1 架、运输 2 趟，运五 B（K）1 架、运输 1 趟，运输耐用品 6000kg、消耗品 3000kg，耗时 1.176h，航空器利用率为 94.7%；绵阳市至南充市，米 8 1架、运输 1趟，运七-100 1架、运输 2趟，运五 B(K) 1架、运输 1趟、运输耐用品 5000kg、消耗品 4000kg，耗时 0.852h，航空器利用率为 90.9%。在交通小区 a 内，航空调度运输总耗时为最长运输时间 1.176h，平均利用率为 94.1%。

最后，根据已划分好的配送中心-受灾点交通小区，考虑地面路阻造成的延误，使得这总运输时间最短以及受灾点救援优先级和物资满意度的加权和最大两个目标最优化，并运用地面调度方法将配送中心所有的物资根据地面调度模型全部运往各受灾点。地面调度策略为：南充市至西充县的路线为南充市—古楼县—西充县，根据交通流量及路阻公式计算出的延误时间为 0.158h，经过该路径的物资配送时间为 1.556h。以此类推，可以得出南充市到所辖各受灾点的延误时间、配送时间以及物资需求满意度。在交通小区 1 内，地面调度运输总耗时为最长运输时间 3.596h，物资需求满意度为 96.47%。各交通小区按上述调度如法炮制，根据航空调度模型和地面调度模型运用 MATLAB 求解可得算例调度结果。在本算例中，交通小区 a+交通小区 1=1.176+3.596=4.772(h)，交通小区 b+交通小区 2=1.067+4.301=5.368(h)，交通小区 c+交通小区 3=1.166+4.547=5.713(h)，因此，本算例的空地联运总调度时间为 5.713h。

6.3.3 路网损毁对比分析

本章将地面调度过程中考虑路网损毁以及未考虑路网损毁这两种情况进行对比。首先，根据损毁路段的通行能力判断路网损毁程度，例如，当损毁路段通行量为 (100, 60) 时，路网损毁程度为 40%，当损毁路段通行量为 (100, 80) 时，路网损毁程度为 20%，以此类推，可得各类状况下的路网损毁程度。然后，根据两种情况不同的救援调度时间之差计算出各交通小区因路网损毁造成的调度延误时间，各交通小区的对比分析结果分别见表 6.15～表 6.17。

表 6.15 不同路网损毁条件下延误时间对比分析表（交通小区 1）

	所辖受灾点	未考虑路网损毁的配送路线	考虑路网损毁的配送路线	路网损毁程度/%	延误时间/h
	4	1—4	1—5—4	40	0.836
	7	1—6—7	1—2—7	45	1.456
	8	1—6—8	1—6—8	10	0.079
	9	1—6—8—9	1—6—8—9	40	1.086
配送中心 1	10	1—5—10	1—6—1—10	30	0.325
	11	1—5—11	1—5—11	20	0.295
	12	1—5—12	1—5—12	20	0.295
	13	1—2—13	1—2—13	20	0.216
	14	1—2—13—14	1—5—12—14	40	0.728

表 6.16　不同路网损毁条件下延误时间对比分析表（交通小区 2）

	所辖受灾点	未考虑路网损毁的配送路线	考虑路网损毁的配送路线	路网损毁程度/%	延误时间/h
	4	1—3—4	1—5—4	30	0.349
	7	1—6—7	1—6—7	20	0.295
	8	1—3—4—8	1—3—4—9—8	60	2.297
配送中心 2	9	1—3—4—9	1—3—4—9	30	1.029
	10	1—3—10	1—3—10	20	0.295
	11	1—2—11	1—2—11	10	0.079
	12	1—12	1—2—12	20	0.124

表 6.17　不同路网损毁条件下延误时间对比分析表（交通小区 3）

	所辖受灾点	未考虑路网损毁的配送路线	考虑路网损毁的配送路线	路网损毁程度/%	延误时间/h
	4	1—2—3—4	1—2—3—14—4	45	1.318
	5	1—2—3—5	1—2—3—5	45	1.647
	6	1—2—6	1—2—6	20	0.113
	7	1—2—7	1—2—6—7	50	0.934
配送中心 3	8	1—2—8	1—2—8	20	0.295
	10	1—10	1—11—10	45	1.093
	12	1—11—12	1—2—12	30	0.465
	13	1—2—3—13	1—2—3—13	30	0.633
	14	1—2—3—14	1—2—3—14	30	0.633

最后，分析路网损毁程度与延误时间之间的关系，并运用 MATLAB 软件对路网损毁程度与延误时间进行拟合，如图 6.6 所示。

图 6.6 中，细实线代表交通小区 1 中损毁程度与延误时间的拟合关系，粗实线代表交通小区 2 中损毁程度与延误时间的拟合关系，虚线代表交通小区 3 中损毁程度与延误时间的拟合关系。由图 6.6 可以看出，路网损毁程度与延误时间基本呈正比例关系，说明路网损毁越严重，救援调度的延误时间就越长。影响救援工作的因素可能有多种，除了灾害造成路网损毁的情况，还有天气条件、人群行为的影响以及"次生"灾害的持续作用等。因此，图 6.6 中并不是所有的点都成正相关。此外，通过对表 6.15～表 6.17 中配送路线的分析可知，路网损毁影响和未考虑路网损毁影响这两种情况下的配送路线并不完全相同。在实际应急救援工作中，对于路网损毁严重的区域，应该选择受损程度较轻、道路相对通畅的路径，而不是长度较近的路径，这样能大量节省救援时间，同时也为救灾工作的进行提供了基础技术保障。因此，本章考虑的地面路网损毁程度对应急救援过程的影响，更能贴近实际救援场景。

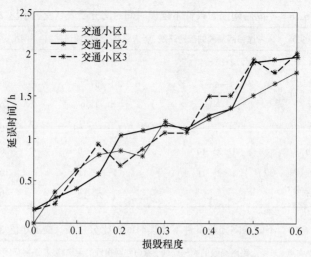

图 6.6　路网损毁程度与延误时间拟合图

6.4　三种运输方式对比分析

6.4.1　基础数据

本节通过设计算例（见图 6.7），分别对航空运输救援、地面运输救援以及本

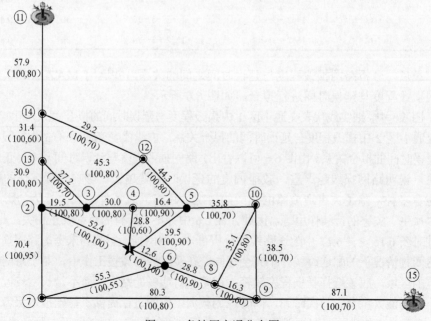

图 6.7　各地区交通分布图

章提出的空地联合调度运输救援这三种应急救援方式进行比较。其中，各地区基本信息见表 6.18，延续 6.3.1 小节中的四种机型展开救援工作，航空器性能见表 6.4，救援车辆平均速度取 40km/h；当应急调度方式是空地联合运输时，地区 1 可成地面运输的转运点，即配送中心；当仅有航空运输救援或者地面运输救援时，地区 1 看成运输网络中的一个节点，节点对救援物资量无要求；地区 11 有 1 架米 8、1 架运七-100 以及 1 架运五 B（K），地区 15 有 1 架米 171 和 1 架运五 B（K）。在本算例中，假设出救点物资供应量充足，其他假设同 6.2.1 小节；仅考虑一种救灾物资，航空器固定的装卸货时间和加油时间总共按 20min 计算。

表 6.18 各地区基本信息表

编号	地区	类型	救援优先级	供应/需求量/kg
1	1	配送中心/节点	无	0
2	2	节点	无	0
3	3	节点	无	0
4	4	受灾点	4	3700
5	5	节点	无	0
6	6	节点	无	0
7	7	受灾点	1	2600
8	8	受灾点	2	2400
9	9	受灾点	3	3100
10	10	受灾点	2	2600
11	11	出救点	无	16800
12	12	受灾点	3	3000
13	13	受灾点	4	4300
14	14	受灾点	5	5800
15	15	出救点	无	10700

6.4.2 结果与分析

1）航空调度结果

（1）从地区 11 出发的航空调度方案见表 6.19。

表 6.19 从地区 11 出发的航空调度决策表

趟数	配送机型	配送路线	剩余需求量/kg	航空器利用率/%	配送时间/h	配送成本/元
第一趟	运七-100	11—14—11	300	100	0.607	944
	米 8	11—13—11	1400	100	1.390	1638
	运五 B（K）	11—12—11	1500	100	1.110	971
第二趟	运七-100	11—14—4—13—11	0	98.2	1.646	2228
	运五 B（K）	11—12—11	0	100	1.110	971

(2)从地区 15 出发的航空调度方案见表 6.20。

表 6.20　从地区 15 出发的航空调度决策表

趟数	配送机型	配送路线	剩余需求量/kg	航空器利用率/%	配送时间/h	配送成本/元
第一趟	米 171	15—9—8—15	1500	100	1.557	1817
	运五 B(K)	15—8—15	0	100	1.400	1334
第二趟	米 171	15—7—10—15	1200	100	2.236	3297
	运五 B(K)	15—10—15	0	80	1.400	1452

通过对表 6.19 和表 6.20 的分析可知，从地区 11 出发的运七-100 的配送时间为 0.607+1.646=2.253(h)，米 8 的配送时间为 1.39h，运五 B（K）的配送时间为 1.11+1.11=2.22(h)，故从地区 11 出发的航空器调度时间为 2.253(h)，配送成本为 6752 元；从地区 15 出发的米 171 的配送时间为 1.557+2.236=3.793(h)，运五 B（K）的配送时间为 1.4+1.4=2.8(h)，故从地区 11 出发的航空器调度时间为 3.793h，配送成本为 7954 元。综上所述，航空运输总调度时间为 3.793h，总运输成本为 14706 元，航空器平均利用率为 97.3%。

2）地面调度结果

地面应急救援调度决策见表 6.21。

表 6.21　地面应急救援调度决策表

	所辖受灾点	配送路线	物资配送量/kg	配送时间/h	总配送时间/h
地区 11	4	11—14—12—5—4	3700	4.682	
	12	11—14—12	2600	2.473	
	13	11—14—13	2400	3.456	
	14	11—14	3100	1.664	
地区 15	7	15—9—7	2600	4.877	4.877
	8	15—9—8	3000	4.068	
	9	15—9	4300	2.563	
	10	15—9—10	5800	4.091	

3）空地联运调度结果

(1)航空调度决策见表 6.22。

表 6.22　空地联运中的航空调度决策表

调度方案	运输方式（架/趟/配送量/kg）				物资配送量/kg	运输时间/h	航空器利用率/%	运输成本/元
	米 171	米 8	运七-100	运五 B(K)				
11—1	0/0/0	1/2/5800	1/2/10700	1/1/1500	18000	1.298	99.3	11363
15—1	1/2/8000	0/0/0	0/0/0	1/1/1500	9500			

(2) 地面调度方案见表 6.23。

表 6.23 空地联运中的地面调度决策表

所辖受灾点		配送路线	配送时间/h	总配送时间/h
地区 1	4	1—5—4	1.556	3.2
	7	1—2—7	3.104	
	8	1—6—8	1.114	
	9	1—6—8—9	2.529	
	10	1—6—8—10	2.208	
	12	1—5—12	2.391	
	13	1—2—13	2.299	
	14	1—5—12—14	3.200	

通过对调度结果的分析可知，本算例中仅采用航空运输救援的总调度时间为 3.793h，航空器平均利用率为 97.3%，航空运输成本为 14706 元；仅采用地面运输救援的总调度时间为 4.877h；而采用本章提出的空地联运救援方式的总调度时间为 4.398h，航空器平均利用率为 99.3%，航空运输成本为 11363 元。对比仅使用航空运输的方式，虽然本章提出的空地联运救援方式总调度时间较长，但是航空器平均利用率提高了 2.05%，航空运输成本降低了 29.42%。对比仅使用地面运输的方式，本章提出的空地联运救援方式在调度时间上缩短了 10.89%。综上所述，本章提出的空地联运协同调度模型能有效提高调度效率，同时也能使航空器更高效地使用。

6.5 小　　结

本章针对仅使用航空手段进行应急救援过程中的不足，提出了空地联运协同调度的方法，在构建道路损毁条件下的动态路网调度模型的基础上，完成空中调度和地面调度相结合的空地联运协同调度模型[5]。首先，提取应急交通流数据并对动态路网进行分析，然后，根据各受灾点的救援优先级以及物资需求量构造以运输时间最短及各分量加权和最大为优化目标的地面运输调度模型；接着，根据第 5 章构建的航空运输调度模型以及 6.2 节构建的地面运输调度模型，以总体运输时间最短为线索，完成空地联运协同调度模型的建立；最后，以四川省地震灾区数据为背景设计算例，运用 MATLAB 软件对大算例进行求解，并对调度结果进行了分析，验证了空地联运协同调度模型的可行性。本章完成的工作如下：

(1) 在地面运输调度模型中考虑自然灾害造成的路面损毁对车辆交通流的限制，从而造成运输过程的延误，影响整个调度结果。

（2）空地联运协同调度模型考虑了各受灾点的救援优先级以及物资需求满意度，使用随机时变路网的鲁棒最优路径方法模型解决了动态路网优化调度问题。

（3）本章模型考虑航空和地面运输结合的方法，对应急救援过程中航空器、车辆以及物资等进行统一调度，提高了救援网络的覆盖率以及运输效率。

除了以上的优点及创新性，本章模型还存在一些不足：对于地面动态路网调度模型，将地面路网简化，采用两点间的直线距离代替实际距离，可能会造成距离数据计算误差，影响调度结果；对于空地联运协同调度大模型，航空调度中未考虑其他因素（如气象因素、人为因素、航空器自身属性等）对调度结果的影响，可能会使计算出的运输延误时间与实际状况中的运输延误时间有一定的误差；此外，模型中将某些时段固定化（如航空运输装卸货时间、加油时间），不够灵活，后续的研究中可以加入时间窗考虑，使得调度时间更为灵活、高效，这也将具有较高的理论价值和研究意义。

参 考 文 献

[1] 王炜. 交通规划[M]. 北京：人民交通出版社，2008.

[2] Zhang J H, Li J, Liu Z P. Multiple-resource and multiple-depot emergency response problem considering secondary disasters[J]. Expert Systems with Applications, 2012, 39(12): 11066-11071.

[3] Sheu J B, Pan C.A method for designing centralized emergency supply network to respond to large-scale natural disasters[J]. Transportation Research Part B : Methodological, 2014, 67(9): 284-305.

[4] Ferrucci F, Bock S, Gendreau M. A pro-active real-time control approach for dynamic vehicle routing problems dealing with the delivery of urgent goods [J]. European Journal of Operational Research, 2013,225(1):130-141.

[5] Zhang M, Yu J, Zhang Y, et al. Programming model of emergency scheduling with combined air-ground transportation[J]. Advances in Mechanical Engineering, 2017, 9(11): 1-21.

第 7 章 空地医疗救援两阶段起降点优化选址覆盖模型

航空医疗救援不仅可以给患者提供较高水平的医疗救护,而且能更快速地响应求救,节省运送时间。特别是对于重病或重伤患者,以最短时间将患者带到医生身边获得直接救护。直升机可实现点对点飞行,可最大限度缩短飞行距离,避免像地面救护车一样遭受交通堵塞带来的时机延误。同时,通过航空医疗救援和地面道路交通联运,既可以发挥航空医疗救援的救援范围广、响应速度快、科技含量高、救援效果好等优势,又可以利用地面道路交通[1~3]调配灵活、成本低、受天气因素影响小的特点,是世界上许多国家普遍采用的最有效手段。科学合理地开展应急医疗救援起降点选址问题研究,最大限度地体现有限的应急医疗资源的价值,是应急管理中的一项重要工作。对应急医疗资源进行科学合理的调度在应急管理中具有非常重要的意义和作用。本章提出空地联运的医疗救援选址模型,是第 6 章部分研究工作在航空器救援起降点选址问题的拓展,具体内容如下:

(1)新增空地联运的应急调度方式。针对出救点属性以及航空器在受灾点能否着陆,考虑是否需要设置转运点进行转运调度,并对空地联运(无转运点)和空地转运(有转运点)两种空地结合的应急调度方式进行对比研究。

(2)分层次建立选址覆盖模型。以覆盖面最大为目标建立集覆盖模型,以应急救援设施建设总成本最小为目标建立最大覆盖模型,集覆盖模型的最优目标函数值作为最大覆盖模型的经济约束,得到最优的航空器和车辆混合配置比例,保证层次模型间的衔接性,以及选址结果的覆盖特性和经济特性。

(3)构建应急调度方式矩阵,进行模型预处理。基于医疗救援背景,将总救援过程分为"出救点—受灾点,受灾点—医院"两阶段,并结合不同应急调度方式的运输与装卸载特性,分阶段建立响应时间和总救援时间约束,进而得到应急调度方式矩阵,极大缩短模型求解时间。

具体各节安排如下,7.1 节对四种应急调度方式进行划分,建立应急调度方式矩阵;7.2 节为保证应急医疗救援响应需求,建立目标救援区域覆盖选址的集覆盖模型;7.3 节结合四种救援方式的分配比例,对目标救援区域建立最大覆盖模型;7.4 节对于调度方式矩阵、最大建设成本和最优选址方案,通过建立贪婪算法实现选址问题的求解;7.5 节建立空地联运仿真算例,对比分析本章模型和文献[4]模型的各个优化指标;7.6 节是本章的总结和展望。

7.1 应急调度方式

本章所提出的覆盖模型是指应急调度方式的覆盖,基于应急医疗救援背景,将总救援过程分为"出救点—受灾点,受灾点—医院"两阶段,在不同阶段根据实际情况可选用不同的应急调度方式及应急调度模型[5]。常用的应急调度方式有纯空侧应急调度、纯地侧应急调度方式以及空地联运,常用的应急调度工具为地侧车辆与空侧航空器。本节将常见的空地联运调度方式做了更为细致的划分,针对出救点属性以及航空器在受灾点能否着陆,考虑是否需要设置转运点进行转运调度,并对应空地联运(无转运点)和空地转运(有转运点)两种空地结合的应急调度方式。

此外,结合不同应急调度方式的运输与装卸载特性,分阶段建立响应时间和总救援时间约束,进而得到应急调度方式矩阵,进行模型预处理,极大缩短模型求解时间。本节将详细说明各应急调度方式及应急调度方式矩阵的构建。

7.1.1 调度方式说明

在空地联运应急医疗救援体系内,定义以下四种可选择的调度模式,并在此基础上考虑各模式下空侧航空器、地侧应急车辆以及转运点的预选址。

纯空侧调度方式是指只通过空侧航空器提供医疗救援服务;只通过地面车辆提供医疗救援服务定义为纯地侧调度;对于空地结合的调度方式,根据受灾点特性,若航空器在受灾点可着陆,地面车辆与空侧航空器协同提供医疗救援服务,定义为空地联运;若航空器在受灾点无法着陆,需辅以转运点完成调度,进而地面车辆与空侧航空器协同提供医疗救援服务,则定义为空地转运的应急调度方式。空地联运应急医疗救援体系下各调度模式如图 7.1 所示。

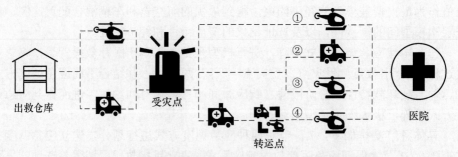

图 7.1 空地联运应急医疗救援体系下各调度模式示意图

对应于四种可选择的调度模式,定义四种调度模式下受灾点的覆盖模式。

当受灾点发出紧急医疗求救信号时,至少有一架航空器可在给定应急医疗响应时间内到达受灾点,并在最佳治疗时间内仍由航空器将伤员送至医院,定义为空侧覆盖；当受灾点发出紧急医疗求救信号时，至少有一辆应急车辆可在给定应急医疗响应时间内到达受灾点，并在最佳治疗时间内仍由应急车辆将伤员送至医院，定义为地侧覆盖；当受灾点发出紧急医疗求救信号时，至少有一辆应急车辆可在给定应急医疗响应时间内到达受灾点，并在最佳治疗时间内改由航空器将伤员送至医院，定义为联运覆盖；当受灾点发出紧急医疗求救信号时，在给定应急医疗响应时间内，至少有一辆应急车辆可到达受灾点并将伤员运送至转运点，且有一架航空器到达转运点配合完成转运，并在最佳治疗时间内由航空器将伤员从转运点送至医院，定义为转运覆盖。

7.1.2 调度方式矩阵

将应急医疗响应服务定义为两阶段，第一阶段为从出救仓库出发，接至伤员，第二阶段为运输伤员，送至医院，如图 7.2 所示。第一阶段的最大可接受时间为 T_R，两阶段的最大可接受时间为 T_H。

（1）空侧调度：出救仓库至受灾点选择路径Ⅰ，且 i 为 h；受灾点至医院选择路径Ⅱ，且 i 为 h。

（2）地侧调度：出救仓库至受灾点选择路径Ⅰ，且 i 为 a；受灾点至医院选择路径Ⅱ，且 i 为 a。

（3）联运调度：出救仓库至受灾点选择路径Ⅰ，且 i 为 a；受灾点至医院选择路径Ⅱ，且 i 为 h。

（4）转运调度：出救仓库至受灾点选择路径Ⅰ与Ⅲ，且路径Ⅰ上 i 为 a，路径Ⅲ上 i 为 h；受灾点至转运点选择路径Ⅳ，且 i 为 a；转运点至医院选择路径Ⅴ，且 i 为 h。

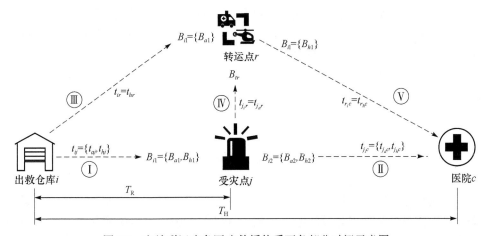

图 7.2　空地联运应急医疗救援体系下各部分时间示意图

应急系统的总消耗时间主要由两部分组成，分别为运输途中所需的运输时间与在受灾点及转运点所需的装卸载时间，在图中分别在线段上方与矩形框内加以表示。相关具体参数说明见表 7.1。

表 7.1 调度方式参数表

常量	含义	常量	含义
T_R	出救仓库至受灾点路段最大运输时间	B_{i1}	卸载时间集合
T_H	出救仓库至最近医院路段最大运输时间	B_{i2}	装载时间集合
t_{ij}	出救仓库至受灾点路段所需运输时间集合	B_{tr}	转运时间
t_{aj}	地面应急车辆从出救仓库到达受灾点所需的运输时间	B_{a1}	地面车辆卸载时间
t_{hj}	空侧航空器从出救仓库到达受灾点所需的运输时间	B_{a2}	地面车辆装载时间
$t_{j,c}$	受灾点至最近医院路段所需运输时间集合	B_{h1}	空侧航空器卸载时间
$t_{j_a c}$	地面应急车辆从受灾点到达最近医院所需的运输时间	B_{h2}	空侧航空器装载时间
$t_{j_h c}$	空侧航空器从受灾点到达最近医院所需的运输时间	t_{jr}	受灾点至转运点路段所需运输时间集合
t_{ir}	出救仓库至转运点路段所需运输时间集合	$t_{j_a r}$	地面应急车辆从受灾点至转运点路段所需运输时间
t_{hr}	空侧航空器从出救仓库至受灾点路段所需运输时间集合	t_{r_c}	转运点到最近医院路段所需运输时间集合
$t_{r_h c}$	空侧航空器从转运点到达最近医院所需的运输时间		

对应于四种可选择的调度模式，定义不同应急调度方式成立的 0-1 逻辑变量 $A_{hj}(A_{hk})$，$A_{aj}(A_{ak})$，$A_{ahrj}(A_{ahrk})$ 和 $A_{ahlj}(A_{ahlk})$，表示对特定受灾点或受灾路段 j 而言，纯空侧、纯地侧、空地转运和空地联运调度方式是否可用。当某种调度方式两阶段的响应时间都在规定时间范围内时，该调度方式可用，对应的逻辑变量取值为 1；反之取值为 0。由此得出空地联运条件下应急救援系统的应急调度方式矩阵，实现对模型进行预处理，可在后期极大地提高模型的求解速度。

7.2 空地联运调度选址集覆盖模型

空地联运调度选址集覆盖模型是采用纯空侧服务、纯地侧服务、空地转运以及空地联合服务四种应急医疗服务模式，保证应急医疗救援响应需求，对目标救援区域进行覆盖选址的模型。

需要特别说明的是，任意受灾点或受灾路段允许被多种运输方式所覆盖，因此模型确定的是目标救援区域应急医疗设施体系建设所需的最大成本。模型的常量见表7.2。

表 7.2 模型常量表

常量	含义	常量	含义
S_A	地面车辆出救点集合	S_P	受灾路段集合
S_H	航空器出救点集合	c_A	设置一个地侧出救点所需成本
S_R	转运点集合	c_H	设置一个空侧出救点所需成本
S_L	联运点集合	c_R	设置一个空地转运点所需成本
S_N	受灾点集合		

7.2.1 目标函数

对于特定的空地联运应急医疗救援区域，设置纯空侧、纯地侧、空地联运与空地转运四种方式进行应急响应的覆盖。使得在满足应急医疗救援响应时间的前提下，目标区域内空地联运设施点建设总成本最小，目标函数表示如下：

$$\min\left(\sum_{a\in S_A}c_A\delta_a + \sum_{h\in S_H}c_H\delta_h + \sum_{r\in S_R}c_R\delta_r\right) - \sum_{j\in S_N\cup S_P}\left(w_{ahrj} + w_{ahlj}\right)\varepsilon \tag{7-1}$$

其中，c_A 表示设置一个地侧出救点所需成本；δ_a 为0-1逻辑变量，表示是否采用陆侧调度方式，若采用，该值取为1，反之取0；c_H 表示设置一个空侧出救点所需成本；δ_h 为0-1逻辑变量，表示是否采用空侧调度方式，若采用，该值取为1，反之取0；c_R 表示设置一个空地转运点所需成本，δ_r 为0-1逻辑变量，表示是否采用转运调度方式，若采用，该值取为1，反之取0；当且仅当特定调度方式被采用，即逻辑变量取值为1时，才会产生对应调度方式下的设施建设成本。最后一项为人工加入的松弛变量，用于平衡受灾点与受灾路段的成本差异，以防约束条件太苛刻，造成无解的情况。

需说明的是，对于联运的调度方式，由于联运点可供航空器着陆，且联运点即为受灾点，因此无须预先设置联运点或转运点，即该方式下除空侧、地侧出救点建设外无其他设施建设成本。

7.2.2 约束条件

$$\sum_{h\in S_H}A_{hj}\delta_h \geqslant w_{hj}, \quad \forall j\in S_N\cup S_P \tag{7-2}$$

$$A_{aj}\delta_a + \sum_{h\in S_H}\sum_{r\in S_R}A_{ahrj}w_{ahrj} + \sum_{h\in S_H}\sum_{l\in S_L}A_{ahlj}w_{ahlj} \geqslant w_{aj}, \quad \forall j\in S_N\cup S_P; \forall a\in S_A \tag{7-3}$$

$$\sum_{a\in S_A}w_{aj} = 2(1-w_{hj}), \quad \forall j\in S_N\cup S_P \tag{7-4}$$

$$A_{ahrj} = (A_{ahlj}+1)\bmod 2, \quad \forall j\in S_N\cup S_P \tag{7-5}$$

$$\delta_{ahr} = \delta_a \delta_h \delta_r \tag{7-6}$$

$$\delta_{ahl} = \delta_a \delta_h \delta_l \tag{7-7}$$

$$A_{ahlj}\delta_a \geqslant w_{ahl}, \quad \forall a \in S_A; h \in S_H; l \in S_L \tag{7-8}$$

$$A_{ahlj}\delta_h \geqslant w_{ahl}, \quad \forall a \in S_A; h \in S_H; l \in S_L \tag{7-9}$$

$$A_{ahlj}\delta_{ahl} \geqslant w_{ahl}, \quad \forall a \in S_A; h \in S_H; l \in S_L \tag{7-10}$$

$$A_{ahlj}(\delta_a + \delta_h + \delta_{ahl} - w_{ahl}) \leqslant 2, \quad \forall a \in S_A; h \in S_H; l \in S_L \tag{7-11}$$

$$A_{ahrj}\delta_a \geqslant w_{ahr}, \quad \forall a \in S_A; h \in S_H; r \in S_R \tag{7-12}$$

$$A_{ahrj}\delta_h \geqslant w_{ahr}, \quad \forall a \in S_A; h \in S_H; r \in S_R \tag{7-13}$$

$$A_{ahrj}\delta_{ahr} \geqslant w_{ahr}, \quad \forall a \in S_A; h \in S_H; r \in S_R \tag{7-14}$$

$$A_{ahrj}(\delta_a + \delta_h + \delta_{ahr} - w_{ahr}) \leqslant 2, \quad \forall a \in S_A; h \in S_H; r \in S_R \tag{7-15}$$

其中，第一组 0-1 逻辑变量 w_{hj}、w_{aj}、w_{ahrj}、w_{ahlj} 表示受灾点（受灾路段）j 被覆盖的出救点属性，分别代表空侧出救点 h，地侧出救点 a，转运点 r 和联运点 l；若受灾点（受灾路段）j 被某种出救点所覆盖，则对应的逻辑开关变量取值为 1，反之取为 0；第二组 0-1 逻辑变量 $A_{hj}(A_{hk})$，$A_{aj}(A_{ak})$，$A_{ahrj}(A_{ahrk})$ 和 $A_{ahlj}(A_{ahlk})$，表示在特定受灾点（受灾路段）j，纯空、纯地、空地转运以及空地联运调度方式是否可用，若可用，则对应的逻辑开关变量取值为 1，反之取为 0；第三组逻辑变量 δ_a、δ_h、δ_r、δ_l 分别表示是否配置航空器、地面车辆、转运点与联运点，若采用，该值取为 1，反之取 0；第四组 0-1 逻辑变量 δ_{ahr}、δ_{ahl} 表示转运方式和联运方式是否成立，若成立，该值取为 1，反之取 0。

式（7-2）～式（7-5）为空地联运选址调度模型的集覆盖约束，保证对于目标应急医疗救援区域所有的受灾点（受灾路段）至少被纯空侧、纯地侧以及空地结合方式中的一种所覆盖；约束（7-2）确保对于被空侧出救点覆盖的受灾点或受灾路段 j，有可选且选中纯空侧调度方式；约束（7-3）确保对于被地侧出救点覆盖的受灾点或受灾路段 j，有可选且选中纯地侧、空地转运或空地联运的调度方式；约束（7-4）表示受灾点或受灾路段 j 被空侧覆盖时需一架航空器，被地侧覆盖时需两辆地面车辆的数量约束；约束（7-5）实现了空地联运与空地转运方式的模式切换，当选择空地结合的运输方式时，由于联运比转运所耗费的时间要少，因此优先选用联运模式，当该模式不成立时才选用转运模式进行覆盖，即当 $A_{ahlj}(A_{ahlk})$ 为 0 时，$A_{ahrj}(A_{ahrk})$ 才取为 1，反之亦然；式（7-6）和式（7-7）为转运点与联运点成立的约束条件，式（7-6）表明当可供航空器着陆的转运点、航空器和车辆资源都具备时，转运方式才成立，即当且仅当 δ_a、δ_h、δ_r 都为 1 时，δ_{ahr} 才取值为 1；式（7-7）为联运点 δ_{ahl} 的成立约束条件，与式（7-6）分析方法相同；式（7-8）~式（7-11）为确保空地联运覆盖的一组约束条件，对于被空地联运方式覆盖的受灾点或受灾路段 j，式（7-8）~式（7-10）分别有可选且选中对应地面车辆、航空器与联运点，式（7-11）确保当 w_{ahl} 取值为 1 时，δ_a、δ_h、δ_{ahl} 都必取值为 1，使得空地联运覆盖方式成立；同理，约束条件（7-12）~（7-15）为确保空地联运覆盖方式成立的一组约束条件，分析方法与式（7-8）~式（7-11）相同；对于空地联运方式覆盖的受灾点或受灾路段 j，式（7-12）~式（7-14）分别有可选且选中对应地面车辆、航空器与转运点，式（7-15）确保当 w_{ahr} 取值为 1 时，δ_a、δ_h、δ_{ahr} 都必取值为 1，使得空地转运覆盖方式成立。

7.3 空地联运调度选址最大覆盖模型

基于 7.2 节所阐述的模型，本节提出空地联运调度选址模型最大覆盖模型。在集覆盖模型所得成本（即覆盖目标应急医疗救援区域所需成本）下，需合理配置资源，结合纯空侧、纯陆侧、空地联运与空地转运四种救援方式的分配比例，降低受灾点（受灾路段）的重复覆盖率，减少空侧航空器与地侧救援车辆的设施配置数量，从而降低应急医疗救援体系的建设成本，实现保证应急救援效率的医疗体系优化。该模型常量参数见表 7.3。

表 7.3　模型参数表

常量	含义
P	集覆盖模型所得结果，即总成本最大值
w_j	受灾点（受灾路径）j 所占权重
θ	非空地联合覆盖方式所占比例

7.3.1 目标函数

对于特定的应急医疗救援区域，空地联运预选址分为集覆盖与最大覆盖两阶段，7.2 节具体阐述了第一阶段选址模型，并得到了集覆盖条件下应急医疗救援区域的最大设施建设成本。本节针对第二阶段建立最大覆盖选址模型，旨在得到满足集覆盖需求下的最大成本，并考虑地面车辆备份覆盖时，空侧航空器与地面车辆的混合配置比例，目标函数表示如下：

$$\max\left[\theta\sum_{j\in S_N\cup S_P}w_jx_j+(1+\theta)\sum_{j\in S_N\cup S_P}w_jy_j\right]+\varepsilon\sum_{j\in S_N\cup S_P}w_{hj} \quad (7\text{-}16)$$

其中，对于特定受灾点（受灾路径）j，权重设为 w_j；x_j、y_j 为一组 0-1 逻辑变量，若该受灾点或受灾路段被至少覆盖一次，x_j 取值为 1，否则为 0；若由备份覆盖方式进行覆盖，则 y_j 取值为 1，否则为 0；θ 与 $(1-\theta)$ 分别表示这两种覆盖方式所占的比例；最后一项为人工加入的松弛变量，用于平衡受灾点与受灾路段的成本差异，以防约束条件太苛刻，造成无解的情况；目标函数可实现满足应急医疗系统管理者对两次覆盖预设比例情况下，对受灾点或受灾路段的最大覆盖。

7.3.2 约束条件

$$\sum_{a\in S_A}c_A\delta_a+\sum_{h\in S_H}c_H\delta_h+\sum_{r\in\{S_R-N_i\}}c_R\delta_r\leqslant P \quad (7\text{-}17)$$

$$\sum_{a\in S_A}A_{aj}\delta_a+\sum_{h\in S_H}A_{hj}\delta_h+\sum_{a\in S_A}\sum_{h\in S_H}\sum_{r\in S_R}A_{ahrj}\delta_{ahr}+\sum_{a\in S_A}\sum_{h\in S_H}\sum_{l\in S_L}A_{ahlj}\delta_{ahl}\geqslant x_j \quad (7\text{-}18)$$

$$z_j=w_{hj}y_j \quad (7\text{-}19)$$

$$\sum_{h\in S_H}A_{hj}\delta_h\geqslant z_j,\quad \forall j\in S_N\cup S_P \quad (7\text{-}20)$$

$$w_{hj}\geqslant z_j,\quad \forall j\in S_N\cup S_P \quad (7\text{-}21)$$

$$y_j\geqslant z_j,\quad \forall j\in S_N\cup S_P \quad (7\text{-}22)$$

$$w_{hj}+y_j-z_j\leqslant 1,\quad \forall j\in S_N\cup S_P \quad (7\text{-}23)$$

式（7-17）是对各种应急调度方式总成本的计算，保证目标应急医疗救援体系内，航空器、地面车辆和转运点的设施建设成本不大于 7.2 节模型所得的最优函数值，即最大成本；式（7-18）为空地联运调度选址最大覆盖模型的约束条件，对于任意受灾点或受灾路段 j，若 x_j 取值为 1，则该受灾点或受灾路段至少被纯空侧、纯地侧、空地联运或转运覆盖方式中的一种所覆盖；式（7-19）用于定义备份覆盖空侧调度方式的可用性，当且仅当出救点为空侧属性且有备份覆盖时，该值取为 1，否则为 0；约束条件（7-20）保证了当备份覆盖空侧调度方式可用时，必有空侧出救点与对应航空器使得纯空侧调度方式成立；式（7-21）～式（7-23）为自变量 z_j 成立的一组线性约束条件，当受灾点或受灾路段 j 由备份空侧覆盖时，式（7-21）表明必有一个空侧出救点进行响应，式（7-22）表明必有空侧调度方式进行覆盖，式（7-23）确保当 z_j 取值为 1 时，空侧出救点参数 w_{hj} 与空侧调度方式选择参数 y_j 都取值为 1，否则不成立，即备份覆盖空侧调度方式不可用。

7.4 求解算法

本章提出的空地联运医疗救援选址覆盖模型，是由集覆盖模型与最大覆盖模型两阶段组成的，集覆盖阶段主要实现对目标区域的应急医疗救援方式覆盖，确保所有受灾点或受灾路段的应急医疗响应需求。在该阶段，受灾点或受灾路段可以被多种调度形式重复覆盖，因此所得的目标区域设施建设成本为最大成本；最大覆盖阶段受最大成本约束，在保证受灾点或受灾路段应急医疗响应需求的条件下，去除冗余的调度覆盖方式，从而实现目标应急医疗救援区域设施布局的高效性与经济性。

7.4.1 确定调度方式矩阵

1. 步骤一：确定各调度方式参数的数值

首先，结合航空器和地面车辆的性能，确定表 7.1 中各调度方式参数的数值，计算出任意"出救点—受灾点"的运输时间 t_{ij} 以及"出救点—医院"的运输时间 t_{j_ic}。

其次，确定航空器和地面车辆对应的装载时间 B_{i1} 与卸载时间 B_{i2}。

最后，空地转运方式还需考虑"出救点—转运点"的转运时间 t_{ij}，"受灾点—转运点"的转运时间 t_{j_ic} 以及"出救点—医院"的转运时间 t_{r_ic}。

2. 步骤二：确定各出救点属性

基于应急医疗救援背景，确定两阶段对应航空器或地面车辆的应急运输时间阈值，即 T_R 与 T_H。判断航空器的运输时间与装卸载时间总和是否能满足所设置的时间阈值，若满足，则表明该航空器可执行应急医疗救援任务；若不满足，则对地面车辆进行判断，依次确定每个出救点的空地属性，定义空侧属性出救点为 a，地侧属性出救点为 h。

3. 步骤三：生成调度方式矩阵

将步骤二所判定的调度方式可行性，以调度方式矩阵的形式展现：对于空侧属性出救点，定义矩阵标题行为受灾点或受灾路段 j，标题列为各空侧出救点 h，若调度方式 A_{hj} 可行，则对应单元格值为 1，否则为 0；对于地侧属性出救点，定义矩阵标题行为受灾点或受灾路段 j，标题列为各空侧出救点 a，若调度方式 A_{aj} 可行，则对应单元格值为 1，否则为 0；对于联运属性出救点，定义矩阵标题行为受灾点或受灾路段 j，标题列为各联运点 l，若调度方式 A_{ahlj} 可行，则对应单元格值为 1，否则为 0；对于转运属性出救点，定义矩阵标题行为受灾点（受灾路段）j，标题列为各转运点 r，若调度方式 A_{ahrj} 可行，则对应单元格值为 1，否则为 0，以此生成调度方式矩阵。

7.4.2 确定最大建设成本 B

1. 步骤一：确定可行调度方案

由 7.4.1 小节得到的调度方式矩阵可以对应获得各出救点的空地属性，结合各调度方式以及转运点与联运点的成立条件，获得"受灾点—医院"整个应急响应过程的可行调度方案。

2. 步骤二：确定最大建设成本

若只有一个调度方案，则计算该运输方式成立所需的设施建设成本作为最大成本 B；若有多个调度方案，则逐个计算调度方案的设施建设成本，在得到的方案中以设施建设成本最小为目标确定目标应急医疗救援设施建设的最大成本 B。

7.4.3 确定最优选址方案 G

1. 步骤一：确定覆盖系数 CC_j

考虑到不同调度方式对航空器、地面车辆与转运点设施的需求不同，进而影响设施建立成本，设定比例参数 θ，平衡各调度方式之间的比例。设置覆盖系数 CC_j，当受灾点或受灾路段未被覆盖时，$CC_j=1$；当受灾点或受灾路段被完全覆盖时，$CC_j=0$；当受灾点或受灾路段被一辆地面车辆或空地组合覆盖时，$CC_j=1-\theta$。

2. 步骤二：确定单位价格率

设置初始总成本 $c=0$，总覆盖率 $w(G)=0$，计算航空器或空地地面车辆/或空地组合覆盖的单位价格率 $ratio(i)=w(i)/c(i)$，$w(i)$ 为当配置航空器或地面车辆/或空地组合时，所能覆盖受灾点或受灾路段的数目乘以权重 d_j。

3. 步骤三：确定最优选址方案

当单位价格率 $ratio(i)$ 达到最大值时，定义其所对应的方案为 k，需配置航空器或地面车辆或空地组合的成本为 c_k。若 $c+c_k \leq B$，则将方案 k 纳入最优选址方案，总覆盖率由原来的 $w(G)$ 增加为 $w(G)+w(k)$，并删除 k 所连接的受灾点（受灾路段），否则返回步骤二，直至分配完所有的航空器或地面车辆或空地组合。

对应提出基于调度方式预处理的贪婪算法，伪代码如图 7.3 所示。

```
Begin
1.   $t_{ij} \leftarrow t_0$  $t_{hr} \leftarrow t_1$  $t_{j,r} \leftarrow t_2$  $t_{jk} \leftarrow t_3$  $t_{rh_c} \leftarrow t_4$
2.   $B_{A_1} \leftarrow t_5$  $B_{A_2} \leftarrow t_6$  $B_{H_1} \leftarrow t_7$  $B_{H_2} \leftarrow t_8$  $B_{tr} \leftarrow t_9$
3.   if $t_{aj} \leqslant T_R$ and $t_{aj} + T_{j,c} + B_{A1} + B_{A2} \leqslant T_H$
4.       then $A_{aj} \leftarrow 1$
5.       else $A_{aj} \leftarrow 0$
6.   end-if
7.   if $t_{hj} \leqslant T_R$ and $t_{hj} + T_{j,c} + B_{H_1} + B_{H_2} \leqslant T_H$
8.       then $A_{hj} \leftarrow 1$
9.       else $A_{hj} \leftarrow 0$
10.  end-if
11.  if $\max(t_{aj}+t_{j,c}, t_{hr}) \leqslant T_R$ and $\max(t_{aj}+t_{j,c}+B_{A_1}+t_{hr}) + t_{r_hc} + B_{tr} + B_{H_2} \leqslant T_H$
12.      then $A_{ahrj} \leftarrow 1$
13.      else $A_{ahrj} \leftarrow 0$
14.  end-if
15.  if $\max(t_{aj}+t_{hj}) \leqslant T_R$ and $\max(t_{aj}+B_{A_1}+t_{hj}) + t_{j,c} + B_{tr} + B_{H_2} \leqslant T_H$
16.      then $A_{ahrj} \leftarrow 1$
17.      else $A_{ahrj} \leftarrow 0$
18.  end-if
19.  $R \leftarrow M$, $\forall i = 1, 2, \cdots, M$
20.  $S \leftarrow$ initial solution  $S^* \leftarrow S$
21.  $S \leftarrow \phi$
22.  $N_i \leftarrow \{ j \in N : a_{ij} = 1 \}$
23.  $t \leftarrow 1$
24.  while $|N_i| < b_i$ do
25.      if $|N_i| = b_i$ then
26.          $j \in N_i$
27.          $\delta_j \leftarrow 1$
28.          $S \leftarrow S \cup \{j\}$
29.          $b_i \leftarrow b_i - a_{ij}$
30.      else
31.          $S \leftarrow S \cup \{j\}$
32.          $b_i \leftarrow b_i - a_{ij}$
33.      end-if
34.      if $b_i \leqslant 0$ then
35.          $R \leftarrow R - \{i\}$
36.          $|N_i| \leftarrow |N_i| - a_{ij}$
37.      end-if
38.      if $R = \phi$ then
39.          $c_j$ in order
40.          if $b_i + a_{ij} < 1$ then
41.              $b_i \leftarrow b_i + a_{ij}$
42.              $S \leftarrow S - \{j\}$
43.          end-if
44.      else
45.          if $f[j(t)] \leftarrow j(t)$ then
46.              $[j(t)] = \max_{j \in N-S} \left\{ \frac{1}{c_j} \sum_{i \in R} \frac{b_j a_{ij}}{|N|} \right\}$
47.          $S \leftarrow S \cup [j(t)]$
48.          $b_i \leftarrow b_i - a_{ij}$
49.          $t \leftarrow t+1$
50.          end-if
51.      end-if
52.  end while
53.  return $S^*$
end
```

图 7.3 基于调度方式预处理的贪婪算法

7.5 算 例 分 析

7.5.1 数据描述

为验证提出的空地联运医疗救援选址模型的可行与有效性，本节设计以下算例进行验证。

划定 10km×10km 的目标应急医疗救援区域，在区域中心位置设置医院，并随机生成 10 个受灾点与 5 条受灾路段，在受灾点和受灾路段周围分布 30 个备选地侧出救点，空间随机分布 10 个空侧出救点，以及 36 个转运点。其中，出救点的建设成本为 50 单位成本/空侧出救点，10 单位成本/地侧出救点，1 单位成本/转运点。航空器的行驶速度为 120km/h，地面车辆的行驶速度为 25km/h。此外，基于应急医疗救援的背景，设定伤员的最佳救援时限为 45min，"出救点—医院"的应急响应时间阈值为 10min。针对不同的案例，只需调整受灾点、受灾路段以及备选空地出救点的具体位置即可。该算例具体参数值设定见表 7.4。

表 7.4 模型参数表

常量	数值/min	常量	数值/min
T_R	10	T_H	45
t_{hj}	3	t_{aj}	4
t_{j_ac}	3	t_{j_hc}	4
t_{hr}	5	t_{j_ar}	6
t_{r_hc}	8	B_{a1}	0.8
B_{h1}	1.2	B_{a2}	0.8
B_{h2}	1.2	B_{tr}	1

7.5.2 模型覆盖结果

对应于算例设置的备选出救点、受灾点或受灾路段，以及转运点或联运点的数量情况，不妨设生成的矩阵中，前 10 列为受灾点 $j_1 \sim j_{10}$，后 5 列受灾路段 $j_{11} \sim j_{15}$，并得出各出救点的属性如下。

1. 空侧出救点属性

由空间随机分布的 10 个空侧出救点，对应生成 10 行，同时对应于 15 个受灾点或受灾路段，生成 10×15 的矩阵 A_{hj}：

$$A_{hj} = \begin{bmatrix} 0 & 1 & 0 & 0 & 0 & 0 & 0 & 0 & 0 & 0 & 0 & 0 & 0 & 0 & 0 \\ 1 & 0 & 0 & 0 & 0 & 0 & 0 & 0 & 0 & 0 & 0 & 0 & 0 & 0 & 0 \\ 0 & 0 & 0 & 1 & 0 & 0 & 0 & 0 & 0 & 0 & 0 & 0 & 0 & 0 & 0 \\ 0 & 0 & 0 & 0 & 0 & 0 & 1 & 0 & 0 & 0 & 0 & 0 & 0 & 0 & 0 \\ 0 & 0 & 0 & 0 & 1 & 0 & 0 & 0 & 0 & 0 & 0 & 0 & 0 & 0 & 0 \\ 0 & 0 & 0 & 0 & 0 & 0 & 0 & 1 & 0 & 0 & 0 & 0 & 0 & 0 & 0 \\ 0 & 0 & 0 & 0 & 0 & 0 & 0 & 0 & 1 & 0 & 0 & 0 & 0 & 0 & 0 \\ 0 & 0 & 0 & 0 & 0 & 0 & 0 & 0 & 0 & 0 & 0 & 1 & 0 & 0 & 0 \\ 0 & 0 & 0 & 0 & 0 & 0 & 0 & 0 & 0 & 0 & 0 & 0 & 0 & 0 & 0 \\ 0 & 0 & 0 & 0 & 0 & 0 & 0 & 0 & 0 & 0 & 0 & 0 & 1 & 0 & 0 \end{bmatrix}_{10 \times 15} \quad (7\text{-}24)$$

2. 地侧出救点属性

由空间随机分布的 30 个地侧出救点，对应生成 30 行，同时对应于 15 个受灾点或受灾路段，生成 30×15 的矩阵 A_{aj}：

$$A_{aj} = \begin{bmatrix}
0 & 1 & 0 & 0 & 1 & 0 & 0 & 0 & 1 & 0 & 0 & 0 & 1 & 0 & 0 \\
1 & 0 & 0 & 0 & 1 & 1 & 0 & 0 & 0 & 0 & 0 & 0 & 0 & 0 & 1 \\
0 & 0 & 0 & 1 & 0 & 0 & 0 & 0 & 0 & 1 & 0 & 1 & 0 & 0 & 0 \\
0 & 0 & 0 & 0 & 1 & 0 & 1 & 1 & 0 & 0 & 1 & 0 & 0 & 0 & 1 \\
0 & 0 & 0 & 1 & 0 & 0 & 0 & 0 & 0 & 0 & 0 & 0 & 0 & 1 & 0 \\
1 & 0 & 0 & 0 & 0 & 0 & 0 & 0 & 1 & 0 & 0 & 0 & 0 & 1 & 0 \\
0 & 0 & 0 & 0 & 1 & 0 & 0 & 0 & 0 & 0 & 1 & 0 & 0 & 0 & 0 \\
1 & 1 & 1 & 0 & 0 & 0 & 0 & 0 & 1 & 0 & 0 & 0 & 0 & 1 & 0 \\
0 & 0 & 0 & 0 & 0 & 0 & 1 & 0 & 1 & 0 & 0 & 0 & 0 & 0 & 0 \\
0 & 0 & 0 & 0 & 0 & 0 & 0 & 0 & 1 & 0 & 0 & 1 & 0 & 0 & 0 \\
0 & 1 & 0 & 0 & 0 & 0 & 0 & 0 & 0 & 1 & 0 & 0 & 0 & 0 & 0 \\
1 & 0 & 0 & 1 & 0 & 0 & 1 & 0 & 0 & 0 & 0 & 0 & 0 & 0 & 0 \\
0 & 0 & 0 & 1 & 0 & 0 & 0 & 0 & 0 & 0 & 1 & 0 & 0 & 0 & 0 \\
0 & 0 & 0 & 0 & 0 & 1 & 0 & 0 & 0 & 0 & 0 & 0 & 0 & 0 & 0 \\
0 & 0 & 0 & 0 & 0 & 0 & 0 & 1 & 0 & 0 & 0 & 0 & 0 & 0 & 0 \\
1 & 1 & 0 & 0 & 0 & 1 & 0 & 0 & 0 & 1 & 0 & 0 & 0 & 0 & 0 \\
0 & 0 & 0 & 1 & 0 & 0 & 0 & 0 & 0 & 0 & 0 & 0 & 0 & 1 & 0 \\
0 & 0 & 0 & 1 & 0 & 0 & 0 & 1 & 0 & 0 & 0 & 0 & 0 & 0 & 0 \\
0 & 0 & 0 & 0 & 1 & 1 & 0 & 0 & 0 & 0 & 0 & 0 & 1 & 0 & 0 \\
0 & 1 & 0 & 0 & 0 & 0 & 0 & 0 & 0 & 0 & 1 & 0 & 0 & 0 & 1 \\
1 & 0 & 0 & 0 & 0 & 1 & 0 & 0 & 1 & 0 & 0 & 0 & 0 & 0 & 0 \\
0 & 0 & 0 & 1 & 0 & 0 & 0 & 0 & 0 & 0 & 0 & 1 & 0 & 0 & 0 \\
0 & 0 & 0 & 0 & 0 & 0 & 1 & 0 & 0 & 0 & 0 & 0 & 0 & 0 & 0 \\
0 & 0 & 0 & 0 & 1 & 0 & 0 & 0 & 1 & 1 & 0 & 0 & 0 & 0 & 0 \\
0 & 0 & 0 & 0 & 1 & 1 & 1 & 1 & 0 & 0 & 0 & 0 & 0 & 0 & 0 \\
0 & 0 & 0 & 1 & 0 & 0 & 1 & 0 & 0 & 1 & 1 & 0 & 0 & 0 & 0 \\
1 & 0 & 0 & 0 & 0 & 0 & 0 & 0 & 0 & 0 & 0 & 0 & 0 & 0 & 0 \\
0 & 0 & 0 & 0 & 0 & 0 & 0 & 0 & 1 & 0 & 0 & 0 & 0 & 0 & 0 \\
0 & 0 & 0 & 0 & 1 & 0 & 0 & 1 & 0 & 0 & 0 & 1 & 0 & 1 & 0 \\
0 & 0 & 0 & 0 & 1 & 0 & 0 & 1 & 0 & 0 & 0 & 0 & 1 & 0 & 1 \\
\end{bmatrix}_{30\times15} \quad (7\text{-}25)$$

3. 联运点属性

由本章对联运点的定义可得，联运点可视为特殊的受灾点。当有 15 个受灾点（受灾路段）时，即有潜在的 15 个联运点，因此对应生成 15 行，并分别对应于 15 个受灾点（受灾路段），生成 15×15 的矩阵 A_{ahlj}，如式（7-26）所示，基于一一对应的特殊性，改矩阵呈对角矩阵形式，且每一行、每一列最多只能出现一个值为 1：

$$A_{ahlj} = \begin{bmatrix} 1 & & & & & & & & & & & & & & \\ & 0 & & & & & & & & & & & & & \\ & & 1 & & & & & & & & & & & & \\ & & & 1 & & & & & & & & & & & \\ & & & & 1 & & & & & & & & & & \\ & & & & & 1 & & & & & & & & & \\ & & & & & & 1 & & & & & & & & \\ & & & & & & & 1 & & & & & & & \\ & & & & & & & & 0 & & & & & & \\ & & & & & & & & & 1 & & & & & \\ & & & & & & & & & & 1 & & & & \\ & & & & & & & & & & & 0 & & & \\ & & & & & & & & & & & & 1 & & \\ & & & & & & & & & & & & & 1 & \\ & & & & & & & & & & & & & & 1 \end{bmatrix}_{15 \times 15}$$

(7-26)

4. 转运点属性

$$A_{ahrj} = \begin{bmatrix}
0 & 1 & 0 & 0 & 1 & 0 & 0 & 0 & 1 & 0 & 0 & 0 & 1 & 0 & 0 \\
1 & 0 & 0 & 0 & 1 & 1 & 0 & 0 & 0 & 0 & 0 & 0 & 0 & 0 & 1 \\
0 & 0 & 0 & 1 & 0 & 0 & 0 & 0 & 1 & 0 & 1 & 0 & 1 & 0 & 0 \\
0 & 0 & 0 & 0 & 1 & 0 & 1 & 1 & 0 & 0 & 1 & 0 & 0 & 0 & 1 \\
0 & 0 & 0 & 0 & 0 & 1 & 0 & 0 & 0 & 0 & 0 & 0 & 1 & 0 & 0 \\
1 & 0 & 0 & 0 & 0 & 0 & 0 & 0 & 1 & 0 & 0 & 0 & 1 & 0 & 0 \\
0 & 0 & 0 & 0 & 1 & 0 & 0 & 0 & 0 & 1 & 0 & 0 & 0 & 0 & 0 \\
1 & 1 & 1 & 0 & 0 & 0 & 0 & 0 & 0 & 1 & 0 & 0 & 0 & 1 & 0 \\
0 & 0 & 0 & 0 & 0 & 0 & 0 & 1 & 0 & 0 & 0 & 0 & 0 & 0 & 0 \\
0 & 0 & 0 & 0 & 1 & 0 & 0 & 0 & 0 & 1 & 0 & 0 & 1 & 0 & 0 \\
0 & 1 & 0 & 0 & 0 & 0 & 0 & 0 & 0 & 1 & 0 & 0 & 0 & 0 & 0 \\
1 & 0 & 0 & 0 & 1 & 0 & 0 & 1 & 0 & 0 & 0 & 0 & 0 & 0 & 0 \\
0 & 0 & 0 & 1 & 0 & 0 & 0 & 0 & 0 & 0 & 1 & 0 & 0 & 0 & 0 \\
0 & 0 & 0 & 0 & 0 & 0 & 1 & 0 & 0 & 0 & 0 & 0 & 0 & 0 & 0 \\
0 & 0 & 0 & 0 & 0 & 0 & 0 & 1 & 0 & 0 & 0 & 0 & 0 & 0 & 0 \\
1 & 1 & 0 & 0 & 0 & 0 & 1 & 0 & 0 & 1 & 0 & 0 & 0 & 0 & 0 \\
0 & 0 & 0 & 0 & 1 & 0 & 0 & 0 & 0 & 0 & 0 & 0 & 1 & 0 & 0 \\
0 & 0 & 0 & 1 & 0 & 0 & 0 & 0 & 0 & 1 & 0 & 0 & 0 & 0 & 0 \\
0 & 0 & 0 & 0 & 1 & 1 & 0 & 0 & 0 & 0 & 0 & 0 & 1 & 0 & 0 \\
0 & 1 & 0 & 0 & 0 & 0 & 0 & 0 & 0 & 0 & 1 & 0 & 0 & 1 & 1 \\
1 & 0 & 0 & 0 & 0 & 0 & 1 & 0 & 0 & 1 & 0 & 0 & 0 & 0 & 0 \\
0 & 0 & 1 & 0 & 0 & 0 & 0 & 0 & 0 & 0 & 0 & 0 & 0 & 0 & 0 \\
0 & 0 & 0 & 0 & 0 & 0 & 1 & 0 & 0 & 0 & 0 & 0 & 0 & 0 & 0 \\
0 & 0 & 0 & 1 & 0 & 0 & 0 & 0 & 1 & 1 & 0 & 0 & 0 & 0 & 0 \\
0 & 0 & 0 & 0 & 1 & 1 & 1 & 1 & 0 & 0 & 0 & 0 & 0 & 0 & 0 \\
0 & 0 & 0 & 1 & 0 & 0 & 0 & 1 & 0 & 1 & 1 & 0 & 0 & 0 & 0 \\
1 & 0 & 0 & 0 & 0 & 0 & 1 & 0 & 0 & 0 & 0 & 0 & 1 & 0 & 0 \\
0 & 0 & 0 & 0 & 0 & 1 & 0 & 0 & 0 & 1 & 0 & 0 & 0 & 0 & 0 \\
0 & 0 & 0 & 1 & 0 & 0 & 1 & 0 & 0 & 0 & 0 & 1 & 0 & 1 & 1 \\
0 & 0 & 0 & 1 & 0 & 0 & 0 & 0 & 1 & 1 & 0 & 0 & 0 & 0 & 0 \\
0 & 0 & 0 & 0 & 1 & 1 & 1 & 1 & 0 & 0 & 0 & 0 & 0 & 0 & 0 \\
0 & 0 & 1 & 0 & 0 & 0 & 1 & 0 & 0 & 1 & 1 & 0 & 0 & 0 & 0 \\
1 & 0 & 0 & 0 & 0 & 0 & 0 & 0 & 0 & 0 & 0 & 0 & 1 & 0 & 0 \\
0 & 0 & 0 & 0 & 0 & 1 & 0 & 0 & 0 & 0 & 0 & 0 & 0 & 0 & 0 \\
0 & 0 & 0 & 0 & 1 & 0 & 0 & 1 & 0 & 0 & 0 & 0 & 1 & 0 & 1
\end{bmatrix}_{36 \times 15}$$

(7-27)

由空间随机分布的 36 个空侧出救点，对应生成 36 行，同时对应于 15 个受灾点或受灾路段，生成 36×15 的矩阵 A_{ahrj}，如式（7-27）所示。值得说明的是，每一个具体的受灾点或受灾路段可以被 0 个、1 个或多个出救点所覆盖，对应于该点无空地结合运输方式、有且仅有一种空地结合运输方式或有多种可选的空地结合运输方式，在矩阵中表现为每一列可出现多行值为 1。

7.5.3 结果分析

1. 运输方式对比分析

借助 eclipse 平台编写 Java 程序，并调用 CPLEX 优化器工具箱，对本章所提的两阶段模型进行求解，得到的选址覆盖模型结果见表 7.5 和表 7.6。其中，θ 表示非空地联合覆盖方式所占比例，设施点选址个数根据其对应的属性值一一列出，并且分别得到两次覆盖的覆盖率数值。

表 7.5 选址覆盖模型结果（含联运方式）

θ	设施点选址数				受灾点（受灾路径）覆盖率/%	
	空侧出救点	地侧出救点	转运点	联运点	一次覆盖率	二次覆盖率
1	3	5	2	3	18.2	—
0.5	2	3	2	3	16.9	14.9
0.01	0	8	0	0	3.7	3.7

表 7.6 选址覆盖模型结果（不含联运方式）

θ	设施点选址数				受灾点（受灾路径）覆盖率/%	
	空侧出救点	地侧出救点	转运点	联运点	一次覆盖率	二次覆盖率
1	2	6	2	—	17.4	—
0.5	1	5	2	—	15.4	12.8
0.01	0	8	0	—	3.7	3.7

对比表 7.5 和表 7.6 可以发现，当调节 θ 值时，每张表都可以对应得到三行不同数据结果值；而当 θ 值相同时，两张表由于出救点属性的不同而产生了较大差异。因此，从横向（θ 值相等）和纵向（θ 值不等）两个维度进行阐释。

横向：首先，比较两张表对应行的数值，即 θ 值相等时，可以发现表 7.5 的覆盖率均大于表 7.6 的覆盖率，即含联运方式的选址覆盖更为完全；其次，由于联运点的配置，转运点的选址数目也有一定的减少，这可以大大降低目标应急医疗救援区域的设施配置成本；最后，联运点的导向作用，也使得救援方式偏向于联运和转运的方式，进而拉动空侧调度方式的配比。对于应急医疗救援的背景，这可极大程度地缩短救援时间，具有重要意义。

纵向：对于同一张表，可以通过调节比例参数 θ 值来实现。当 θ 值越趋近于 1 时，空侧出救点被选的概率增大，应急医疗救援的方式向空运倾斜，进而使得一次覆盖率数值增大；而当 θ 值趋近于下限值 0 时，非空地联合覆盖方式所占比例大大减小，甚至会出现只有地侧应急救援的情况，集中在第一次完成目标应急医疗救援区域的覆盖；当 θ 值处于两个临界值中间时，二次覆盖才对一次覆盖起到了补偿覆盖的作用，且纯空、纯地、联运和转运四种方式都有配比，应急医疗的救援方式才显得均衡化。

此外，需特别说明的是，尽管 θ 的取值范围为 $[0,1]$，但当极限 $\theta=0$ 时，程序中将会把 θ 值设定为 0.01，该调整是为了在第二阶段模型中，防止出现无空地联运或转运方式优先级为 0 的情况，使得调度方式只有空运和转运，以此更符合实际地调节四种运输方式的比例。

将 θ 值设置为 0.5，排除极端情况进行具体案例的分析，由于应急救援的方式不同，出救点的数量、属性、分布情况都体现出差异。通过求解所得，各出救点的属性值及其二维坐标列于表 7.7，同时，图 7.4 和图 7.5 进行了直观的可视化表示。

表 7.7 出救点选址坐标表（$\theta=0.5$）

出救点（含联运方式）				出救点（不含联运方式）			
编号	属性	X坐标/km	Y坐标/km	编号	属性	X坐标/km	Y坐标/km
1	空侧	6.483	9.642	1	空侧	0.237	5.749
2	空侧	8.787	3.796	2	地侧	9.873	5.322
3	地侧	2.003	1.809	3	地侧	0.355	5.678
4	地侧	2.301	5.789	4	地侧	1.230	2.603
5	地侧	8.764	3.598	5	地侧	2.732	5.003
6	转运	8.032	8.004	6	地侧	4.899	9.134
7	转运	2.098	5.012	7	转运	4.342	5.898
8	联运	0.911	7.882	8	转运	7.774	4.329
9	联运	6.902	6.787				
10	联运	5.472	2.496				

2. 模型对比分析

在目标应急救援区域规模不同、预设出救点数目不同、应急医疗救援时间阈值不同情况下，为了评估本章所提模型的有效性，从模型实用性和模型求解能力两个角度，共提出了六项指标与参考文献[4]所提模型进行对比定量分析：①覆盖率；②建设成本；③平均救援时间；④最大救援时间；⑤平均计算时间；⑥优化率。运用数据采用相同的评价求解方法对参考文献[4]所提模型进行结算，结果见表 7.8。

第 7 章　空地医疗救援两阶段起降点优化选址覆盖模型

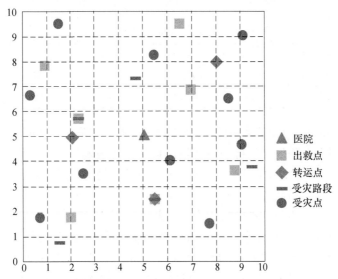

图 7.4　目标应急医疗救援区域覆盖选址结果（含联运方式）

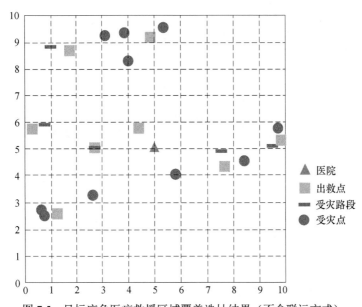

图 7.5　目标应急医疗救援区域覆盖选址结果（不含联运方式）

表 7.8 二阶段模型性能比较

对比模型	目标应急医疗救援区域				模型求解	
	覆盖率/%	建设成本/万元	平均救援时间/min	最大救援时间/min	平均计算时间/s	优化率/%
本章所提第二阶段模型	99.98	156.72	22.52	28	15.8	18.2
文献[4]所提第二阶段模型	99.97	187.98	30.07	42	14.2	16.7
相对提升率	0.01↑	31.26↓	7.55↓	14↓	1.6↑	1.5↑

由表 7.8 可知，本章所提出的模型相较于文献[4]所提出的救援选址模型，覆盖率近似，但大大降低了目标应急救援区域的建设成本；同时，由于联运方式可以简化转运方式中的转运步骤，缩减了转运时间与转运里的二次装卸载时间，因此在平均救援时间和最大救援时间上，都得到了更小的数值，以上四个指标都体现了联运方式不需要预先设置转运点的优越性与经济性。

对于模型求解，平均计算时间与模型的优化率也都有所提升，这是由于调度方式的增加，造成解的搜索目标范围增大，结合本章所提的改进的贪婪（Greedy）算法，平均计算时间差值相差不大，总体不超过 5s，在图 7.6 对所提算法与 CPLEX 分别解算的选址结果进行了直观的可视化表示。

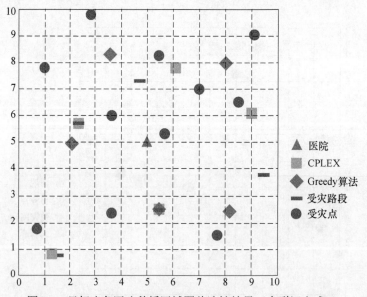

图 7.6 目标应急医疗救援区域覆盖选址结果（含联运方式）

需要特别说明的是，由于案例规模较小，覆盖目标应急医疗救援区域的预算成本也很有限，因此选址结果以地侧出救点为主。运用 7.5 节所提出的基于调度方式预处理改进的贪婪算法,平均优化率为 18.2%,平均计算时间为 15.8s,而单纯运用 CPLEX 优化器时,平均求解时间可达 30min。此外,由于受灾点(受灾路段)数目也很小,由贪婪算法和 CPLEX 求解的最优解有显著的差异。但值得说明的一点是,即使是规模非常小的案例,运用 CPLEX 求解仍需耗费大量时间,进而证明本章提出的基于调度方式预处理改进的贪婪算法的高效性与优越性。

7.6 小　　结

本章基于应急医疗救援的背景,针对选址覆盖过程中救援方式的不足,提出了空地联运的覆盖选址方式。在结合纯空侧、纯地侧、空地联运与空地转运四种应急调度方式的基础上,完成"集覆盖-最大覆盖"的空地协同两阶段选址覆盖模型。首先,基于应急医疗响应时间与航空器和地面车辆性能构建调度方式矩阵;其次,根据各出救点属性,面向目标应急医疗救援区域构造以覆盖设施建设成本最小为优化目标的空地联运调度选址集覆盖模型;再次,以第二部分所得的成本为上限值,以目标区域内各运输方式的优化配置为目标,完成最大覆盖模型的建立;最后,设计算例,运用 Java 平台和 CPLEX 优化器进行求解,并对运算结果进行分析,与参考文献[4]中所提的模型进行对比,验证了"空地联运调度选址集覆盖-最大覆盖"两阶段选址覆盖模型的可行性和高效性。本章主要的工作如下:

(1) 新增空地联运的应急调度方式,完善了应急医疗救援中方式选择的多样性与经济性。

(2) 分层次建立选址覆盖模型,保证层次模型间的衔接性、选址结果的覆盖特性和经济性。

(3) 构建应急调度方式矩阵,分阶段建立响应时间和总救援时间约束,极大缩短模型求解时间。

该问题今后可以进一步研究和拓展的工作如下。①在调度方式选择时,可以考虑覆盖区域应急医疗救援事故的发生率,若该指数高,则可向配置空侧出救点倾斜。该比例设置可根据医疗响应事件的历史数据、所含受灾路段(受灾点)的数量等进行计算评估。②对于应急响应,本章考虑航空器和地面车辆对受灾点(受灾路段)进行响应,而在实际规划情况中,更多的是对受灾区域进行医疗响应的覆盖。并且受灾区域包括所在区域内的所有受灾路段与受灾点,若仅以受灾路段(受灾点)为覆盖对象,数据量庞大且会有疏漏的情况。此外,对于不同区域间也可设置权重参数。后续的研究中可以将以上几点不足纳入考虑,使得应急医疗救援选址更为全面、经济和高效。

参 考 文 献

[1] Wang H J, Du L J, Ma S H. Multi-objective open location-routing model with split delivery for optimized relief distribution in post-earthquake[J]. Transportation Research Part E: Logistics and Transportation Review, 2014, 69(9):160–179.

[2] Özdamar L, Ertem M A. Models, solutions and enabling technologies in humanitarian logistics[J]. European Journal of Operational Research, 2015, 244(1):55–65.

[3] Sheu J B, Pan C. A method for designing centralized emergency supply network to respond to large-scale natural disasters[J]. Transportation Research Part B: Methodological, 2014, 67(9): 284–305.

[4] Erdemir E T, Batta R, Rogerson P A, et al. Joint ground and air emergency medical services coverage models: A greedy heuristic solution approach[J]. European Journal of Operational Research, 2010, 207(2): 736–749.

第8章　基于三维网格和气象预测的航空器低空航迹规划方法

在低空应急救援中,航空器的飞行路线与救援飞行安全和效率息息相关。天气恶劣、地形复杂、地面交通不便的山区常常是自然地质灾害多发的地方,这些地方能见度非常低且可能会有强烈的短时间雷暴天气。因此,在飞行任务执行前首先需要设计最优飞行计划航迹,让航空器不仅能够规避障碍物和低空风切变、积雨云、雷暴等恶劣天气区域以及其他有飞行冲突的航空器,而且还要使救援飞行时间最短。由于执行应急救援飞行任务的航空器均为通用航空器,其机载设备相对简陋,而且其执行任务的地点通常偏离航路,因此飞行员无法利用现有导航设施进行定位,只能依靠目视地标,而执行应急救援飞行任务的飞行员又绝大部分来自全国各地或国外救援机构,对受灾地区地形不熟,这极大影响了应急救援飞行的安全。除此之外,在实际的飞行过程中,施救航空器在低空复杂的运行环境中,由于受到地形环境、恶劣天气、密集飞行等不确定因素的干扰,往往存在安全风险大、施救效率低和实施不合理等问题。因此,合理地规划飞行计划航迹,制定准确的飞行计划信息在实际的应急救援飞行中显得至关重要。本章将采用基于三维空域网格的低空飞行计划航迹规划方法,制定航空器应急救援飞行计划。

同时,由于用于救援的通用航空器多为中、小型直升机或固定翼运输机,此类航空器具有飞行高度低、活动的空间范围和类型广泛等特点,地面通信、导航、监视系统难以有效覆盖其活动空域,不对其提供管制服务,飞行安全由飞行员来负责。除此之外,在发生重大事故或灾害时,往往会有多架航空器共同执行救援任务,密集的飞行使低空有限的空域变得相对狭小,航空器之间产生飞行冲突的可能性增加。因此,为了降低飞行冲突发生的可能性与不确定性,精确的航迹规划对执飞航空器的重要程度不言而喻。

针对数值天气预报数据误差较大和高空气象数据不适用于低空的问题,本章通过基于 UKF 的数值气象预报释用技术将低空的格点预报数据与地面国际交换站的观测数据融合,获得低空风的预测数据;对于任意位置风数据的获取,采用插值方法得到航路点的风速与风向,经矢量合成计算出航空器的修正地速,进一步求出各航段的平均地速,修正航路点到达时刻,从时间、空间上提高规划航迹的精确度。

8.1 基于三维空域网格的低空飞行计划航迹初始规划方法

8.1.1 问题描述及相关假设

本章内容主要针对航空应急救援低空飞行环境下，预战术飞行航迹规划问题进行研究。结合实际的救援飞行，需要考虑的因素和相关假设如下。

航空器：针对目前我国通用航空的现状以及低空救援飞行的特殊性，本章的研究对象为轻型固定翼航空器。其优点是起降条件低、机动灵活、成本低廉，能够以较低的速度和高度有效观察、搜索和救援遇险人群。

救援飞行任务及飞行环境：本章假定救援任务以及任务优先级已知，在有限的时间范围内，需要执行从多出救点到多受灾点的飞行任务，并且飞行任务具有优先级属性。救援的飞行环境多数是在地形起伏的丘陵或者山区的真高1000m以下低空空域。该空域往往没有地面通信、导航和雷达监视系统的有效覆盖，飞行员需要采用目视飞行规则，来自行确保飞行安全。

航空器之间的最小安全间隔：根据《中华人民共和国飞行间隔规定》[1]确定目视飞行水平间隔标准。同航迹、同高度目视飞行的航空器之间纵向间隔为 IAS≥250km/h，航空器之间纵向间隔为 5km；IAS<250km/h，航空器之间纵向间隔为2km。目视飞行航空器与航空器之间的垂直间隔为300m。

三维空域网格划分：将低空空域划分为大小相同的长方体网格。以网格中心点表示网格区域，生成多个航迹节点，克服低空空域没有航路航线的缺陷。网格设定大小参照目视飞行间隔规定。

三维地形和静态气象因素：地形的威胁主要是在航空器起降过程中可能会遇到的问题，通过严格控制起降和飞行过程中的安全超障余度来规避地形威胁因素。气象的威胁是在一定飞行高度上对飞行可能造成危险的恶劣天气，本章只考虑静态的气象因素。

航空器性能约束：考虑航空器转弯半径和爬升或者下降，规定航空器每前进一个节点，速度方向的改变不超过±90°。爬升或下降时，满足由当前高度层的节点到达相邻高度层相邻节点的要求[2]。

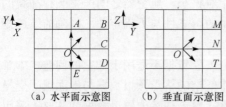

（a）水平面示意图　（b）垂直面示意图

图 8.1 规划空间航空器飞行示意图

如图 8.1 所示：水平面内，航空器在当前节点 O 的速度方向为 0°（沿 X 轴正方向），航空器下一步水平面内可能到达的节点最多有 5 个，分别是 A 点、B 点、C 点、D 点和 E 点。

8.1.2 基于三维空域网格的单航空器最优飞行计划航迹规划方法

1. 单航空器最优飞行计划航迹规划方法

本章基于三维空域网格节点划分使用改进的 A^* 算法进行航迹搜索。与之前学者研究的不同之处在于如下方面：

（1）本章研究三维空间的航迹节点搜索，同时考虑了地形、气象因素、航空器性能约束。

（2）考虑实际的飞行过程中，爬升飞行状态比平飞状态消耗更多的燃油和时间，因此需要在爬升航段增加额外的距离成本 $w_n(n)$。其值的大小由爬升距离以及航空器的平飞速度、平飞燃油消耗、爬升燃油消耗等性能参数决定。以塞斯纳 172R 为例，由 BADA 性能数据库得到，当 $v_{平飞}$=226km/h 时，每分钟油耗 $f_{平飞}$=0.4kg/min，当以同样的速度爬升时，爬升油耗 $f_{爬升}$ 0.52kg/min，因此，爬升 300m 的垂直距离，额外增加的距离成本 $w_n(n)$=610m。

（3）在算法设计上，为每个节点增加一个父指针，只是在当前节点搜索到下一个距离目标最近的节点时，把该节点加入 Closelist 表中，并把该节点的父指针指向当前节点。由目标节点通过其父节点逐步回溯到起始节点，就可以保证得到一条全局最优航迹。

定义 8.1　$g(n)$ 为从起点（节点 1）到当前节点（节点 n）的成本，$w_n(n)$ 为权重函数：

$$g(n) = g(n-1) + \text{dist}(n, n-1) + \sum_{m=1}^{M} w_m(n), \quad n > 1 \tag{8-1}$$

两相邻节点之间的距离为

$$\text{dist}(i, j) = \sqrt{(x_j - x_i)^2 + (y_j - y_i)^2 + (z_j - z_i)^2} \tag{8-2}$$

定义 8.2　$h(n)$ 为启发式距离成本，即从当前节点到目标节点的最小欧氏距离：

$$h(n) = \sqrt{(x_{\text{goal}} - x_n)^2 + (y_{\text{goal}} - y_n)^2 + (z_{\text{goal}} - z_n)^2}, \quad n \geqslant 1 \tag{8-3}$$

总成本为

$$f(n) = g(n) + h(n) \tag{8-4}$$

算法每次寻求每个节点最小总成本 $f(n)$。A^* 算法中在选择启发信息时，关系到算法的优劣。例如，选取比较多的约束条件时，可以通过算法剔除的节点会比较多。可是也会同时增加算法的计算量，影响计算速度。因此，根据实际需求，选择合适的启发式距离成本 $h(n)$ 为当前路径节点到目标节点的欧氏直线距离。

2. 改进的 A^* 三维航迹搜索算法流程设计

改进的 A^* 三维航迹搜索算法的具体流程如图 8.2 所示。

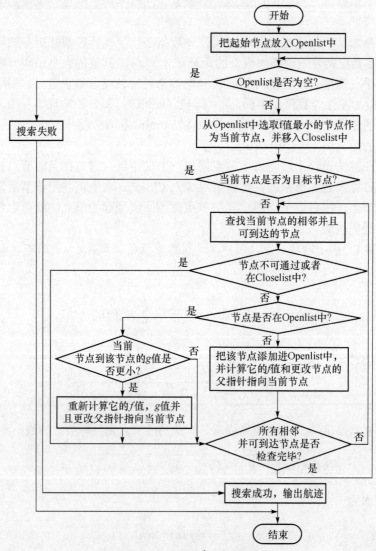

图 8.2 改进的 A^* 算法流程图

相比较传统的 A^* 算法，改进的 A^* 算法在航迹搜索的过程中，不仅会对比它们

各自的 f 值,还会依据 f 值的不同来改变自身的父指针。Closelist 中的每一个节点都会包含唯一的父指针信息,当航迹提取时,使其目标节点通过其父指针信息回溯,由于其父指针的唯一性,就能够得到一条最优的航迹,有效避免走弯路的现象。该算法相比较于 Dijkstra 算法,在运行过程中,避免了对同一节点的重复访问,极大地缩小了搜索空间,提高了搜索效率。

8.1.3 多航空器无冲突的预战术航迹规划方法

在实际救援飞行过程中,往往是多架航空器在同一个空域内执行从多出救点向多受灾点的救援任务。这就要求各个航空器以最高效率到达指定的目标节点,完成救援任务,同时又要保证航空器之间不会产生飞行冲突。在已知救援任务等级情况下,本章提出两种方法。

(1) 以时间换空间:各个航空器保持最优初始飞行航迹,根据救援任务优先级,结合时间窗原理[3],规划各个航空器的起飞时刻,来预先规避可能的飞行冲突。

(2) 以空间换时间:起飞时刻相同,通过各个航空器的初始飞行航迹,探测可能发生冲突的节点,依据任务等级低的航空器规避任务等级高的航空器原则,对有冲突的航迹重新规划来规避飞行冲突。

1. **以时间换空间的多航空器预战术航迹规划方法**

以时间换空间就是保持原来的飞行航迹,通过规划起飞时刻来规避飞行冲突,其算法具体流程如下:

(1) 在一个确定的时间范围($T_1 \sim T_2$)内,依据改进的 A^* 算法,分别搜索 n 架航空器的最优初始飞行航迹。

(2) 选取任务优先级最高的航空器 i 的飞行航迹,在时间 $T_1 \sim T_2$ 内,任意确定一个起飞时刻 t_0^i,根据飞行航迹计算出各个节点的保留时间窗。

(3) 选取任务优先级次高的航空器 j,判断与航空器 i 是否有交点。如果没有,依据步骤(2)确定航空器 j 的各个航迹节点的保留时间窗。

(4) 如果有交点,通过航空器 i 在交点的空闲时间窗,可以逆向计算出航空器 j 起飞时刻范围。

(5) 同理,确定了航空器 j 的起飞时刻,计算出航空器 j 的各个节点的保留时间窗。在航空器 i 和航空器 j 的保留时间窗基础上,依次规划其他航空器的起飞时刻。

2. **以空间换时间多航空器预战术航迹规划方法**

各个航空器的在 0 时刻同时起飞,任务优先级低的航空器在可能的冲突节点上要依次规避任务优先级高的航空器,从而改变原来的飞行航迹。具体算法流程如下:

(1) 假定各个航空器起飞时刻 $t_0^k = 0, k = 1, 2, \cdots, n$，基于各个航空器的初始飞行航迹，计算出各个节点的保留时间窗。

(2) 选取任务优先级次高的航空器 j 的最优初始航迹，判断与任务优先级最高的航空器 i 的最优初始航迹是否有交点。如果没有，航空器 j 按照原计划飞行。

(3) 如果有交点，依次判断两航空器在交点的保留时间窗是否有重合，如果没有重合，航空器 j 按照原计划飞行。如果有重合，表示当前节点对于航空器 j 不可用，重新使用改进的 A^* 算法搜索飞行航迹。

(4) 再次判断新的航迹与优先级最高的航空器 i 的航迹之间是否有交点，重复执行步骤（3）直到判断所有的交点保留时间窗没有重合。

(5) 同理，在航空器 i 和航空器 j 的飞行航迹的基础上，依次搜索其他航空器的无冲突飞行航迹。

8.1.4 仿真验证

本章选用三种类型的轻型固定翼航空器作为研究对象，其性能参数见表 8.1。

表 8.1 航空器性能参数表

航空器类型	运五（Y-5）	运 12（Y-12）	塞斯纳 172R（C172R）
巡航速度/(km/h)	160	240	226
爬升率/(m/s)	3	8	3.7
最大航程/km	845	1440	1270

仿真选用的空域为一个 50km×50km×1km 三维立体空域，其中包含了地面的丘陵地形和空中三维恶劣天气区域。依据目视飞行间隔标准以及航空器的性能约束，设定网格划分标准：网格大小为长宽各 5000m，高 300m。使用节点来代替网格，形成 3 层，每层有 100 个节点的区域。使用节点（×）表示地形或者恶劣天气区域。节点（○）表示满足目视飞行规则和航空器性能的可飞行区域。在算法的编程过程中，使用二维矩阵来表示一个高度层上的网格节点。矩阵里面的元素对应于节点的属性值，设定为 0 或 1，其中 1 表示空闲状态，0 表示被占用状态。给定航空器 1（Y-12）、航空器 2（C172R）和航空器 3（Y-5）的起始节点和目标节点。利用改进的 A^* 算法，分别计算得到三条最优初始飞行航迹，如图 8.3 所示。

由图 8.3 可以得到，三条最优初始飞行航迹分别有三个交点{(4,4,2),(5,5,2),(5,4,2)}，那么在飞行过程中可能会产生飞行冲突。下面就是利用前面提出的两种方法在飞行前预先规避飞行冲突，并将两种结果进行对比。

1. 方法 1：以时间换空间

航空器保持各自的初始飞行航迹不变，通过限制起飞时刻来规避冲突。假定

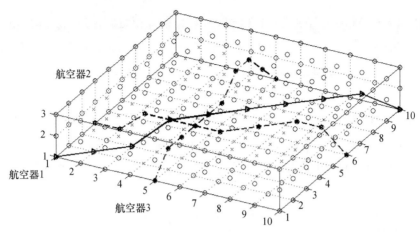

图 8.3 单航空器最优初始飞行计划航迹

各航空器起飞时刻的时间范围为 $T\in[0,1200]$s。航空器的任务优先级已知：$m_1>m_2>m_3$。首先，优先级最高的航空器 1 可以在确定的时间范围内任意时刻起飞，假定 $t_0^1=0$。由性能表和航迹节点表计算航空器 1 各个航迹节点的保留时间窗，见表 8.2。

表 8.2 航空器 1 各个航迹节点的保留时间窗 （单位：s）

节点	(1,1,1)	(2,2,1)	(3,3,1)	(4,4,2)	(5,5,2)
保留时间窗	[0,53]	[53,159]	[159,272]	[272,385]	[385,491]
节点	(6,6,2)	(7,7,2)	(8,8,2)	(9,9,2)	(10,10,1)
保留时间窗	[491,597]	[597,703]	[703,809]	[809,922]	[922,982]

计算飞行时间时，忽略了风速、飞行员的反应时间和转弯建立坡度时间等因素的影响，并且假定航空器整个飞行过程中速度保持不变。由表 8.2 得到航空器 2 与航空器 1 的第一个交点 (4,4,2) 的保留时间窗为 $r_{(4,4,2)}^1=[272,385]$。在确定的时间 $T\in[0,1200]$s 范围内，交点 (4,4,2) 的空闲时间窗为 $f_{(4,4,2)}^1=[0,272]\cup[385,1200]$。利用该交点的空闲时间窗来规划航空器 2 的起飞时刻，得到航空器 2 的初始节点的起飞时刻范围为 $t_0^2\in[175,1200]$s。在起飞时刻范围内，选择航空器 2 的起飞时刻为 $t_0^2=175$s。航空器 2 各个航迹节点的保留时间窗见表 8.3。

表 8.3 航空器 2 各个航迹节点的保留时间窗 （单位：s）

节点	(1,4,1)	(2,4,1)	(3,4,2)	(4,4,2)	(5,4,2)
保留时间窗	[175,215]	[215,300]	[300,385]	[385,465]	[465,545]
节点	(6,4,2)	(7,5,2)	(8,6,2)	(9,6,2)	(10,6,1)
保留时间窗	[545,641]	[641,753]	[753,849]	[849,934]	[934,979]

由表 8.3 得到航迹节点 (4,4,2) 和 (5,4,2) 的保留时间窗为 $r^2_{(4,4,2)}=[385,465]$，$r^2_{(5,4,2)}=[465,545]$，与航空器 1 的保留时间窗无冲突。即表示基于时间窗原理，两架航空器按照各自规划后的起飞时刻飞行，在交点 (4,4,2) 就能够成功规避飞行冲突。此时，有

$$r^1_{(5,5,2)}=[385,491], \quad f^1_{(5,5,2)}=[0,385]\cup[491,1200], \quad f^2_{(5,4,2)}=[0,465]\cup[545,1200]$$

同理，按上述方法来规划航空器 3 的起飞时刻。得到航空器 3 起飞时刻时间范围 $t^3_0 \in [254,1200]$。令 $t^3_0=254\mathrm{s}$，得到的航空器 3 各个节点的保留时间窗，见表 8.4。

表 8.4 航空器 3 各个航迹节点的保留时间窗　　　　（单位：s）

节点	(5,1,1)	(5,2,2)	(5,3,2)	(5,4,2)	(5,5,2)
保留时间窗	[254,314]	[314,431]	[431,545]	[545,659]	[659,773]
节点	(5,6,2)	(5,7,3)	(5,8,3)	(5,9,2)	(5,10,1)
保留时间窗	[773,890]	[890,1007]	[1007,1124]	[1124,1244]	[1244,1304]

由表 8.4 可得

$$r^3_{(5,4,2)}=[545,659], \quad r^3_{(5,5,2)}=[659,773], \quad f^3_{(5,4,2)}=[659,1200],$$
$$f^3_{(5,5,2)}=[491,659]\cup[773,1200]$$

由以上三架航空器的无冲突最优飞行航迹各个航迹节点的保留时间窗和空闲时间窗得到时间窗模型示意图，如图 8.4 所示。

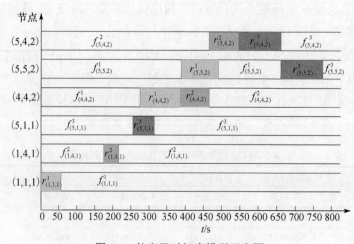

图 8.4　航空器时间窗模型示意图

2. 方法2：以空间换时间

航空器起飞时刻在 $T \in [0,1200]$s 任意选取。假定航空器的起飞时刻为 $t_0^1 = t_0^2 = t_0^3 = 0$，航空器的任务优先级不变。由起始时刻和最优初始飞行航迹节点可以得到各个航空器各个节点的保留时间窗，这里列出交点的保留时间窗，见表8.5。

表 8.5　三架航空器的航迹交点的保留时间窗　　　　　　（单位：s）

航迹交点	航空器1	航空器2	航空器3
(4,4,2)	[272,385]	[210,290]	—
(5,4,2)	—	[290,370]	[291,405]
(5,5,2)	[385,491]	—	[405,519]

由于航空器1的任务优先级最高，它的最优航迹保持不变。由表8.5可得，任务优先级次高的航空器2与航空器1在航迹交点(4,4,2)的保留时间窗上有冲突。因此，利用改进的 A* 算法重新搜索航空器2的飞行计划航迹为 {(1,4,1)—(2,4,1)—(3,4,2)—(4,5,2)—(5,5,2)—(6,5,2)—(7,5,2)—(8,6,2)—(9,6,2)—(10,6,1)}。与航空器1的航迹交点变为(5,5,2)。此时 $r^2_{(5,5,2)} = [304,384]$，与航空器1无冲突。航空器3在航迹交点(5,5,2)上只与航空器1有冲突，当前节点(5,5,2)对航空器3不可用，因此，也需要重新规划航空器3的飞行航迹。同理，得到新的飞行航迹 {(5,1,1)—(5,2,2)—(5,3,2)—(5,4,2)—(5,5,3)—(5,6,3)—(5,7,3)—(5,8,3)—(5,9,2)—(5,10,1)}。新的航迹与航空器1和航空器2的航迹都没有交点，不会与其他航空器产生飞行冲突。

在方法2中，依次判断初始飞行计划航迹之间是否存在冲突，计算机程序与方法1相同，将已划分的航迹节点保存到数据库中，并标明0，1属性（0表示被占用，1表示可用）。如果存在飞行冲突，对于优先级低的航空器，其冲突节点的属性值由1变为0，然后重新利用 A* 算法搜索新的航迹，得到的新航迹仍然需要判断与优先级高的航空器的初始飞行计划航迹是否存在冲突，直到无冲突。

使用上述两种方法对三架航空器分别进行仿真实验，计算出到达目标节点的平均时间，如图8.5所示。

通过两种方法对比不难发现：①方法2通过改变原来的最优航迹来规避飞行冲突，新的飞行计划航迹总的飞行时间会略有增加，但其起飞延误时间为零，到达目标节点的时间略有增加，但是在有限的空域内，可供选择的飞行路径有限，随着飞行任务增多，可能无法找到可行的飞行路径来执行飞行任务；②方法1通过延迟起飞来规避冲突，航空器还是按照单航空器最优初始飞行计划航迹来执行飞行任务，其飞行时间是最短的，但是随着救援空域航空器数量增加，其最优航迹在空中相遇点增多，其地面延误时间会急剧增加。就该仿真验证而言，建议采用方法 2 规划的结果。

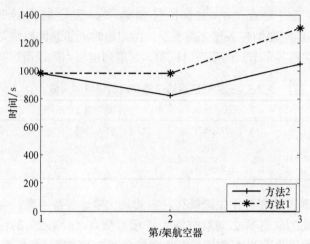

图 8.5 两种方法计算出到达目标节点的时间对比图

基于前面已知的救援信息，通过以上两种方法的计算机仿真程序，由三个出救点和三个受灾点以及三架不同机型的航空器得到六种可能的飞行任务调度方案，分别计算其无冲突情况下到达受灾点的时间。

由表 8.6 可以得到，其执行救援飞行任务所需到达受灾点的时间与不同的救援调度方案、不同的出救点和受灾点位置、救援飞行环境（可以利用的飞行空域）复杂程度、航空器的飞行速度等都有关系。同时，表 8.6 的计算结果一定程度上对救援飞行调度方案的优化起到作用。在应急救援过程中，时间就是生命。从救援时间紧迫性角度考虑，在保证飞行无冲突的情形下，尽量合理安排航空器的救援飞行任务，使其避免地面长时间等待的同时，又能缩短飞行时间，保证低空救援的安全、及时和高效。

表 8.6 不同调度方案下两种方法计算出到达受灾点的时间 （单位：s）

调度方案	机型配置	任务 1 $N(1,1,1)\sim N(10,10,1)$		任务 2 $N(1,4,1)\sim N(10,6,1)$		任务 3 $N(5,1,1)\sim N(5,10,1)$	
		方法 1	方法 2	方法 1	方法 2	方法 1	方法 2
1	Y12	982		737		675	
2	C172	1014		783		717	
3	Y5	1434		1107		1014	
4	Y12	982		无		无	
	C172	无		979	832	无	

续表

调度方案	机型配置	任务1 $N(1,1,1)\sim N(10,10,1)$		任务2 $N(1,4,1)\sim N(10,6,1)$		任务3 $N(5,1,1)\sim N(5,10,1)$	
		方法1	方法2	方法1	方法2	方法1	方法2
4	Y5	无		无		1304	1065
5	C172	1014		无		无	
	Y5	无		1219	1220	无	
	Y12	无		无		675	
6	Y5	1434		无		无	
	Y12	无		737		无	
	C172	无		无		855	753

8.2 基于气象预测模型的低空航空器规划航迹修正方法

8.2.1 基于空间插值模型的预报数据获取

国际交换站是参加区域或全球天气广播或资料交换的气象站,是世界气象组织成员国之间为了交换天气情报和气候资料而建立的,其通常都是各国的基本天气站和基本气候站。交换站提供的气象记录数据可由美国国家气候数据中心(National Climatic Data Center,NCDC)查询得到,包含国际交换站的编号、名称、经纬度、海拔等站点信息以及风速、风向、云量、能见度、温度等天气信息,记录的时间间隔为1h。

本章使用交换站记录数据对预报数据进行修正,以获取更加符合实际的风矢量,再将经过优化的预报数据用于对初始规划航迹的修正,算法流程如图8.6所示。

在预报数据的选取上,本章使用欧洲中期天气预报中心(European Centre for Medium-Range Weather Forecasts,ECMWF)的预报数据,其提供以GRIB和NetCDF两种格式存储的数值预报信息,预报范围覆盖全球,包含从1000mbar(标准海平面气压为1013.25mbar,1mbar=10^2Pa)至1mbar共37个非等高度分布的气压等值面,于UTC时间的每

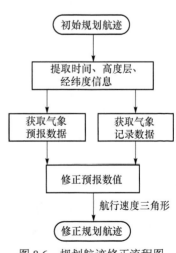

图8.6 规划航迹修正流程图

日 0 时、6 时、12 时、18 时进行预报。在每一气压高度层的经纬度格点处，预报 u、v 两个风分量：u 表示风在纬度方向上的分量，v 表示风在经度方向上的分量，则格点处风的大小和方向可由 u、v 的矢量和得出。预报数据定义在特定的经纬度格点处，NetCDF 格式数据的最高分辨率为 $0.125°\times0.125°$。

在 1000m 以下的空域中，NetCDF 数据共包含 1000mbar、975mbar、950mbar、925mbar、900mbar 五个气压等值面。在标准大气条件下，可根据大气压与海拔之间的关系

$$P = P_0\left(1-\frac{H}{44330}\right)^{5.5288} \tag{8-5}$$

求出对应的高度，依次为 110.82m、323.19m、540.03m、761.53m、987.94m。其中，H 表示海拔，m；P 是 H 高度的大气压，mbar；P_0 是标准海平面气压 1013.25mbar。

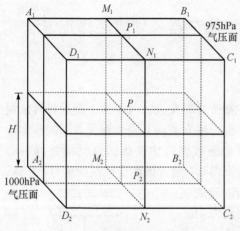

图 8.7 空间插值模型示意图

根据飞行计划，确定规划航迹所在区域，并确定该区域内交换站的坐标。由于交换站的位置分布具有随机性，其三维坐标（即经纬度与高度）与预报数据格点坐标一般不会重合，因而需要运用插值方法将预报数据插值到交换站记录数据所在的坐标位置处，为此，本章提出一种空间插值模型。

当选定一个交换站后，即可根据该站点的三维坐标确定与其相邻的 8 个格点数据，它们的位置可以在空间中构建出一个六面体，交换站处于六面体中的某一位置，如图 8.7 所示。

由 P 点（即交换站位置）的坐标已知，六面体顶点的坐标以及顶点处的 u、v 值可由 NetCDF 数据得到，则经过若干次两点线性插值计算即可得出 P 点的 u、v 值。例如，求 P 点的 v 值时，需先计算点 M_1 处的 v 值：

$$v(M_1) = v(A_1) + [v(B_1) - v(A_1)]\frac{x_{A_1} - x_{M_1}}{x_{A_1} - x_{B_1}} \tag{8-6}$$

其中，$v(A_1)$、$v(B_1)$ 分别为风在点 A_1、B_1 上沿经线方向的分量；x_{M_1}、x_{A_1}、x_{B_1} 分别为点 M_1、A_1、B_1 的经度。继续用插值方法计算出点 N_1、M_2、N_2 处的 v 值。点 P_1、P_2 与 P 的经纬度坐标相同，分别位于与 P 相邻的上下两个等压面上，则 $v(P_1)$、

$v(P_2)$ 可由点 M_1、N_1 与点 M_2、N_2 的插值计算分别得出,最后对点 P_1、P_2 进行插值,即可得到 P 点的风分量 v。同理,可求出 P 点的风分量 u。

得出插值点 P 的风分量 u 与 v 后,即可求出 P 点风的大小与方向:

$$V_P = \sqrt{u^2 + v^2} \tag{8-7}$$

$$\varphi_P = \begin{cases} \arctan\dfrac{u}{v}, & u > 0; v > 0 \\ 360 - \arctan\dfrac{-u}{v}, & u < 0; v > 0 \\ 180 + \arctan\dfrac{-u}{-v}, & u < 0; v < 0 \\ 180 - \arctan\dfrac{u}{-v}, & u > 0; v < 0 \end{cases} \tag{8-8}$$

其中,V_P、φ_P 分别为风速、风向;$u>0$ 表示西风,$u<0$ 表示东风,$v>0$ 表示南风,$v<0$ 表示北风。

8.2.2 基于 UKF 的气象数据融合

低空空气运动受地形扰动和地表摩擦作用大,气流混乱,使得低空风与高空自由大气层内的风呈现不同的特性,随机波动性强是低空风的特征,其观测数值也具有明显的非线性特点。UKF 具有很强的处理随机波动能力,因此适用于对风速、风向形成的非线性系统的估计。UKF 是一种结合无迹变换(unscented transformation)和卡尔曼滤波的算法[4],其需要采用样本点来求取后续时刻的预测值。UKF 的关键操作是使用无迹变换来近似非线性函数的概率密度分布。无迹变换是一种计算随机变量统计特性的方法,根据状态量的均值和方差,构造一组 σ 点集,对这个集合进行非线性变换、加权计算后,通过非线性状态方程获得更新后的滤波重,即获得下一时刻系统的预测值。

假设 x 是均值为 $\bar{x}$、方差为 P_x 的 L 维状态向量,根据 x 的统计量 $\bar{x}$ 和 P_x,选择 $2L+1$ 个加权样本点 $S_i = \{W_i, \chi_i\}(i=1,2,\cdots,2L+1)$ 来近似状态向量 x 的分布,W_i 为 χ_i 的权重,χ_i 称作 σ 点。构造 σ 点集:

$$\chi_i = \begin{cases} \bar{x}, & i = 0 \\ \bar{x} + \left(\sqrt{(L+\lambda)P_x}\right)_i, & i = 1, 2, \cdots, L \\ \bar{x} - \left(\sqrt{(L+\lambda)P_x}\right)_{i-L}, & i = L+1, 2, \cdots, 2L \end{cases} \tag{8-9}$$

其中,λ 为尺度参数,调整它可以提高逼近精度。用该组样本点 χ_i 可以近似表示状态向量 x 的正态分布。

对所构造的点集$\{\chi_i\}$进行$f(\cdot)$非线性变换,得到变换后的σ点集$Y_i=(\chi_i)$,$i=0,1,\cdots,2L$,变换后的σ点集$\{Y_i\}$可近似表示$y=f(x)$的分布。对变换后的σ点集$\{Y_i\}$进行加权处理,从而得到输出量y的均值和方差:

$$\overline{y} \approx \sum_{i=0}^{2L} W_i^{(m)} Y_i \tag{8-10}$$

$$P_y \approx \sum_{i=0}^{2L} W_i^{(c)} (Y_i - \overline{y})(Y_i - \overline{y})^{\mathrm{T}} \tag{8-11}$$

其中,$W_i^{(m)}$和$W_i^{(c)}$分别为计算y的均值和方差所用权重,计算公式为

$$W_0^{(m)} = \frac{\lambda}{L+\lambda} \tag{8-12}$$

$$W_0^{(c)} = \frac{\lambda}{L+\lambda} + 1 - \alpha^2 + \beta \tag{8-13}$$

$$W_i^{(m)} = W_i^{(c)} = \frac{1}{2(L+\lambda)}, \quad i=1,2,\cdots,2L \tag{8-14}$$

其中,$\lambda=\alpha^2(L+\kappa)-L$。

在均值和方差加权中需要确定α、β和κ三个参数,它们的意义及取值范围分别为:α确定$\overline{x}$周围σ点的分布,通常设为一个较小的正数($10^{-3} \leqslant \alpha < 1$),这里设置$\alpha=0.001$;$\beta$是状态分布参数,对于正态分布,$\beta=2$最优,若状态变量是单变量,则$\beta=0$最优;$\kappa$为第二个尺度参数,通常设置为0或$3-n$,$n$是状态向量的维数。适当调节$\alpha$、$\kappa$可以提高估计均值的精度,调节$\beta$可以提高方差的精度。

可将关于时间序列的风速和风向视为离散的非线性系统:

$$x_{k+1} = f(x_k) + w_k \tag{8-15}$$

$$y_k = h(x_k) + v_k \tag{8-16}$$

假设过程噪声w_k和测量噪声v_k是均值为零、协方差分别为Q_k、R_k的高斯白噪声,且互不相关,则UKF算法如下。

(1)初始化条件:

$$\hat{x}_0 = E[x_0] \tag{8-17}$$

$$P_0 = E[(x_0 - \hat{x}_0)(x_0 - \hat{x}_0)^{\mathrm{T}}] \tag{8-18}$$

(2)对于$k \in \{1,2,\cdots,\infty\}$,计算$\sigma$点:

$$\chi_{k-1}^a = \left[\hat{x}_{k-1}^a \, \hat{x}_{k-1}^a \pm \sqrt{(L+\lambda)P_{k-1}^a} \right] \tag{8-19}$$

(3)时间传播方程:

第 8 章　基于三维网格和气象预测的航空器低空航迹规划方法

$$\chi_{k|k-1}^{x} = F[\chi_{k-1}^{x}, \chi_{k-1}^{v}] \quad (8\text{-}20)$$

$$\hat{x}_{k}^{-} = \sum_{i=0}^{2L} W_{i}^{(m)} \chi_{i,k|k-1}^{x} \quad (8\text{-}21)$$

$$P_{k}^{-} = \sum_{i=0}^{2L} W_{i}^{(c)} [\chi_{i,k|k-1}^{x} - \hat{x}_{k}^{-}][\chi_{i,k|k-1}^{x} - \hat{x}_{k}^{-}]^{\mathrm{T}} \quad (8\text{-}22)$$

$$Y_{k|k-1} = H[\chi_{k|k-1}^{x}, \chi_{k-1}^{n}] \quad (8\text{-}23)$$

$$\hat{y}_{k}^{-} = \sum_{i=0}^{2L} W_{i}^{(m)} Y_{i,k|k-1} \quad (8\text{-}24)$$

（4）测量更新方程：

$$P_{\bar{y}_{k}\bar{y}_{k}} = \sum_{i=0}^{2L} W_{i}^{(c)} [Y_{i,k|k-1} - \hat{y}_{k}^{-}][Y_{i,k|k-1} - \hat{y}_{k}^{-}]^{\mathrm{T}} \quad (8\text{-}25)$$

$$P_{x_{k}y_{k}} = \sum_{i=0}^{2L} W_{i}^{(c)} [\chi_{i,k|k-1} - \hat{x}_{k}^{-}][Y_{i,k|k-1} - \hat{y}_{k}^{-}]^{\mathrm{T}} \quad (8\text{-}26)$$

$$K = P_{x_{k}y_{k}} P_{\bar{y}_{k}\bar{y}_{k}}^{-1} \quad (8\text{-}27)$$

$$\hat{x}_{k} = \hat{x}_{k}^{-} + K(y_{k} - \hat{y}_{k}^{-}) \quad (8\text{-}28)$$

$$P_{k} = P_{k}^{-} - K P_{\bar{y}_{k}\bar{y}_{k}} K^{\mathrm{T}} \quad (8\text{-}29)$$

在式（8-15）~式（8-29）中，各变量中的下标 k 表示风速或风向数据序列中离散的时间点，序号 i 表示向量的第 i 个分量。$\hat{x}_{k}$ 即为 UKF 算法在 k 时刻对系统状态的估计值，P_{k} 为 k 时刻系统状态方差的估计值。由 UKF 算法得出的预测值与数值天气预报存在的差异，为数值预报的系统误差，在原始预报值的基础上修正该误差后，得到更为精确的风速与风向。

8.2.3　基于速度矢量合成的航迹修正

在航线与风矢量确定的条件下，可以利用速度的矢量合成运算分析风对飞行的影响，求出航空器真空速与风速的合速度，即地速，由地速确定各航段的飞行时间和到达各个航路点的时刻。

1. 风对地速的影响

如图 8.8 所示，AB 为初始规划航迹，如果航空器在遇到侧风 V_{wind} 时维持航向角等于航线角，则会在侧风作用下偏离计划航线 AB。为使航空器沿计划航线飞行，即航迹角等于航线角，应当使航向偏向上风面，以此平衡由侧风造成的偏流。

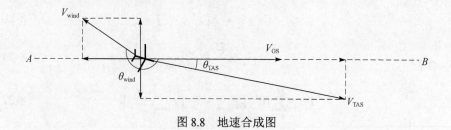

图 8.8 地速合成图

由航空器的真空速、风速、风向求其地速：

$$V_{GS} = V_{TAS} \cos\theta_{TAS} + V_{wind} \cos\theta_{wind} \quad (8\text{-}30)$$

式中，V_{GS} 表示地速；V_{TAS} 表示真空速；V_{wind} 表示风速；θ_{TAS} 表示航向与航迹的夹角；θ_{wind} 表示风向与航迹的夹角。另外，在航空器爬升、下降过程中，风对爬升、下降速率没有影响，但会使航空器在水平方向上的速度发生改变。因此，航空器爬升或下降至指定高度的时间不受影响，但到达位置会有偏差，图 8.9 中的 $A\text{-}B\text{-}C\text{-}D$、$A\text{-}B_1\text{-}C_1\text{-}D$、$A\text{-}B_2\text{-}C_2\text{-}D$ 分别为无风、逆风、顺风时的飞行剖面。

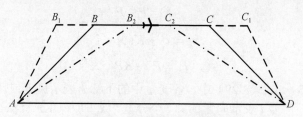

图 8.9 风影响的飞行剖面

2. 航路点到达时刻的计算

假设航路点 i、$i+1$ 的坐标已知，航空器于 T_i 时刻经过 i 点。根据前文所述方法，求得航路点 i、$i+1$ 的修正地速，分别记为 V_{GS}、V'_{GS}，则可由航路点 i、$i+1$ 处的修正地速得出该航段内的平均地速：

$$\overline{V}_{GS} = \frac{V_{GS} + V'_{GS}}{2} \quad (8\text{-}31)$$

由两航路点 i、$i+1$ 的坐标，求出航段距离 D，那么在有风的情况下，飞过该航段所用的时间 ΔT 为

$$\Delta T = \frac{D}{\overline{V}_{GS}} \quad (8\text{-}32)$$

则到达航路点 $i+1$ 的时间为 $T_i + \Delta T$。对原规划航迹上航路点的到达时间依次进行修正后，就得到低空风影响下的修正规划航迹。

8.2.4 案例仿真

本章以两架直升机执行不同飞行任务为例进行研究,直 8 执行物资运送任务,直 9 执行人员输送任务。假设在整个飞行过程中,直升机爬升至海拔 500m 后进入平飞阶段;平飞阶段以巡航速度进行匀速直线运动;爬升、着陆阶段进行平均速度等于 1/2 巡航速度的匀加速直线运动,且平均爬升率与平均下降率等于标准爬升率的 1/2。直 8、直 9 两种型号直升机的性能参数见表 8.7。

表 8.7 直升机性能参数表

航空器型号	巡航速度/(km/h)	爬升率/(m/s)	最大航程/km
直 8	230	6	830
直 9	250	4	1000

结合图 8.10 所示的飞行剖面,给出两架直升机的初始规划航迹,航路点的时间、空间参数在表 8.8 中列出。

图 8.10 飞行剖面示意图

表 8.8 初始规划航迹

参数	直 8	直 9
起飞位置（经度）	118.625°E	118.625°E
起飞位置（纬度）	31.5°N	31.775°N
起飞位置（高度）	8m	11m
起飞时刻	00:00:00	00:00:00
平飞开始位置（经度）	118.661°E	118.714°E
平飞开始位置（纬度）	31.536°N	31.769°N
平飞开始位置（高度）	500m	500m
平飞开始时刻	00:02:44	00:04:05
平飞结束位置（经度）	119.091°E	118.912°E
平飞结束位置（纬度）	31.966°N	31.756°N
平飞结束位置（高度）	500m	500m
平飞结束时刻	00:19:07	00:08:35
降落位置（经度）	119.125°E	119°E

续表

参数	直8	直9
降落位置（纬度）	32°N	31.75°N
降落位置（高度）	27m	19m
降落时刻	00:21:45	00:12:36

注：表中时间为UTC时间。

根据初始规划航迹的时空参数，选取飞行开始前48h内、覆盖范围118.625°E～119.125°E、31.5°N～32°N、气压高度为1000mbar、975mbar、950mbar的三个等压面的格点预报数据，并获取此区域内区站号为58238的国际交换站于同一天的气象记录数据及其空间坐标（118.862°E、31.742°N、14.9m）。由六面体插值模型求得预报数据在交换站坐标位置的风矢量，见表8.9。

表8.9 交换站风矢量预报值

时间序列	风速/(m/s)	风向/(°)
1	9.14	178.78
2	6.82	178.78
3	10.56	178.85
4	10.76	178.96
5	11.38	179.07
6	9.63	178.86
7	12.80	178.85
8	10.78	178.86

结合飞行开始前48h的交换站观测数据，用UKF方法对数值预报数据进行修正，分别得出风速、风向在对应时刻的数值，预测结果与卡尔曼滤波相比有明显改善，如图8.11所示。由预测值与预报值对比可以得出数值天气预报的系统误差，风速修正量$\Delta V = -1.74$m/s，预测风向修正量$\Delta \varphi = -63.30°$。

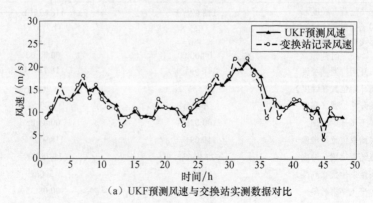

(a) UKF预测风速与交换站实测数据对比

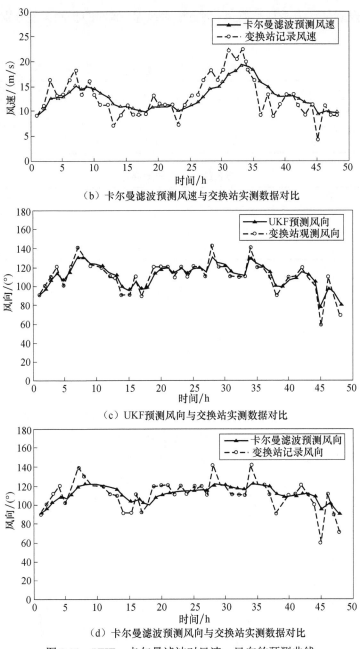

(b)卡尔曼滤波预测风速与交换站实测数据对比

(c)UKF预测风向与交换站实测数据对比

(d)卡尔曼滤波预测风向与交换站实测数据对比

图 8.11 UKF、卡尔曼滤波对风速、风向的预测曲线

用平均误差 e_M、平均绝对误差 e_{MA}、均方根误差 e_{RMSE} 三种指标对卡尔曼滤波预测和 UKF 预测的结果进行评价,其计算公式为式(8-33)～式(8-35)。式中,

f_i、o_i 分别表示估计值与观测值。两种方法对风速、风向的预测误差分别在表 8.10、表 8.11 中列出。

表 8.10　风速预测误差

评价指标	卡尔曼滤波	UKF
e_M/(m/s)	−0.08	−0.04
e_{MA}/(m/s)	1.84	0.84
e_{RMSE}/%	14.96	2.08

表 8.11　风向预测误差

评价指标	卡尔曼滤波	UKF
e_M/(°)	−0.24	−0.11
e_{MA}/(°)	5.68	3.12
e_{RMSE}/%	29.47	11.97

$$e_M = \frac{1}{k}\sum_{i=1}^{k}(f_i - o_i) \tag{8-33}$$

$$e_{MA} = \frac{1}{k}\sum_{i=1}^{k}|f_i - o_i| \tag{8-34}$$

$$e_{RMSE} = \sqrt{\frac{1}{k}\sum_{i=1}^{k}(f_i - o_i)^2} \tag{8-35}$$

图 8.12（a）、（b）分别为卡尔曼滤波与 UKF 对风速、风向预测的均方根误差曲线。从图中可以看出，与卡尔曼滤波预测结果相比，由 UKF 方法预测得到的风速、风向 e_{RMSE} 分别减少了 12.88% 与 17.50%，预测结果有显著提升。

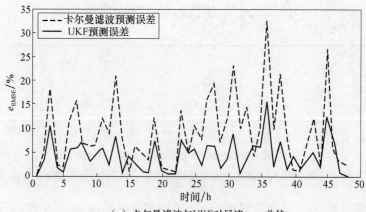

（a）卡尔曼滤波与UKF对风速e_{RMSE}曲线

第 8 章　基于三维网格和气象预测的航空器低空航迹规划方法 ·147·

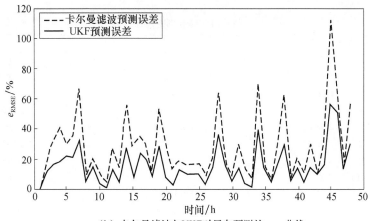

（b）卡尔曼滤波与UKF对风向预测的e_{RMSE}曲线

图 8.12　UKF、卡尔曼滤波预测 e_{RMSE} 曲线

用插值法求出直 8、直 9 所经航路点的预报风矢量后，消除其中的系统误差 ΔV、$\Delta \varphi$，即可得出各航路点处的修正风矢量。表 8.12、表 8.13 分别给出两架航空器在航路点处的修正风速、风向以及地速。

表 8.12　直 8 所经航路点参数

航路点	风速/(m/s)	风向/(°)	地速/(m/s)
1	8.48	228.89	0
2	6.83	252.93	57.06
3	8.46	251.68	58.69
4	9.13	233.38	0

表 8.13　直 9 所经航路点参数

航路点	风速/(m/s)	风向/(°)	地速/(m/s)
1	9.10	229.30	0
2	8.07	251.96	62.51
3	8.44	254.00	62.10
4	9.25	234.71	0

通过将航空器在各个航路点的地速代入式（8-31）和式（8-32），可得各航段上的飞行时间，从而得到风影响下航空器的过点时刻。对初始规划航迹的航路点位置、时刻信息进行更新，见表 8.14。对比初始规划航迹与修正航迹可发现，在逆风作用下，航空器经过爬升后，到达平飞高度的位置提前，结束平飞转入降落的位置延后，巡航距离、时间均增加。

表 8.14 修正规划航迹

参数	直 8	直 9
起飞位置（经度）	118.625°E	118.625°E
起飞位置（纬度）	31.5°N	31.775°N
起飞位置（高度）	8m	11m
起飞时刻	00:00:00	00:00:00
平飞开始位置（经度）	118.639°E	118.695°E
平飞开始位置（纬度）	31.479°N	31.770°N
平飞开始位置（高度）	500m	500m
平飞开始时刻	00:02:44	00:04:05
平飞结束位置（经度）	119.115°E	118.931°E
平飞结束位置（纬度）	31.961°N	31.755°N
平飞结束位置（高度）	500m	500m
平飞结束时刻	00:19:23	00:08:19
降落位置（经度）	119.125°E	119°E
降落位置（纬度）	32°N	31.75°N
降落位置（高度）	27m	19m
降落时刻	00:22:00	00:12:20

8.3 小　　结

本章提出了一种基于三维空域网格节点的低空飞行航迹预战术规划方法。该方法根据目视飞行安全间隔和航空器性能约束，先将空域进行网格划分，生成多个航迹节点，克服低空救援飞行空域无航路航线的固有缺陷。然后，基于三维空间网格节点，同时考虑天气、地形和航空器性能等多种约束，使用改进的 A^* 算法搜索单个航空器最优初始飞行计划航迹。在单个航空器最优计划航迹基础上，分别通过规划航空器的起飞时刻和改变航空器最优飞行航迹的方法来规划多航空器的无冲突最优飞行计划航迹。最后通过仿真结果，分析两种方法的优缺点，并给定了预战术规划多航空器无冲突最优飞行计划航迹的判定准则[5~11]。

同时，本章针对航空器在低空风环境中的航迹修正问题，建立气象预测修正模型，通过插值模型获取各航路点的矢量风数据，并以基于 UKF 的预测模型融合记录数据与预报数据，修正其系统误差，由矢量合成计算得出航空器地速，将其应用到航迹规划中，从而在时间与空间两个方面提高了规划航迹的精确度。最后，通过算例分析对模型进行了对比验证。

参 考 文 献

[1] 中华人民共和国国务院. 中华人民共和国飞行间隔规定[Z]. 2007-10-18.

[2] 赵明元, 周军. 基于 A*算法的四维实时航迹规划算法[J]. 火力与指挥控制, 2008, 33(8): 98-101.

[3] 赵文婷, 彭俊毅. 基于 VORONOI 图的无人机航迹规划[J]. 系统仿真学报, 2008, (z2): 159-162.

[4] Kandepu R, Foss B, Imsland L. Applying the unscented Kalman filter for nonlinear state estimation [J]. Journal of Process Control, 2008, 18(7): 753-768.

[5] 王硕, 张明. 基于气象预测模型的低空规划航迹修正方法[C]//第一届中国空天安全会议, 烟台, 2015.

[6] 王磊, 张明, 王硕. 基于三维空域网格的低空飞行航迹战略规划方法[J]. 航空计算技术, 2014, (3): 42-46.

[7] 张明, 周毅, 王磊, 等. 低空救援空中交通调度指挥系统及其调度指挥方法: 中国, 201410361394.3[P]. 2014.

[8] 张明, 王磊, 王硕, 等. 一种基于三维空域网格的低空救援航空器航迹规划方法: 中国, 201510250318.X[P]. 2015.

[9] Zhang M, Wang S, Yu H. A method of rescue flight path plan correction based on the fusion of predicted low-altitude wind data[J]. Promet - Traffic & Trasportation, 2016, 28(5):479-485.

[10] 张明, 王硕, 喻慧. 基于低空风预测模型的救援航迹修正规划方法[J]. 西南交通大学学报, 2016, 12(6): 1258-1264.

[11] Zhang M, Wang L, Yu H, et al. Route planning method of low-altitude rescue flight in 3d airspace grid[J]. Journal of Computational and Theoretical Nanoscience, 2016, 13(2): 1517-1525.

第 9 章　基于混合估计和意图推理的飞行航迹推测技术

在低空救援安全飞行中，对航空器冲突的探测是规避冲突风险的重要依据，而精确的航迹推测又是冲突探测的前提。航迹推测就是对正在飞行的航空器未来短期之内的运动轨迹进行科学性推测。理论上，在推测航空器的飞行航迹时，可以不受推测时间的限制，但是随着推测时间的变大，航迹推测的偏差会成倍增加。特别是在没有明确的航路、航线约束、导航台引导和空管二次雷达监视的环境下，参与低空救援飞行的航空器，主要依靠飞行员取地标参照物或通过 GPS 定位点来进行点到点的目视飞行。在这种情形下会给航迹推测带来很大困难，同时也会给低空应急救援飞行带来更多不安全的因素。因此，在遵循飞行计划航迹的基础上，如何能将精确的航迹推测算法应用到低空应急救援飞行航迹规划当中，对保障低空飞行的安全就显得尤为重要。

目前，在民用航空领域，国内外对于 IMM 算法的研究大多集中在二维平面，对于在垂直方向很少机动的目标，如民航客机，通常假设其高度变化的速率为零或只受随机噪声干扰，将二维模型或者跟踪算法推广到三维情况可以满足跟踪精度的要求。但在低空救援过程中，用于执行现场侦查、伤员转移、物资投放等任务的通用航空器，大多为小型固定翼航空器或直升机，其机动性高于民航客机，尤其是在垂直方向上的高度变化较为灵活，此时通过二维模型和算法的扩展往往达不到跟踪精度的要求，因此对三维空间机动目标跟踪算法的研究具有重要意义。由于在没有意图信息的情况下，IMM 推测结果的可靠性仅在较短的时间间隔内可以保证，并且随着时间的延长，其推测误差会迅速增大，而在推测过程中引入航空器的真实意图可以极大地改善航迹推测的效果。因此，从水平和垂直两方面准确判断航空器的飞行意图十分必要。

本章在第 8 章提出的航迹规划算法基础上，将航空器飞行状态信息与飞行意图信息相结合，采用 SIBTP 算法，用于确保实际的救援过程中的飞行安全。

9.1　混合估计算法

低空救援飞行的目标跟踪推测技术是利用 ADS-B 获取飞行目标的测量值，对目标的飞行状态（位置、速度和加速度等）和飞行模式进行估计的方法，其最终目的就是推测航空器未来时间的飞行轨迹。航空器的飞行过程可以看成多种飞行模式的离散集合,主要有匀速直线平飞、协调转弯、等速爬升或者下降等飞行模式的组合。由于整个飞行过程的多样性,单一模型并不能够准确地描述其飞行状态,因此就需要使用多模型估计算法。多模型算法的基本思想是:将整个飞行过程构建为多个飞行模式的集合,基于单个飞行模式的卡尔曼滤波器并行工作,飞行状态估计是各个飞行模式滤波器的基于贝叶斯定理的数据融合。在多模型算法中,Blom 等提出了一种具有马尔可夫切换系数的 IMM 算法[1],其中有多种模型并行工作,目标状态估计是多个滤波器交互作用的结果,与其他的多模型算法相比,IMM 算法的适应能力更强,在估计精度相当的情况下,IMM 算法的计算量更小。因此,IMM 算法得到广泛应用。

9.1.1 航空器运动模型

根据航空器的运动特点,将整个飞行过程具体分为五个阶段:起飞、爬升、巡航、下降和进场着陆,如图 9.1 所示。

图 9.1 飞行剖面图

在欧氏空间中考虑航空器的运动,航空器在三维空间中的坐标表示为 (x,y,z),x、y、z 分别表示经度、纬度、高度,正方向分别为正东方向、正北方向、垂直地面向上。航空器的状态向量可用

$$\xi = [x\ \dot{x}\ y\ \dot{y}\ z\ \dot{z}]^{\mathrm{T}} \tag{9-1}$$

来表示。其中,(x,y,z) 表示航空器的位置;$(\dot{x},\dot{y},\dot{z})$ 表示航空器的速度。在本章模型中,假定航空器在 $x\text{-}y$ 平面(即水平面)内的运动与航空器与在垂直面内的运动是相互独立的。因此,可以将航空器的运动模式在 $x\text{-}y$ 平面和垂直平面内分别考虑。根据航空器在飞行过程中空间位置、速度和航向的不断变化,将飞行模式分为五种。

(1)匀速(CV)模式:航空器以恒定的速度、航向角运动。此模式适用于大部分情况下的飞行。

(2) 匀加速/减速（CA）模式：航空器在航向角、高度不变的情况下匀加速或匀减速运动。此模式通常适用于起飞、降落阶段，或用于冲突避险的情况。

(3) 协调转弯（CT）模式：航空器在水平面内进行匀速圆周运动或部分匀速圆周运动。

(4) 同高度（CH）模式：航空器保持高度不变或极小的高度变化飞行。

(5) 匀速下降/爬升（CD）模式：航空器以恒定的高度变化率下降、爬升。此模式常用于着陆与起飞阶段。

根据每种运动模式的定义可知，CV、CA、CT 模式属于 x-y 平面内的运动模式，CH、CD 属于垂直面内的运动模式，则一架航空器在任意时刻的运动模式可以由两个平面内的模式组合进行表示。例如，航空器在固定高度匀速运动，则其模式为（CV，CH），但本章不考虑边转弯边爬升或下降的运动模式，即（CT，CD）模式。

对于每一种飞行模式，航空器运动方程都可以用一个时间离散的线性系统表示：

$$\begin{aligned}\xi(k+1) &= A_j\xi(k) + B_jw_j(k) \\ \zeta(k) &= C\xi(k) + v(k)\end{aligned} \quad (9\text{-}2)$$

其中，$j \in \{CV,CT,CA,CH,CD\}$ 表示飞行模式；$\xi(k)$ 是通过 ADS-B 接收到的目标航空器在 k 时刻的空间位置和速度信息；A_j 为状态转移矩阵；B_j 为噪声转移矩阵；$w_j(k)$ 表示飞行模式 j 的过程噪声，其服从 $E[w_j(k)] = 0$、$E[w_j(k)w_j(k)^\mathrm{T}] = Q_j$ 的正态分布；C 为观测矩阵；$v(k)$ 表示与飞行模式不相关的测量噪声矩阵，其服从 $E[v(k)] = 0$、$E[v(k)v(k)^\mathrm{T}] = R$ 的正态分布。

对于 CV 模式，可将航空器的速度波动视为高斯白噪声。设航空器状态变量 $\xi_1 = [x \ \dot{x} \ y \ \dot{y}]^\mathrm{T}$，系统采样时间间隔为 T，航空器运动可描述为

$$\xi_1(k+1) = A_{CV}\xi_1(k) + B_{CV}w_1(k) \quad (9\text{-}3)$$

$$A_{CV} = \begin{bmatrix} 1 & T & 0 & 0 \\ 0 & 1 & 0 & 0 \\ 0 & 0 & 1 & T \\ 0 & 0 & 0 & 1 \end{bmatrix}, \quad B_{CV} = \begin{bmatrix} T^2/2 & 0 \\ T & 0 \\ 0 & T^2/2 \\ 0 & T \end{bmatrix} \quad (9\text{-}4)$$

其中，$w_1(k) = [w_{\xi_{CV}} \ w_{\eta_{CV}}]^\mathrm{T}$ 是均值为零的高斯白噪声，其协方差为

$$Q_{CV} = \begin{bmatrix} E[w_{\xi_{CV}}^2] & 0 \\ 0 & E[w_{\eta_{CV}}^2] \end{bmatrix}(\mathrm{m/s^2})^2 \quad (9\text{-}5)$$

对于 CA 模式，其状态转移矩阵由 Wiener 序列加速模型得到。航空器飞行速度改变但航向角不变，因此，将 CA 模式中平行于航向的噪声协方差定义为较大值，垂直于航向的噪声协方差定义为较小值。其运动状态变量扩展为 $\xi_1 = [x \ \dot{x} \ \ddot{x} \ y \ \dot{y} \ \ddot{y}]^\mathrm{T}$，$\ddot{x}$、$\ddot{y}$ 分别为 x、y 方向的加速度。CA 模式下的运动可以描述为

第 9 章 基于混合估计和意图推理的飞行航迹推测技术

$$\xi_1(k+1) = A_{CA}\xi_1(k) + B_{CA}w_1(k) \quad (9\text{-}6)$$

$$A_{CA} = \begin{bmatrix} 1 & T & T^2/2 & 0 & 0 & 0 \\ 0 & 1 & T & 0 & 0 & 0 \\ 0 & 0 & 1 & 0 & 0 & 0 \\ 0 & 0 & 0 & 1 & T & T^2/2 \\ 0 & 0 & 0 & 0 & 1 & T \\ 0 & 0 & 0 & 0 & 0 & 1 \end{bmatrix}, \quad B_{CA} = \begin{bmatrix} T^2/2 & 0 \\ T & 0 \\ 1 & 0 \\ 0 & T^2/2 \\ 0 & T \\ 0 & 1 \end{bmatrix} \quad (9\text{-}7)$$

其中，$w_1(k) = [w_{\xi_{CA}} \ w_{\eta_{CA}}]^T$ 为均值为零的高斯白噪声，其方差为

$$Q_{CA} = \begin{bmatrix} E[w_{\xi_{CA}}^2] & 0 \\ 0 & E[w_{\eta_{CA}}^2] \end{bmatrix} (\text{m/s}^2)^2 \quad (9\text{-}8)$$

对于 CT 模式，其状态转移矩阵由 Wiener 序列加速模型得到，航空器的运动可描述为

$$\xi_1(k+1) = A_{CT}\xi_1(k) + B_{CT}w_1(k) \quad (9\text{-}9)$$

$$A_{CT} = \begin{bmatrix} 1 & \dfrac{\sin(\omega T)}{\omega} & 0 & \dfrac{\cos(\omega T)-1}{\omega} \\ 0 & \cos(\omega T) & 0 & -\sin(\omega T) \\ 0 & \dfrac{1-\cos(\omega T)}{\omega} & 1 & \dfrac{\sin(\omega T)}{\omega} \\ 0 & \sin(\omega T) & 0 & \cos(\omega T) \end{bmatrix}, \quad B_{CT} = \begin{bmatrix} T^2/2 & 0 \\ T & 0 \\ 0 & T^2/2 \\ 0 & T \end{bmatrix} \quad (9\text{-}10)$$

其中，$w_1(k) = [w_{\xi_{CT}} \ w_{\eta_{CT}}]^T$ 为均值为零的高斯白噪声，其方差为

$$Q_{CT} = \begin{bmatrix} E[w_{\xi_{CT}}^2] & 0 \\ 0 & E[w_{\eta_{CT}}^2] \end{bmatrix} (\text{m/s}^2)^2 \quad (9\text{-}11)$$

在 CH 模式中，航空器的飞行高度保持不变，其状态变量定义为 $\xi_h = [z \ \dot{z}]^T$。航空器的运动可描述为

$$\xi_h(k+1) = \begin{bmatrix} 1 & 0 \\ 0 & 0 \end{bmatrix} \xi_h(k) + \begin{bmatrix} T \\ 0 \end{bmatrix} w_{CH}(k) \quad (9\text{-}12)$$

其中，$w_{CH}(k)$ 是均值为零的高斯白噪声，其方差为

$$Q_{CH} = E[w_{CH}^2](\text{m/s})^2 \quad (9\text{-}13)$$

在 CD 模式中，将飞机的高度变化率视为恒定值，其状态变量定义为 $\xi_h = [z\ \dot{z}]^T$。航空器的运动可描述为

$$\xi_h(k+1) = \begin{bmatrix} 1 & T \\ 0 & 1 \end{bmatrix} \xi_h(k) + \begin{bmatrix} T \\ 1 \end{bmatrix} w_{CD}(k) \tag{9-14}$$

其中，$w_{CD}(k)$ 是均值为零的高斯白噪声，其方差为

$$Q_{CD} = E\left[w_{CD}^2\right] (m/s)^2 \tag{9-15}$$

由于获取自 ADS-B 的信息中包含了航空器的位置和速度观测值，因此，式（9-2）中的位置测量模型可以表示为

$$\zeta(k) = \begin{bmatrix} 1 & 0 & 0 & 0 & 0 & 0 \\ 0 & 0 & 1 & 0 & 0 & 0 \\ 0 & 0 & 0 & 0 & 1 & 0 \end{bmatrix} \xi(k) + \begin{bmatrix} v_x(k) \\ v_y(k) \\ v_z(k) \end{bmatrix} \tag{9-16}$$

其中，$v_x(k)$、$v_y(k)$、$v_z(k)$ 分别是 x、y、z 方向上的观测噪声。观测噪声方差矩阵可由 ADS-B 系统性能参数[2]获得。该矩阵为

$$R = \begin{bmatrix} E\left[v_x^2\right] & 0 & 0 \\ 0 & E\left[v_y^2\right] & 0 \\ 0 & 0 & E\left[v_z^2\right] \end{bmatrix} (m^2) \tag{9-17}$$

设 $m(k)$ 表示航空器在 k 时刻的飞行模式。通过一个确定的已知模式转换概率的马尔可夫链[3]，将模式动力学方程模型化为

$$\pi_{ij} = P\{m(k+1) = i | m(k) = j\} \tag{9-18}$$

其中，π_{ij} 表示由 k 时刻的运动模式 j 变为 $k+1$ 时刻的运动模式 i 的概率。使用描述航空器运动模式的马尔可夫链对飞行员未知的输入进行建模。水平面上的马尔可夫转移矩阵 Π_l 和垂直方向的马尔可夫转移矩阵 Π_h 分别表示为

$$\Pi_l = \begin{bmatrix} 0.95 & 0.025 & 0.025 \\ 0.025 & 0.95 & 0.025 \\ 0.025 & 0.025 & 0.95 \end{bmatrix} \tag{9-19}$$

$$\Pi_h = \begin{bmatrix} 0.95 & 0.05 \\ 0.05 & 0.95 \end{bmatrix} \tag{9-20}$$

矩阵 Π_l、Π_h 的值来自于文献[4]。对于矩阵 Π_l，第一行表示从模式 $j \in$ {CV,CA,CT} 转换为模式 i=CV 的概率，第二行表示从模式 $j \in$ {CV,CA,CT} 转换为

模式 i=CA 的概率,第三行表示从模式 $j\in$ {CV,CA,CT} 转换为模式 i=CT 的概率。对于矩阵 Π_h,第一行表示从模式 $j\in$ {CH,CD} 转变为模式 i=CH 的概率,第二行表示从模式 $j\in$ {CH,CD} 转变为模式 i=CD 的概率。矩阵 Π_l 和 Π_h 对角线上的元素表示从 k 时刻到 $k+1$ 时刻,航空器保持相同飞行模式的概率。

9.1.2 IMM 算法

IMM 算法包含了多种并行的工作模式,在广义伪贝叶斯算法的基础上,以卡尔曼滤波为起点,在多个滤波器的共同作用下,对目标的运动状态进行估计。IMM 算法的每一个周期包含四个阶段:输入交互、卡尔曼滤波、模式概率更新、混合输出。

IMM 输出的状态估计 $\hat{\xi}(k+1)$、协方差 $P(k+1)$ 和模式估计 $\hat{m}(k+1)$ 分别为[5]

$$\hat{\xi}(k+1) = \sum_j \hat{\xi}_j(k+1)\mu_j(k+1) \quad (9\text{-}21)$$

$$P(k+1) = \sum_j \left\{ P_j(k+1) + \left[\hat{\xi}_j(k+1) - \hat{\xi}(k+1)\right]\left[\hat{\xi}_j(k+1) - \hat{\xi}(k+1)\right]^\mathrm{T} \right\} \mu_j(k+1) \quad (9\text{-}22)$$

$$\hat{m}(k+1) = \arg\max_j \mu_j(k+1) \quad (9\text{-}23)$$

其中,$\hat{\xi}_j(k+1)$ 和 $P_j(k+1)$ 是 $k+1$ 时刻的状态估计和它的协方差。通过卡尔曼滤波计算得到匹配模式 j 的值。$\mu_j(k+1)$ 是在 $k+1$ 时刻,模式 j 为当前正确模式的概率。因此,状态估计就是一个匹配模式的状态估计的权重和,并且模式估计 $\hat{m}(k+1)$ 就是具有最大模式概率的模式。

9.2 意图推理算法

虽然装备有 ADS-B 的航空器能够广播其意图,但当 ADS-B 不可用(如通信链路阻塞或受到干扰)或航空器的运行与其广播意图不相符时,就需要利用 IIA 推测航空器的真实意图。在第 8 章中,通过考虑风对航空器地速的影响,对航空器的规划航迹进行了修正。假设在正常情况下,航空器严格按照规划航迹飞行,则规划航迹包括的航路点或航迹改变点即为航空器的意图航迹点。

9.2.1 CV、CA 模式下的意图推理

为了反映一个意图模型能够代表飞机实际飞行意图的程度,引入意图模型相关性(intent model likelihood,IML)[6]的概念,它是基于航空器当前的飞行模式得到的意图模型度量值。

以图 9.2 为例，在水平维度上，当航空器处于 CV 或 CA 模式时，航向保持不变，通过将意图模型的航向角（初始意图模型与正北方向的夹角）与航空器当前的航向角 Ψ_{ac} 进行比较来计算 IML 的值。假设存在两个意图模型 TCP_1 和 TCP_2，其对应的航向角分别表示为 Ψ_{TCP_1}、Ψ_{TCP_2}，这两个角度可由航空器当前航向对应的单位向量 e_Ψ 和意图模型 TCP_1、TCP_2 对应的单位向量 e_{TCP_1}、e_{TCP_1} 计算得到。由机载 ADS-B 可获得航空器在时刻 k 的航向角 $\Psi_{ac}(k)$。

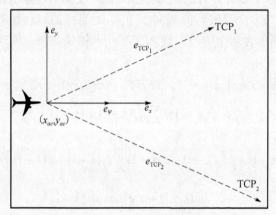

图 9.2　与 TCP_1 和 TCP_2 相关的意图航迹点和单位向量

定义意图模型 I_j 的单位向量为

$$e_{I_j}(k) = \frac{x_{w_p} - x_{ac}}{R_{w_p}} e_x + \frac{y_{w_p} - y_{ac}}{R_{w_p}} e_y \tag{9-24}$$

式中，e_x、e_y 分别表示正东、正北方向上的单位向量；点 (x_{w_p}, y_{w_p}) 和点 (x_{ac}, y_{ac}) 分别表示意图点 $w_p(I_j)$ 和航空器的经纬度坐标；R_{w_p} 表示意图点 $w_p(I_j)$ 与航空器当前位置之间的距离。在时刻 k，意图模型 I_j 的航向角计算为

$$\Psi_{I_j}(k) = \arccos\left[e_{I_j}(k) \cdot e_y\right] \tag{9-25}$$

意图模型相关性是 $\Psi_{ac}(k)$ 和 $\Psi_I(k)$ 之间的一个差异函数，当差异值为 0，即航空器的航向恰好指向意图航路点 w_I 时，获得最大的意图相关性。IML 的值服从均值为 0、方差为 σ^2 的正态分布，如图 9.3 所示。对于给定的任意 $\Psi_I(k)$ 值，可以计算出其意图相关性。在水平维度上，意图模型 I_j 在 k 时刻的意图模型相关性可以定义为

$$\lambda_{I_j}(k) = N[\Psi_{I_j}(k) - \Psi_{ac}(k); 0, \sigma^2], \quad \forall I_j \in M_h \tag{9-26}$$

其中，M_h 为意图模型的集合；σ^2 是一个设计参数。此处设定 σ 的值为 5°，设定该

值是为了确保意图模型航向角与航空器真实航向角的差异在±15°范围内时才具有显著的 IML。此外，15°恰好对应正态分布的 3σ 边界，99%具有显著相关性的航向角都包含在内。

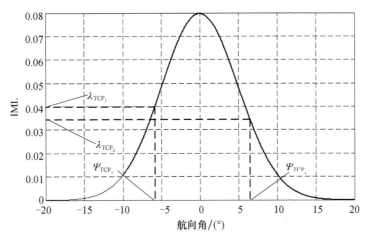

图 9.3　图 9.2 中两个意图模型航迹点的 IML[6]

由于式（9-26）定义的意图模型相关性是航空器的瞬时状态与意图模型单位向量的比较，因此 IML 有可能会受到观测噪声的影响。在水平维度上，如果航空器运行于 CV 或 CA 模式，则其飞行意图是确定的，但观测噪声可能会导致 IML 推理出虚假的意图。如图 9.4 所示，航空器在当前时刻 k 的飞行模式为 CV，航向指向 TCP_2。在进入 CT 模式前，航向指向 TCP_1，因此，到达 TCP_1 的 IML 高于

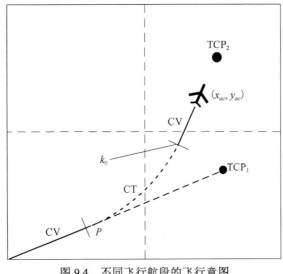

图 9.4　不同飞行航段的飞行意图

到达 TCP_2 的 IML。虽然到达 TCP_2 的 IML 会随着时间的延长逐渐超过到达 TCP_1 的 IML，但此过程显然会使意图推理产生延迟。为克服这一缺陷，本章依据航空器在不同运动状态下的运行时间，将整个飞行过程划分为若干时间段，用 k_0 表示当前飞行模式航段的起始时间。

对于 CV、CA 模式，通过计算一个平均时间可能性来削弱观测噪声的影响，则意图模型 I_j 在 k 时刻的总体可能性 Λ_{I_j} 为

$$\Lambda_{I_j}(k) = \frac{1}{G_k} \sum_{n=k_0}^{k} f^{k-n} \lambda_{I_j}(n) \tag{9-27}$$

其中，$G_k = \sum_{n=k_0}^{k} f^{k-n}$；$G_{k_0} = 1$；$f$ 是衰减记忆因子（$0 < f < 1$，$f = 1$ 表示无衰减），其作用是使过去数据点的权重呈指数形式减少；k_0 是当前飞行模式的开始时间；$\lambda_{I_j}(k)$ 由式（9-18）定义。

9.2.2 CT 模式下的意图推理

在图 9.4 中，航空器开始 CT 飞行航段时，实际的飞行意图点为 TCP_2 而非 TCP_1。但是，在开始 CT 模式飞行时，航空器的航向却指向 TCP_1。因此，当航空器处于 CT 模式飞行时，通过式（9-27）计算得到的平均时间意图相关性并不能够准确推理出航空器当前的实际飞行意图。从点 P 开始，到达 TCP_2 的平均时间的 IML 将会逐渐增加，而到达 TCP_1 的平均时间 IML 将会逐渐减小。因此，当航空器于 CT 模式航段运行时，应使用 IML 的变化率来判断航空器的实际飞行意图。

在水平维度上，由 IMM 算法可以得到航空器当前的飞行模式。若当前飞行模式为 CT，则最大的 IML 不再表示航空器的实际飞行意图，即当 $\hat{m}(k) \neq \hat{m}(k-1)$ 且 $\hat{m}(k) = \text{CT}$ 时，那么就在 k 时刻发生一个模式转换，此时航空器处于机动飞行模式。为了快速推理出 CT 模式下的飞行意图，本章将 IML 变化率定义为

$$\delta \lambda_{I_j}(k) = \lambda_{I_j}(k) - \lambda_{I_j}(k-1), \quad \forall I \in M_h \tag{9-28}$$

该公式表示 CT 模式下，意图模型 I_j 的前后两个相邻时刻的 IML 变化率的一个度量。其中变化最明显的意图模型为航空器实际的飞行意图。如果对于所有的意图模型，IML 变化率是都是负值或者是零，那么该航空器飞行意图不变。

9.2.3 CH、CD 模式下的意图推理

在垂直维度上，航空器的飞行意图可通过垂直意图匹配函数 $H_I(k)$ 确定。当航空器的爬升率 v_h 等于 0 时，航空器处于 CH 模式，则实际的飞行意图点

可根据水平模式下意图推理算法得出；当 v_h 不为 0 时，针对飞行计划中的每个 TCP_i，根据航空器地速以及水平维度的运行模式（CV、CA），计算出到达 TCP_i 的时间 T_i，进而可以得出与意图 TCP_i 相匹配的爬升率 v_{hi}，计算公式为

$$v_{hi} = \frac{H_i - H}{D_i / v_l} \tag{9-29}$$

其中，H_i、H 分别表示 TCP_i 和航空器的高度；D_i 表示航空器与 TCP_i 的水平距离；v_l 表示航空器地速。如图 9.5 所示，若 $v_{hi}>0$，表示意图模型 TCP_i 的高度大于航空器当前高度；反之，TCP_i 低于航空器的当前高度。将爬升率 v_h 与所有 v_{hi} 进行数值匹配，与 v_h 相等的 v_{hi} 对应的 TCP_i 确定为实际的飞行意图点，如有两个及以上 v_{hi} 值相同，则可根据航空器在水平维度的航向角进一步判断。

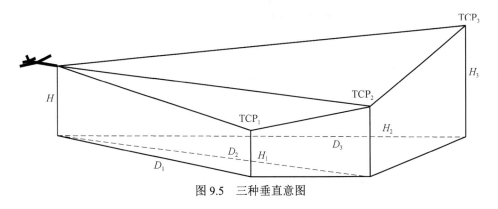

图 9.5 三种垂直意图

垂直意图匹配函数 $H_I(k)$ 可表示为

$$H_I(k) = \begin{cases} CD, & v_h = 0 \\ TCP_i, & v_h \neq 0 \text{ 且 } v_h = v_{hi} \end{cases} \tag{9-30}$$

9.2.4 意图推理算法流程

IIA 的具体步骤如下：

（1）通过 ADS-B 获取目标航空器的空间位置、地速、航向角、飞行计划包含的所有 TCP 信息以及当前时刻飞行模式。

（2）如果飞行模式为（CT，CH），则根据 CT 模式的 IML 确定意图 TCP；否则，转第（3）步。

（3）根据 CV、CA 模式的 IML 确定意图航向。

（4）调用垂直意图匹配函数 $H_I(k)$。

（5）确定意图 TCP。

IIA 流程图如图 9.6 所示。

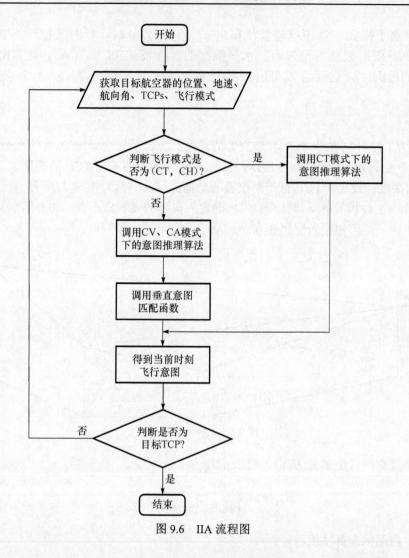

图 9.6　IIA 流程图

9.3　基于飞行状态和飞行意图的航迹推测算法

本章的航迹推测是在第 8 章规划航迹的基础上进行的，航空器的规划航迹作为计划飞行的航线，由若干个航路点及连接它们的航段构成。航路点是由航空器预计到达该点的时间和该点的经度、纬度、高度组成的时空信息集合，飞行计划中的航段为连接相邻航路点的直线航线。

在一般情况下，航空器会严格按照规划航迹飞行，沿各航段依次经过各个航路点，因此，所有航路点可看成飞行意图的集合。但在实际飞行过程中，航空器的飞行路径不会与规划航迹完全重合。例如，从空间角度看，航空器在通过转弯点时需以圆弧路径飞越,或在遇到大的降水云团时需要进行绕飞等,此类情况都将导致航空器的实际飞行轨迹与规划航迹产生偏差;从时间角度看,当航空器受到风的影响时,地速会发生变化,航空器到达各个航路点的时间也会相应地产生变化。综上所述,航空器在遵照规划航迹飞行时,其战术航迹在各种因素的作用下存在较大的灵活性。

在本章的研究背景下,对一架目标航空器进行航迹推测的目的是避免其与己方航空器发生冲突甚至碰撞。由于关注的是短时间内的推测结果,将目标航空器当前的空间位置、地速、航向以及运动模式考虑在内显得尤为重要,在此基础上,结合其意图航路点,就可以对目标航空器短期内的飞行轨迹进行精确推测,如图9.7所示。

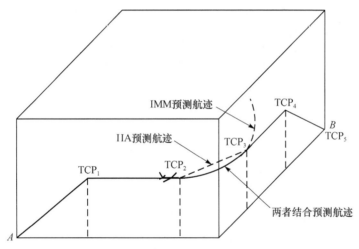

图 9.7 基于飞行状态与飞行意图的航迹推测示意图

图 9.7 中的航空器按照 CT 模式由 TCP_2 飞向 TCP_3。可以看出,如果仅依据意图信息进行航迹推测,在短期内就会导致航迹推测精度下降,原因是忽略了航空器当前的运动模式;如果仅使用航空器当前的估计状态和运动模式进行航迹推测,当超过一定的时间范围时,推测就会出现偏差,原因是没有考虑航空器的飞行意图信息,该意图信息可以指示航空器短期内的飞行目标。

基于上述两种推测方法的优点,本章将飞行状态与飞行意图结合,建立了基于飞行状态和飞行意图的 SIBTP 算法。SIBTP 算法是由航空器多个飞行模式表示的一个混合模型,由多个飞行航迹段组成,包括直线航迹段和弧形航迹段。混合估计算法通过将航空器状态信息与混合模型中的飞行模式进行匹配后,给出航空器当前时间的飞行模式估计。估计的飞行模式再结合低空救援飞行环境和救援飞行计划中的若干 TCP 点,实现对航空器实际飞行意图的识别。因为状态和模式估计描述的是航空器当前的运动以及未来一段时间内的运动趋势,而推理的意图表示航空器当前的飞行目标,所以 SIBTP 算法对航空器航迹的推测更符合实际飞行过程。算法主要包括三个部分:

(1) 状态参数计算,由 ADS-B 获取的速度、位置、航向等数据结合 IMM 算法计算出航空器当前的飞行状态和飞行模式。

(2) 飞行意图推理,将计算得到的航空器的飞行状态和飞行模式参数,结合飞行计划信息判断航空器的意图点。

(3) 实时航迹推测,根据状态参数计算与飞行意图推理的结果推测航空器的实时航迹。

SIBTP 算法的具体结构如图 9.8 所示。

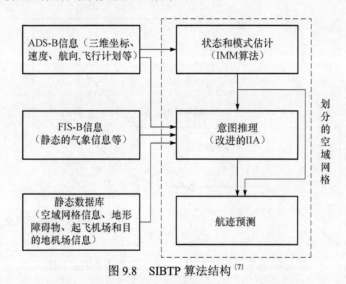

图 9.8　SIBTP 算法结构[7]

在图 9.8 中,ADS-B 可提供目标航空器的飞行状态数据,航空器之间还可以利用 ADS-B 交换各自的飞行计划信息。FIS-B 可以提供动态的气象信息,如飞行区域中的风矢量。静态数据库提供区域内可通行以及起止点的地理信息。

由图 9.8 可以得到 SIBTP 算法的输入具体包括如下方面:

(1) ADS-B 数据(飞行状态和飞行计划)。

(2) FIS-B 数据(低空风等气象信息)。

(3) 静态数据库(地形及起飞地和目的地信息)。

(4) 通过混合估计计算得到的模式估计。

(5) 通过意图推理算法推理出的意图。

由 SIBTP 算法预测得到的航迹包括两个航段:第一航段是利用飞行状态和模式估计进行的航迹预测,到预测至一个飞行时间 S_l 对应的航迹点位置(图 9.7 中的 TCP$_3$ 位置）为止；第二航段是 TCP$_3$ 到意图推理的目标航迹节点 $w_{\hat{I}}$ 的直线航迹段，对应的时间提前量 $l \geqslant S_l$。意图区域包含的位置点就是航空器可能保持当前航向或者做一定的航向角度为 ϑ 的改变所能经过的位置点。在 SIBTP 算法中，设定 $\vartheta = 45°$。意图区域以外的区域可以划分为航空器的左边和右边区域。与航空器相关的航迹点位置包括以下三种：

（1）当前航空器以（CV，CH）、（CA，CH）模式飞行，并且 $w_p(\hat{I}(k))$ 位于与航空器同一水平面的航向延长线上。

（2）当前航空器以（CT，CH）模式飞行，并且 $w_p(\hat{I}(k))$ 位于与航空器同一水平面的航向前方的一侧。

（3）当前航空器以（CV，CD）、（CA，CD）模式飞行，并且 $w_p(\hat{I}(k))$ 位于与航空器同一航向的不同高度上。

对于图 9.9 所示的情形（1），$w_p(\hat{I}(k))$ 位于航空器航向的延长线上，此时可以将 S_l 一直延伸到 $w_p(\hat{I}(k))$ 点。因为航空器当前的估计模式 $\hat{m}(k) = $（CV，CH）或（CA，CH），所以航空器的航向保持不变，这表示飞行员不会改变当前的飞行意图。因此，可以使用 IMM 算法来预测航迹直至到达意图航迹节点（图 9.9 中的虚线段）。

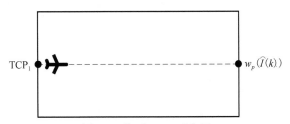

图 9.9　情形（1）示意图

对于图 9.10 所示的情形（2），$w_p(\hat{I}(k))$ 点位于航空器当前航向的左侧，而且航空器此时的飞行模式为（CT，CH）。因此，当航空器的航向恰好指向 $w_p(\hat{I}(k))$ 点时，利用状态和模式估计来预测航迹的算法终止（图中的弧线部分），然后用一条虚直线连接 $w_p(\hat{I}(k))$ 点和 $\hat{x}_p(k+S_l)$ 点。

对于图 9.11 所示的情形（3），航空器当前的估计模式 $\hat{m}(k)=$（CV，CD）或（CA，CD），表明航空器处于爬升状态，TCP$_2$ 与 TCP$_3$ 均位于当前航向上，且高于航空器的当前高度。通过垂直意图匹配函数 $H_I(k)$，将当前爬升率与意图模型爬升率对比，确定 TCP$_2$ 为 $w_p(\hat{I}(k))$。由于航空器处于 CV 或 CA 模式，其航向保持不变，可将 S_l 延伸至 $w_p(\hat{I}(k))$ 点，使用 IMM 算法来预测航迹直至到达意图航迹节点（图 9.11 中的虚线段）。

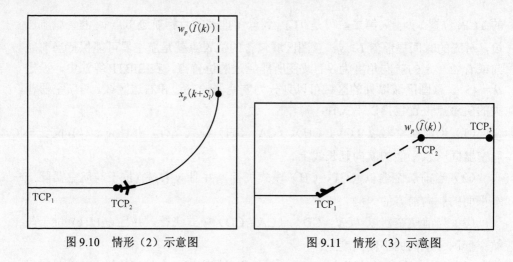

图9.10 情形（2）示意图　　　图9.11 情形（3）示意图

9.4 案例仿真

假设执行救援任务的航空器为米171直升机，其最大巡航速度为240km/h，转弯率为3°/s，其计划从 A 点飞入救援空域，从 B 点飞出，飞行计划轨迹如图9.12所示。

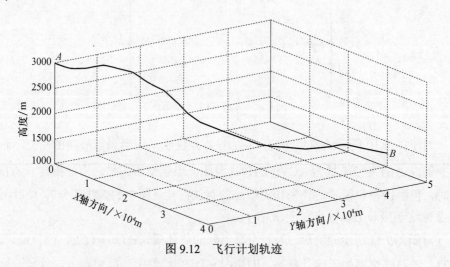

图9.12 飞行计划轨迹

对于IMM算法中估计噪声协方差的参数定义为

$$Q_{\text{CV}} = \begin{bmatrix} 0.001 & 0 \\ 0 & 0.001 \end{bmatrix}, \quad Q_{\text{CT}} = \begin{bmatrix} 0.0144^2 & 0 \\ 0 & 0.0144^2 \end{bmatrix}$$

观测噪声误差为50m，观测协方差为

$$R = \begin{bmatrix} 2500 & 0 \\ 0 & 2500 \end{bmatrix}$$

采样周期 $T=1\mathrm{s}$，对 IMM 算法与卡尔曼滤波（CV 和 CT 模式）的仿真结果进行对比。得到的真实航迹与推测航迹如图 9.13 所示。

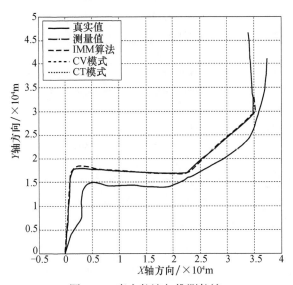

图 9.13 真实航迹与推测航迹

根据图 9.13 的推测，IMM 算法的推测结果显然要优于 CV 和 CT 模式的卡尔曼滤波算法的推测结果。由此验证了单模型卡尔曼滤波的推测结果可能会出现较大偏差，可靠性差，同时也体现了多模型算法在航空器航迹推测中的优越性。除此之外，IMM 算法还能够得到航空器 CV 和 CT 两种飞行模式概率以及随时间变

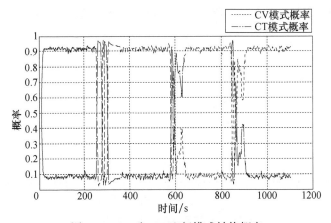

图 9.14 CV 和 CT 飞行模式转换概率

化的规律,如图9.14所示。表9.1为在转弯处IMM推测值与真实值的对比。

表9.1 IMM轨迹点与真实值对比

时间/s	真实值(X轴方向)/m	真实值(Y轴方向)/m	IMM值(X轴方向)/m	IMM值(Y轴方向)/m
301	3750.970537	17788.48179	3799.206638	17727.86821
302	3817.670537	17784.48179	3863.447282	17714.89897
303	3884.370537	17780.48179	3929.621116	17708.7049
591	22865.04671	17413.43501	23054.29123	17221.64413
592	22912.6503	17460.32624	23103.53281	17286.29773
593	22960.25389	17507.21748	23147.15402	17361.51416
851	34809.05176	29841.10048	35031.67066	29803.79252
852	34806.0578	29907.8532	35045.83954	29878.04702
853	34803.06384	29974.60593	35058.40137	29953.13447

图9.14为航空器在飞行过程中CV、CT模式的交互状况。从图中可以看出,CV、CT交互共发生3次,航空器大部分时间处于非转弯状态,与其航迹对应。

定义IMM算法中CH、CD模式估计噪声协方差分别为

$$Q_{\mathrm{CH}} = \begin{bmatrix} 0.001 & 0 \\ 0 & 0.001 \end{bmatrix}, \quad Q_{\mathrm{CD}} = \begin{bmatrix} 0.0144^2 & 0 \\ 0 & 0.0144^2 \end{bmatrix}$$

观测噪声误差为50m,则观测协方差为

$$R = \begin{bmatrix} 2500 & 0 \\ 0 & 2500 \end{bmatrix}$$

采样周期T=1s,对IMM算法与卡尔曼滤波(CH和CD模式)的仿真结果进行对比,得到的真实下降轨迹与推测下降轨迹如图9.15所示。表9.2为IMM、CD模式、CH模式在平飞与下降转换时的推测高度和真实值的对比。

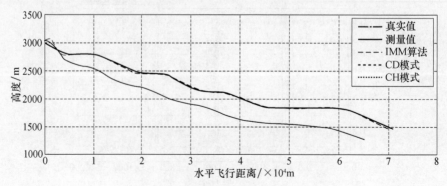

图9.15 真实下降轨迹与推测下降轨迹

表 9.2 推测高度与真实值对比

时间/s	真实值/m	IMM 值/m	CD 值/m	CH 值/m
81	2778.542	2762.472	2834.218	2671.914
92	2777.778	2768.889	2816.745	2664.805
170	2749.15	2748.086	2771.064	2628.371
181	2747.348	2726.988	2760.876	2593.836
301	2745.482	2389.153	2472.251	2105.642
312	2743.553	2374.002	2447.728	2087.864
400	2741.559	2323.373	2364.528	1995.766
410	2739.503	2292.952	2348.464	1951.258
510	1992.864	2004.23	2083.138	1540.607
520	1991.383	2001.131	2063.662	1532.464
580	1989.838	1993.503	2013.807	1507.947
590	1988.228	1975.512	2005.507	1481.731
710	1986.554	1688.82	1754.892	1072.596
720	1984.816	1685.851	1739.269	1069.348
950	1983.014	1661.611	1685.792	1016.803
960	1981.148	1638.497	1675.554	981.4014

从图 9.15 可以看出，航空器下降过程由 5 个下降阶段和 4 个平飞阶段组成，呈梯度下降。

图 9.16 为航空器在整个下降过程中 CH、CD 模式的交互状况。从图中可以看出，CD、CH 模式分别在不同的时间段概率接近 1，共发生 8 次交互。图 9.17 为真实轨迹、IMM 推测、卡尔曼推测轨迹的对比。

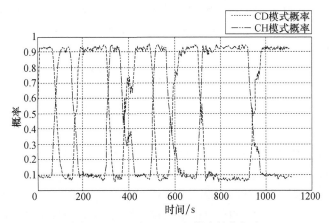

图 9.16 CD 和 CH 飞行模式转换概率

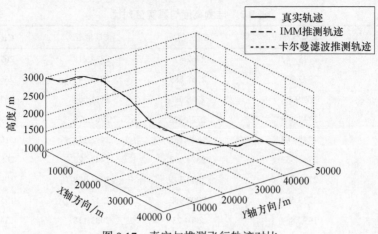

图 9.17 真实与推测飞行轨迹对比

9.5 小 结

本章内容在第 8 章预战术航迹规划的基础上,针对复杂低空救援飞行环境下实时的航迹推测问题,给出了基于航空器飞行状态和意图推理的 SIBTP 算法。该算法将 IMM 和 IIIA 相结合,克服了单个算法的缺陷,将整个航迹推测过程构建在空域网格上,简化了算法的复杂性,提高了算法的运算效率[8]。仿真结果表明,SIBTP 算法推测得到的结果比单独使用 IIIA 推测的航迹更加精确,进而能够保证冲突探测与避险更加准确。

参 考 文 献

[1] Bar-Shalom Y, Chang K C, Blom H A P. Tracking a maneuvering target using input estimation versus the IMM algorithm[J].IEEE Transactions on Aerospace and Electronics System, 1989, 25 (2): 296−300.

[2] Radio Technical Commission for Aeronautics Incorporated. Minimum aviation system performance standards for Automatic Dependent Surveillance Broadcast (ADS-S)[R]. RTCA,NASA Langley Research Center, Hampton, 2002:125−133.

[3] Hwang I, Balakrishnan H, Tomlin C. State estimation for hybrid systems: Applications to aircraft tracking[J]. IEE Proceedings-Control Theory and Applications, 2006, 153(5): 556−566.

[4] Krozel J, Andrisani D. Intelligent path prediction for vehicular travel[J]. IEEE Transactions on Systems, Man, and Cybernetics, 1993, 23(2):478−487.

[5] Sebastian E, Goran F. Modeling, Analysis, and Design of Hybrid Systems[M]. Heidelberg:

Springer, 2002:75-90.

[6] Yepes J L, Hwang I, Rotea M. New algorithms for aircraft intent inference and trajectory prediction[J]. Journal of Guidance, Control, and Dynamics, 2007, 30(2): 370-382.

[7] 倪育德, 刘萍, 马宇申. 基于 ADS-B 意图信息的航迹预测改进算法[J]. 电讯技术, 2014, (2): 156-162.

[8] Zhang M, Wang L, Yu H, et al. Real-time trajectory estimation based on hybrid estimation and flight intent inference in low-altitude rescue[J]. Journal of Computational and Theoretical Nanoscience, 2016, 13(3):1905-1912.

第 10 章　多冲突模式下实时救援飞行冲突探测与避险方法

当前的空中交通管理系统高度依赖管制中心的管制员操作，采用的是地面集中式的控制方式。系统使用二次雷达监视技术，对空中正在飞行的航空器进行实时监控，并及时调配航空器之间的安全飞行间隔，保证航空器之间不会发生飞行冲突。民用航空的冲突探测是在航空器机载雷达或地面管制中心监视设备的作用下，通过对航空器在空中的实时位置、航向和速度等信息进行快速计算，判定某一特定的航空器是否会与另外的航空器相撞或航空器之间的距离小于最小安全间隔的预测与报警功能。在实际飞行过程中，对航空器之间的冲突探测是规避冲突风险、保证飞行安全的重要依据。

但是，低空空域由于地形复杂、监控设备稀少或性能上缺失等原因，地面雷达无法实现有效的全面覆盖监控。为了确保飞行安全，飞行员需要自主规避飞行冲突，自主选择无冲突最优飞行路径。这就将原先由地面管制员集中式的雷达监控转变为飞行员和机载设备的分布式自主避让。因此，就需要更多分布式的实时冲突探测与避险技术来支持低空飞行，保障飞行安全。低空飞行实时的冲突探测与避险与有雷达监视的航路飞行的冲突探测与避险相比，在技术实现上显得更加困难，低空飞行过程中会有频繁的机动飞行，这也给实时的冲突探测与避险增加了很大的难度。因此，低空应急救援中，施救的航空器飞行态势较为复杂，既要考虑救援任务的紧迫性，又要面对复杂的空域环境和密集的飞行态势。与有雷达监控的航路飞行冲突探测与避险相比，低空飞行的实时飞行冲突探测与避险实现难度更大。主要原因如下：

（1）冲突态势多样化，既有两架航空器之间的冲突，又有多机之间的冲突；此外，由于救援航空器往往会以编队方式飞行，还要考虑机队在飞行中遭遇冲突的情形，多种类型的冲突态势使得冲突避险问题复杂化。

（2）低空飞行是点到点的目视飞行，无航线引导，容易产生较大的飞行偏差，对实时冲突探测造成不利影响。

（3）执行低空救援任务的航空器以直升机为主，机动能力较强，尤其是在垂直方向上，在实际飞行过程中会有频繁的机动，增加了冲突探测的难度；与此同时，垂直方向的机动能力也给冲突避险提供了较多选择。在这种分布式环境下，随着空域利用率的提高，飞行冲突的可能性也显著增加，因此自动化飞行冲突探测与避险技术的研究十分关键。

第8章和第9章分别从预战术和战术两个方面对低空飞行航迹规划和航迹推测问题进行了研究。本章在该内容的基础上，提出实时的飞行冲突探测与避险算法，使发生飞行冲突的航空器能够自主规避冲突，保证低空救援的飞行安全。基于救援的协作式冲突探测和避险，本章还确定两机冲突的判断方法，然后根据涉及冲突的航空器数量，界定两机、多机、机队三种冲突模式，并针对三种冲突模式分别提出避险方案。本章以航空器三维方向上的安全间隔和冲突预警时间为依据建立时空冲突保护区，结合对空域内其他航空器的预测飞行轨迹，进行实时飞行冲突探测。当满足飞行冲突条件时，判断航空器面临的冲突态势，并进入相应的冲突避险程序，使发生飞行冲突的航空器自主规避冲突，从而保证救援航空器的飞行安全。

10.1 低空救援目视飞行规则

低空飞行过程中，航空器之间需要通过建立一定的飞行间隔，来保障飞行安全。飞行间隔是指航空器之间在空间上或者时间上的最短安全距离。在三维空间中，航空器之间的飞行间隔包括水平面上的水平间隔和垂直面上的垂直间隔。水平间隔又可以分为水平面上的纵向间隔和侧向间隔。航空器在低空空域内目视飞行时，为了保障飞行安全，飞行员需要依据目视飞行规则，来保证航空器与航空器之间建立安全的水平间隔和垂直间隔。

10.1.1 目视飞行规则

目前国内还没有建立较规范和完整的低空救援目视飞行规则。因此，本章研究参考民航目视飞行管制间隔标准[1]。航空器在低空空域目视飞行时，民航飞行员需要依据目视飞行规则的要求，构建安全的水平间隔和垂直间隔。其相关的目视飞行规则和目视飞行避让规则如下。

1）基本目视飞行规则的能见度标准

飞行高度在 3000m 以下，能见度要大于 5km。

2）目视飞行的使用范围

通用航空在作业区的飞行或者特殊目视航线上的飞行（低空应急救援应该属于特殊目视航线上的飞行）。

3）目视飞行安全间隔的规定

（1）在相同的飞行高度、相同的航向角前后飞行时，航空器之间需要保持的纵向间隔。

① 巡航表速小于或等于 250km/h 的航空器，大于等于 2km。

② 巡航表速大于 250km/h 的航空器，大于等于 5km。

(2) 后航空器应当从前航空器的右侧超越,并保持大于 500m 的侧向间隔。

(3) 不同飞行高度之间的垂直间隔标准:航空器之间的垂直距离大于等于 300m。

4) 目视飞行避让规则

(1) 在相同高度上,两架航空器对头飞行冲突时,应当彼此之间保持大于或等于 500m 的间隔各自向航行的右方飞行避让。

(2) 在相同高度上,两架航空器在交叉飞行冲突时,飞行员从航空器驾驶舱左侧看到另一架航空器时,必须下降飞行高度;从航空器驾驶舱右侧看到另一架航空器时,必须上升飞行高度。

(3) 在相同高度上,航空器超越前面航空器时,应当从前面航空器右侧大于等于 500m 的安全间隔进行超越,超越的航空器负责保持两架航空器之间的安全间隔。

10.1.2 低空救援目视飞行规则

参照特殊目视飞行航线的特点,低空救援目视飞行应该属于目视飞行航线。根据《一般运行和飞行规则》[2]中的目视飞行规则和目视飞行避让规则,以及低空救援飞行自身环境条件,确定低空救援目视飞行规则。

1) 侧向间隔

航空器之间的侧向间隔是基于距离的飞行间隔。在飞行过程中,通过航空器侧向之间满足特定的距离来保证飞行安全。在相同高度上,设定侧向间隔可以使得多架航空器并行安全飞行,有效地利用低空有限的空域资源。因此,本章设定任何时刻航空器之间的侧向间隔都要大于等于 500m。

2) 纵向间隔

航空器之间的纵向间隔基于距离或者基于时间的飞行间隔。本章纵向间隔用距离来表示。通用小型固定翼航空器,巡航速度在 250km/h(含)以下时,纵向间隔标准设定为 2km。巡航速度在 250km/h(含)以上时,纵向间隔标准设定为 5km。

3) 垂直间隔

航空器之间的垂直间隔是基于距离的飞行间隔。在飞行过程中,航空器垂直高度之间通过满足特定的距离来保证飞行安全,本章设定垂直间隔为 300m。

4) 救援目视飞行冲突避让规则

在低空救援空域中,目视飞行的航空器在空中相遇时,各个航空器需要统一严格遵守上文提出的三项目视飞行避让规则。除此之外,执行救援飞行任务的主要是各类通用航空器,执行的是目视飞行规则,作业点及临时航线通常地形复杂,地面无法完全、及时地把握飞行动态,航空器经常处于自主飞行状态。在此条件下,基于救援任务属性及飞行环境,再制定一些相应飞行规则就显得尤为必要。"5.12" 汶川地震中,在复杂地形条件下,总结了一些低空救援目视飞行规则[3],

具体如下：

（1）靠右飞行。按照目视飞行条件下的避让规则，航空器目视相遇应各自靠右避让，该原则的目的是保证航空器之间具有一定的侧向间隔。给每个航空器赋予优先级属性，并且优先级低的航空器主动避让优先级高的航空器。

（2）根据执行的任务性质选择"低进高出"或"高进低出"。执行应急救援飞行任务的大多是通用航空器，其飞行性能和有效载荷受飞行高度的影响严重。如执行的是运送救灾物资进灾区，应选择"低进高出"；如执行的是运送受灾群众或伤员出来，应选择"高进低出"；如同时有多架航空器执行任务，且选择不同时，应结合航空器性能，实行"少数服从多数"或减载措施来达成一致。同一时刻、同一地点的飞行规则必须统一。

（3）盲发位置信息。在每次应急救援飞行任务执行前，必须预先规划好飞行路线、沿线强制报高点、作业区范围和进出点，在航空器通过强制报高点、进出作业区、开始结束作业时，无论当前通信状况如何，飞行员必须通过 ADS-B 设备盲发自己位置信息和状态，以提醒周边航空器注意避让和观察。

10.2　冲突探测与避险总体网络结构

航空器之间使用 ADS-B 技术除了可以传播各自的实时位置、速度和航向信息，还可以传播各自的飞行意图信息以及预计到达各个意图航迹点的时间。ADS-B 系统可以由机载导航设备获得多个航空器实时的速度、航向、经纬度、高度等位置信息，转化为直角坐标系中的三维坐标，并将航空器实时的位置对应到三维空域网格上。然后利用第 9 章提出的 SIBTP 算法，来判断航空器实时的意图航迹点以及到达意图航迹点的时间。从空间和时间两个方面来判定两航空器的在汇聚节点上是否会有冲突。如果有冲突则立即触发冲突避险算法。如果没有冲突，航空器按原计划飞行并进行下一次冲突判定。冲突探测与避险总体网络结构如图 10.1 所示。

10.3　基于航迹推测的冲突探测算法

本章采用的冲突探测算法是在空域网格基础上，基于航空器当前的飞行状态和飞行意图，推测得到精确的实时飞行航迹，进而可以准确推算出航空器到达和离开各个航迹网格节点的时间以及可能会发生冲突的飞行航迹节点。以可能会发生冲突的航迹节点为圆心，在二维平面上，构建圆形冲突区域。该圆形区域的大小与航空器的自身保护区大小以及两航空器的航迹夹角相关。依据精确的航迹推测，实时计算出两航空器进入和离开冲突区域的时间窗。最后，通过两时间窗是否有交集来判定飞行冲突。

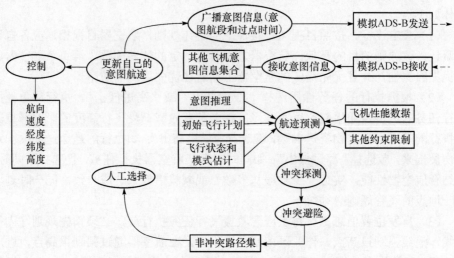

图 10.1　冲突探测与避险总体网络结构

以往的文献只是对航空器进行保护区划设，然后通过判断两航空器的保护区是否重合，来判定冲突，其不仅计算量大，而且误判性较高。本章依据低空救援目视飞行的间隔标准，对航空器的飞行空域进行空域网格划分。基于航空器航迹推测信息，先从空间上判定航空器之间是否存在冲突。然后，在可能发生冲突的航迹节点上生成圆形冲突区域模型，基于时间窗原理，构建一个基于航迹推测的冲突探测算法。依据同一网格或者同一个圆形冲突区域只能容纳一架航空器的双重判定原则，探测飞行冲突。该方法简单、易懂且易实现，而且计算量较小，准确性高。

10.3.1　基于航迹推测的冲突探测算法具体流程

通过前文的分析，以两架航空器为例，归纳具体的算法流程如下：

（1）由飞行计划信息和 SIBTP 法得到两架航空器实时短期的推测航迹（使用空域网格节点表示）。

（2）先从空间上判定推测航段节点是否有交集。如果没有交集，转步骤（3）；如果有交集，则转步骤（4）。

（3）进一步判定两航空器是否存在相交的可能性。此时，判定两航空器的推测航迹是否存在四个交叉相邻的节点。如果存在，转步骤（4）；如果不存在，则转步骤（8）。

（4）基于两航空器各自的圆柱形保护区和航迹夹角，以航迹交点为圆心，构建圆形冲突区域。

（5）基于 SIBTP 算法，计算两航空器在一般情况下相遇时飞过冲突区域的时间窗。

（6）基于 SIBTP 算法，计算两航空器在特殊情况下相遇时飞过冲突区域的时间窗。

（7）比较两个航空器飞过冲突区域的时间窗是否有交集。如果有交集，则判定冲突，进行冲突告警；如果没有交集，则转步骤（8）。

（8）判断当前节点是否为目标节点，如果是则冲突判定结束；否则，返回步骤（1）。

具体的冲突算法流程，如图 10.2 所示。

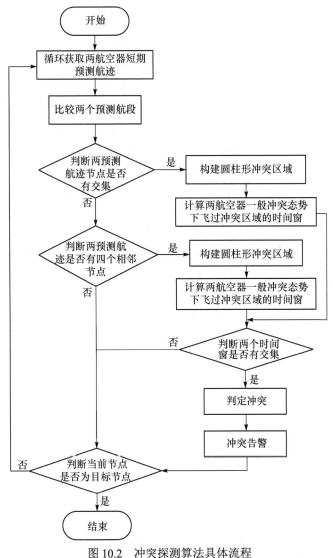

图 10.2　冲突探测算法具体流程

10.3.2 保护区模型和三维空域网格模型

当两架航空器的推测飞行轨迹平行时，基于航迹的冲突探测模型判断两机不会产生飞行冲突，如果飞行轨迹过于接近，有可能导致两架航空器之间的距离小于安全间隔。当发生小角度的同航迹交叉冲突时，两架航空器在接近潜在冲突点 P 的过程中，有可能发生侧向距离小于最小安全间隔的情况，如图 10.3 所示。

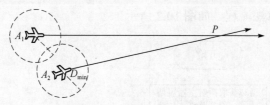

图 10.3 同航迹交叉冲突

为了能够提前探测航空器之前潜在的飞行冲突，保障低空飞行安全，依据前文提到的相关安全间隔规定，构建航空器的保护区。不同类型的航空器，其保护区大小也不尽相同。如果一架航空器飞入了其他航空器的保护区范围内，则认为航空器之间发生了飞行冲突。低空救援飞行因为没有固定的航路航线约束和管制员雷达监视，更接近于"自由飞行"体系。因此参照"自由飞行"的防撞模型，采用圆柱体保护区模型，其以航空器质点为中心，垂直间隔 H 为高，最小水平间隔 s 为半径划设的圆柱体，建立如图 10.4 所示的圆柱体保护区模型。

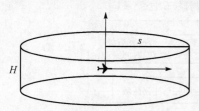

图 10.4 圆柱形保护区模型示意图

图 10.4 中的圆柱保护区范围用数学公式表示为

$$G = \left\{ x^2 + y^2 \leqslant s^2, \ -\frac{H}{2} \leqslant z \leqslant \frac{H}{2} \middle| x, y, z \in R \right\} \tag{10-1}$$

若空域中有 n 架航空器，$C(x,y,z)$ 为每架航空器的实时坐标。对任意的 $C \in R^3$，设 $C_{xy} \in R^2$ 表示水平面 xy，设 $C_z \in R$ 表示竖直方向的 z 轴，则无冲突情况等价于不存在一对编号为 (i,j) $1 \leqslant i < j \leqslant n$ 的航空器，在同一时刻满足

$$\begin{cases} \|\alpha_{i,xy}(t) - \alpha_{j,xy}(t)\| < 500\text{m} \\ \|\alpha_{i,z}(t) - \alpha_{j,z}(t)\| < 300\text{m} \end{cases} \tag{10-2}$$

其中，$\alpha_{i,xy}(t)$、$\alpha_{j,xy}(t)$ 分别表示航空器 A_i、A_j 于 t 时刻在 xy 平面内的速度矢量；$\alpha_{i,z}(t)$、$\alpha_{j,z}(t)$ 分别表示航空器 A_i、A_j 在 t 时刻的高度。

依据前述低空救援目视飞行的间隔标准，再将低空救援飞行空域划分为多个三维空域网格，网格大小设定为长和宽各 5000m，高 300m，如图 10.5 所示。该三维网格划分方法不仅继承本书第 8 章和第 9 章的相关内容，而且能够显著简化冲突探测与避险算法的计算，保证冲突探测与避险算法实时性的要求。

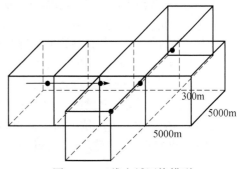

图 10.5　三维空域网格模型

10.3.3　基于推测飞行轨迹的冲突探测模型

在低空救援领域，目前尚未制定规范和完整的飞行规则。因此，本章参考目视飞行间隔标准，建立适用于低空救援环境的飞行冲突探测模型。

我国民航目视飞行间隔标准[1]规定：

（1）同航迹、同高度目视飞行的航空器之间的纵向间隔为：指示空速 250km/h（含）以上的航空器之间，5km；指示空速 250km/h 以下的航空器之间，2km。

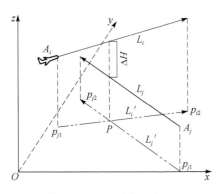

图 10.6　冲突态势示意图

（2）以不同高度飞行的航空器之间的垂直间隔大于等于 300m。

（3）超越前航空器或避让对头航空器时，侧向间隔不小于 500m。

假设空域中有两架航空器 A_i、A_j，A_i 处于爬升状态，A_j 处于平飞状态，其推测飞行轨迹分别为 L_i、L_j。L_i'、L_j' 为航空器 A_i、A_j 的航迹，即 L_i、L_j 在地表的投影，且 L_i' 与 L_j' 存在交点 P，如图 10.6 所示。在已知推测航迹四维信息的条件下，可得 A_i、A_j 到达点 P 时的飞行高度 H_i、H_j 以及时刻 T_i、T_j，则两航空器在 P 上空的垂直间隔 $\Delta H=|H_i-H_j|$。若 ΔH 小于垂直方向的最小安全间隔 $H_{\min}$，就进一步判断两架航空器通过点 P 的时间窗。

求解冲突点 P 的坐标等价于求解线段 L_i' 与 L_j' 的交点。首先将航空器 A_i、A_j 的当前位置点 p_{i1}、p_{j1} 与飞行计划节点 p_{i2}、p_{j2} 由大地坐标系中的经纬度转换至平面直角坐标系中，用于计算的高斯投影正算公式为

$$\begin{cases} x = X + \dfrac{N}{2\rho''^2}\sin B \cos B l''^2 + \dfrac{N}{24\rho''^4}\sin B \cos^3 B(5-t^2-9\eta^2)l''^4 \\ y = \dfrac{N}{\rho''}\cos B l'' + \dfrac{N}{6\rho''^3}\cos^3 B(1-t^2+\eta^2)l''^3 + \dfrac{N}{120\rho''^5}\cos^5 B(5-18t^2+4t^4)l''^5 \end{cases} \quad (10\text{-}3)$$

其中，X 为子午线弧长；B 为纬度，$t=\tan B$；ρ'' 是常数 206265，即 1 弧度对应的秒数；$\eta^2=e'^2\cos^2 B$，$e'=\sqrt{a^2-b^2}/b$ 为第二偏心率；N 为卯酉圈曲率半径；$l''=L-L_0$，为经度差，L_0 为中央子午线经度。完成换算后，由四个点的坐标求得线段 L_i' 与 L_j' 的解析式，其公共解即为冲突点 P 的坐标。

航空器 A_i、A_j 通过潜在冲突点 P 时间窗的确定方式如下：

假设航空器纵向安全间隔的最小值为 $L_{\min}$，则 A_i 通过点 P 的时间窗为 $t_i=[T_i-L_{\min}/v_i,T_i]$，$A_j$ 通过点 P 的时间窗为 $t_j=[T_j-L_{\min}/v_j,T_j]$。其中，$v_i$、$v_j$ 分别为航空器 A_i、A_j 的巡航速度；$L_{\min}$ 依据航空器巡航速度取 2km 或 5km。

根据冲突的潜在位置以及飞过该点的时间窗，可确定航空器 A_i、A_j 产生飞行冲突的条件为

$$\begin{cases} L_i' \cap L_j' \neq \varnothing \\ |H_i - H_j| < H_{\min} \\ \left[T_i - \dfrac{L_{\min}}{v_i}, T_i\right] \cap \left[T_j - \dfrac{L_{\min}}{v_j}, T_j\right] \neq \varnothing \end{cases} \quad (10\text{-}4)$$

10.3.4 基于航迹推测的冲突探测判定方法

假设参与救援的航空器均装备有 ADS-B，每架航空器可以通过空空数据链向空域内其他航空器广播本机的位置、航向、地速、爬升率以及飞行计划信息，每架航空器可根据接收到的信号对其他航空器的短期航迹进行推测。

将本机的计划飞行轨迹与目标航空器的推测轨迹在空间维度上进行冲突检测，若存在冲突，再针对潜在冲突点进行时间维度的冲突检测；若两架航空器到达潜在冲突点的时间窗也存在重叠，则判定两航空器将在该点产生飞行冲突。

因此，冲突判定方法设计的基本原则为：充分利用 ADS-B 报文提供的位置、速度和航向等信息及其 1s 的高更新率特点，预先排除无威胁的航空器。在规定的合理冲突推测时间范围内，选出可能存在冲突的航空器进行冲突判定。冲突探测算法不仅需要保证极低的虚假报警概率，还要尽可能早地发现航空器之间潜在的冲突。如果冲突推测的时间提前量较大，就会增加虚假报警率。如果冲突推测时间较短，可能导致飞行员没有足够的时间进行冲突避让。因此，本章根据航空器的性能，空域网格的大小合理设定冲突推测时间。为了能够保证实时地规避飞行冲突，需要在冲突节点之前至少提前两个航迹节点进行冲突探测。本章提出的基于航迹推测的冲突探测判定方法首先依据航空器机载的 ADS-B 提供的位置、速度和航向以及飞行计划等信息参照直角坐标系，可以对任意时刻的两架航空器是否可能发生飞行冲突进行预先判定。可以排除远离飞行，不存在飞行冲突的航空器，筛选出可能存在冲突的航空器对。基于前述的 SIBTP 算法，计算两航空器相冲突

的航迹节点时间窗，进而判定是否会发生冲突。

该方法判定冲突的关键就是对两航空器冲突节点位置的判定以及两航空器飞过冲突区域时间窗的计算。依据两航空器可能的相遇点位置不同，将冲突分为一般的冲突模式和特殊的冲突模式。一般的冲突模式指两航空器可能的相遇点位于空域网格内部，这里近似地将网格中心点认定为可能的冲突节点，即圆形冲突区域的圆心。特殊的冲突模式指两航空器可能的相遇点位于空域网格边界上。该情形下，需要对冲突点进行准确判断和定位，然后构建合理的圆形冲突区域。对于两架确定机型的航空器（飞行速度已定），根据不同的冲突模式，判定冲突节点位置，并计算冲突区域大小。下面就针对两种冲突模式分别分析讨论。

1. 一般冲突模式的两航空器相遇

根据推测航迹判定两航空器可能的相遇点位于网格内部。那么，根据两航空器的表速不同将保护区半径设定为 r_1、r_2，相遇时的航迹角为 ψ_1 和 ψ_2，如图 10.7 所示。可以得到两航空器在冲突点的航迹夹角 $\alpha=\psi_1-\psi_1,\alpha\in(0,180°)$，由此可以得到图 10.7 中深色阴影区域为冲突区域，其半径为

$$R=\frac{\max(r_1,r_2)}{\sin\alpha} \quad (10\text{-}5)$$

其中，当 $\alpha=0$ 时，表示两航空器同航迹同高度同向飞行，飞行间隔需满足各自的最小安全间隔。当 $\alpha=180°$ 时，表示两航空器同航迹同高度对头飞行。该情形下，两航空器如果保持原有的飞行状态，则一定会发生飞行冲突。因此建议一旦出现同高度同航迹对头飞行，则立即发出冲突预警，进行冲突避险，并且在规划初始飞行航迹时，尽量避免该情形出现。在图 10.7 中，浅色阴影区域表示航空器当前

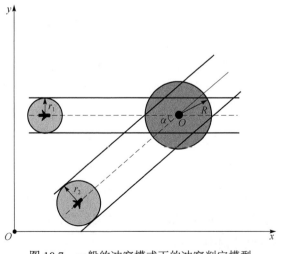

图 10.7 一般的冲突模式下的冲突判定模型

位置的圆形保护区域，虚线表示航空器未来短期的飞行航迹，深色阴影区域就是两航空器可能发生冲突的区域。基于航空器当前位置、速度信息就能够计算出航空器到达和离开冲突区域的时间窗。

2. 特殊冲突模式的两航空器相遇

特殊冲突模式指两航空器交叉相遇时，其可能的相遇点在两个网格的边界上，而不是网格中心，如图10.8所示。

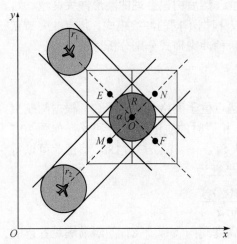

图10.8 两航空器交叉相遇时的特殊冲突模式

该情形下，因为交点不是网格节点，所以无法通过前述通过两航空器推测航迹的交集来判定是否存在空间上的冲突。在这里提出一种解决办法，即通过比较两航空器推测航迹是否存在四个交叉相邻的航迹节点来判定。如果存在，如图10.8所示，那么可能的冲突点就位于四个相邻节点的中间位置，即交点O就是可能的冲突节点。把交点O添加到两航空器的推测航迹节点中，再根据两航空器各自的保护区半径和相遇时的航迹夹角来确定圆形冲突区域的大小。

3. 时间窗计算

时间窗是指航空器飞至到飞出固定的三维空域网格所组成的时间段。为了避免飞行冲突，此时间段只能留给该航空器，其他航空器在该保留时间窗内不允许通过该节点。因此，当多航空器初始规划航迹后，每个航迹节点在飞行任务开始到飞行任务结束的时间内，被多个不同时间经过该节点的航空器划分为各自相应的保留时间段。如果两架航空器各自的推测航迹存在交集，并且在可能相遇节点上，各自的保留时间段也存在交集，则可判定两架航空器存在潜在的飞行冲突。本章中航迹网格节点的保留时间窗表示如下：

$$\text{Retain} = \left\{ r_{N_x}^i = \left[e_{N_x}^i, d_{N_x}^i \right] \right\}, \quad i, N_x = 1, 2, \cdots \quad (10\text{-}6)$$

其中，i表示第i架航空器；N_x表示第x个航迹节点；$r_{N_x}^i$表示第i架航空器在它的第x个航迹节点上的保留时间窗；$e_{N_x}^i$表示第i架航空器进入第x个航迹节点的时刻，即保留时间窗的开始时刻；$d_{N_x}^i$表示第i架航空器离开第x个航迹节点的时刻，即保留时间窗的结束时刻。

飞行冲突的判定关键在于进入和离开航迹节点及冲突区域的准确时间,因此时间的计算至关重要。本章假设航空器 i 匀速飞行的速度为 v_i,转弯时速度保持不变,忽略航空器自身长度和宽度影响,把航空器当成一个质点。基于性能约束,要求航空器转弯时,航向角变化不超过 90°,忽略飞行偏差和低空风速的影响。航空器飞过航迹节点有不同的方式。

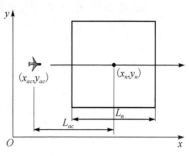

图10.9 CV 模式下通过网格区域的时间窗

如图 10.9 所示,在 k 时刻,航空器以速度 v 匀速直线飞向网格节点 n,航空器当前位置为 $(x_{ac},\ y_{ac})$,航迹节点 n 的位置为 $(x_n,\ y_n)$,则航空器当前位置距航迹节点 n 的距离 $L_{ac}=\sqrt{(x_n-x_{ac})^2+(y_n-y_{ac})^2}$,针对当前航空器,航迹节点 n 的保留时间窗为

$$\text{Retain}=\left\{r_n^1=\left[\frac{2L_{ac}-L_n}{2v}+k,\frac{2L_{ac}+L_n}{2v}+k\right]\right\} \quad (10\text{-}7)$$

当航空器采用飞越点转弯的方式(即 CT 模式)飞过航迹节点 n 时,其推测的飞行航迹如图 10.10 所示。

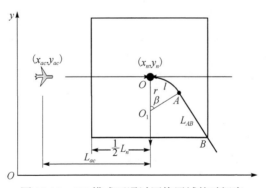

图 10.10 CT 模式下通过网格区域的时间窗

图 10.10 中,航空器当前位置距航迹节点 n 的距离 $L_{ac}=\sqrt{(x_n-x_{ac})^2+(y_n-y_{ac})^2}$,已知航空器的飞行速度为 v,转弯率为 w,推测当航空器的航向指向 B 点时,停止转弯。则转弯半径 $r=v/(20\pi w)$,转过的弧长 $l=\beta\pi r/180$。已知航迹节点 n 的坐标为 $(x_n,\ y_n)$,则点 A 的坐标为 $(x_n+r\sin\beta, y_n-r+r\cos\beta)$。已知 B 点坐标 (x_B, y_B),则 $L_{AB}=\sqrt{(x_A-x_B)^2+(y_A-y_B)^2}$。则该情形下,航迹节点 n 的保留时间窗为

$$\text{Retain}=\left\{r_n^1=\left[\frac{2L_{ac}-L_n}{2v}+k,\frac{L_{ac}+l+L_{AB}}{v}+k\right]\right\} \quad (10\text{-}8)$$

在可能发生飞行冲突的航迹节点上,不仅有方形网格区域,还有圆形冲突区域。圆形冲突区域的大小根据航空器自身的圆形保护区和航迹夹角来确定。航空器飞过圆形冲突区域的时间窗计算与方形网格区域的时间窗计算类似。为了安全起见,将两者计算得到的结果取时间跨度最大的为该冲突节点的保留时间窗。因此,基于以上分析就能够计算得到航空器飞过各个推测航迹节点的时间窗以及可能与其他航空器发生飞行冲突的航迹节点的时间窗。

4. 冲突判定

冲突判定原则是:首先两航空器的推测航迹需要满足空间上存在交集,其次是在两航迹可能的冲突发生时间上存在交集。本章分别用 tp_1, tp_2 表示两航空器的推测航迹段,即航迹节点集合。各个航迹节点的保留时间窗为 $r_n^i(i=1,2, \ n=1,2,\cdots)$。其中,$i$ 表示航空器,n 表示航迹节点。则最终的冲突判定条件见表 10.1。

表 10.1 冲突判定

空间判定	时间判定	结论
$tp_1 \cap tp_2 = \varnothing$	无须判定	无冲突可能性
$tp_1 \cap tp_2 \neq \varnothing$	$r_n^1 \cap r_n^2 = \varnothing$	两航空器在冲突节点 n 的保留时间窗无交集,无冲突可能性
	$r_n^1 \cap r_n^2 \neq \varnothing$	两航空器在冲突节点 n 的保留时间窗有交集,将会发生冲突

冲突探测算法的关键是先确定对两航空器可能发生飞行冲突的位置,然后准确计算两航空器飞过可能冲突节点的保留时间窗。而不同的相遇模式,其冲突位置的确定以及冲突区域保留时间窗的大小也不相同。实际的飞行过程中,会遇到各种不同的冲突模式,本章为了简化,只考虑一般的冲突态势和特殊的冲突模式,后续的工作可以对此再进行更详细的考虑。

10.4 多机救援冲突模式划分

在低空救援环境下,较大数量的航空器活动于相对狭小的空域中,容易产生飞行冲突。根据航空器在一定时间域内遭遇冲突的次数,可将冲突分为两机冲突、多机冲突模式;根据冲突涉及对象是否有航空器编队,可将两机冲突模式分为两机冲突与机队冲突。

10.4.1 基于预警时间的冲突模式判定

基于推测飞行轨迹进行冲突探测时,有可能出现三架或更多架航空器的推测轨迹产生交织的情况,如图 10.11 所示。在图 10.11(a)中,三架航空器的轨迹形成两两冲突;在图 10.11(b)与(c)中,航空器 A_1 先后与 A_2、A_3 产生冲突,

而 A_2、A_3 之间无冲突。

显然，随着推测轨迹距离的增加，产生多机冲突的概率也在增加，由此带来了两机与多机冲突界定的问题。例如，预测到一架航空器会在 20s 后、300s 后分别与两架航空器产生冲突，仅仅基于推测轨迹判断，为多机冲突，如图 10.11（c）所示，但从时间角度考虑，两次冲突间隔时间长，航空器 A_1 有足够时间先后执行与 A_2、A_3 的避险机动，从而可将其视为两个两机冲突，减少救援空域中多机冲突产生的次数。

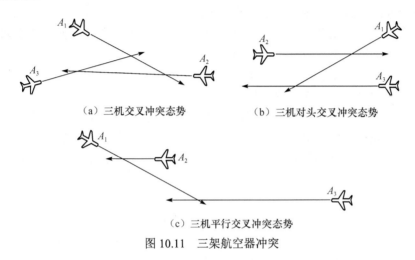

图 10.11　三架航空器冲突

本章依据广泛装备于民航客机的空中防撞系统（traffic collision alert system，TCAS）在低空空域为解决飞行冲突留出的预警与决策时间，见表 10.2，设定两次冲突时间间隔小于 40s 为连环冲突，即航空器 A_1 在 t_0 时刻与 A_2 产生冲突，在 (t_0, t_0+40s) 的时间域内与 A_3 产生冲突，则判定 A_1、A_2、A_3 构成多机冲突。

表 10.2　高度和预留时间

飞行高度/ft	警示通告预留时间/s	避让通告预留时间/s
无线电高度<500	20	—
无线电高度 500~2500	35	20
气压高度 2500~10000	40	25
气压高度 10000~20000	45	30
气压高度>20000	48	35

注：1ft=3.048×10^{-1}m。

10.4.2　两机冲突模式

本章的两机冲突模式包含两架航空器之间的冲突和机队飞行冲突两种。由于机队在飞行过程中保持编队的形状和大小不变，可将一个航空器编队视为一个整体，因此可以把两个机队的冲突当成两机冲突来处理。

1. 两机飞行冲突

根据航迹间的几何关系以及航空器的相对运动关系，航空器的冲突态势可分为对头冲突、追及冲突、交叉冲突和穿越高度冲突。

对头冲突指两架航空器按照平行航迹进行逆向平飞时，两机的水平距离小于水平安全间隔，且垂直距离小于垂直安全间隔。

追及冲突指两架航空器沿平行航迹同向平飞时，两机的水平距离小于水平安全间隔，且垂直距离小于垂直安全间隔。

交叉冲突指两架航空器沿交叉航迹飞行时，两机的水平距离小于水平安全间隔，且垂直距离小于垂直安全间隔。

穿越高度冲突指一架平飞状态的航空器与一架爬升或下降状态的航空器产生的飞行冲突或两架航空器处于爬升或下降状态的航空器产生飞行冲突的情形，可细分为同航迹追及、同航迹对头、交叉穿越高度三种。如图10.12所示。

图 10.12 穿越高度冲突

2. 机队飞行冲突

当发生重大自然灾害（如地震）时，公路、铁路等陆路交通设施容易遭到破坏，使得地面交通运输能力受到严重影响甚至完全丧失，而此时又需要将大批救灾物资送入灾区，以及将众多伤员及时转移出灾区进行救治，利用以直升机为主的通用航空器开辟空中救援通道就成为最佳选择。

由于单架航空器的运载能力十分有限，执行救援任务时通常会一次派出多架航空器，并以编队方式飞行。机队执行任务一方面有利于提高救援效率，另一方面有利于提高空域利用率，减少多架航空器各自飞行时引发的飞行冲突。

机队冲突探测以两机冲突探测为基础。将空域中以编队方式飞行的航空器设定编队标识 G（group），当编队中的航空器依据本机计划飞行轨迹和目标航空器的推测飞行轨迹探测到飞行冲突时，判断对方航空器的编队属性。根据冲突对方的编队与否，机队冲突情形可分两种，一种为编队飞行航空器与单架航空器的冲突，如图 10.13（a）所示，定义此场景为

$$S_G=\{n=2|G, A\}$$

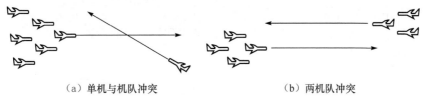

(a) 单机与机队冲突　　　　　　(b) 两机队冲突

图10.13　机队冲突的两种情形

另一种为两个航空器编队之间的冲突，如图10.13（b）所示。

定义编队飞行任务包含灾区信息收集（information acquisition，IA）、运输伤员（transportation of wounded personnel，TWP）和运输救援物资（transportation of goods，TG），运输救援物资又包括耐用品运输（durable goods，DG）、快速消耗品运输（fast moving consumer goods，FMCG），飞行阶段分去程（go around flying，GAF）与回程（turn around flying，TAF），则航空器编队的属性共有五种，见表10.3。

表10.3　救援航空器编队属性

飞行阶段	运输伤员	耐用物资	快速消耗物资
去程	(GAF, TWP)	(GAF, DG)	(GAF, FMCG)
回程	(TAF, TWP)		(TAF, TG)

由表10.2分析可知，两个航空器编队的冲突场景包含以下八种：

$S_{G1}=\{n=2|G_{GAF,DG}, G_{GAF,FMCG}\}$,　　$S_{G5}=\{n=2|G_{GAF,FMCG}, G_{GAF,TWP}\}$

$S_{G2}=\{n=2|G_{GAF,DG}, G_{GAF,TWP}\}$,　　$S_{G6}=\{n=2|G_{GAF,FMCG}, G_{TAF,TG}\}$

$S_{G3}=\{n=2|G_{GAF,DG}, G_{TAF,TG}\}$,　　$S_{G7}=\{n=2|G_{GAF,FMCG}, G_{TAF,TWP}\}$

$S_{G4}=\{n=2|G_{GAF,DG}, G_{TAF,TWP}\}$,　　$S_{G8}=\{n=2|G_{TAF,TG}, G_{TAF,TWP}\}$

3. 多机冲突模式

以飞行过程和任务类型共同定义一架航空器的属性，进行救援活动的航空器可分为六种类型，见表10.4。考虑到运输快速消耗品与耐用品的航空器会在救援地区将物资卸载，在回程阶段均为空载状态，因此将（TAF，DG）与（TAF，FMCG）合并为（TAF，TG）；使用航拍方式收集灾区信息的航空器，在整个任务过程中仅有燃油的消耗，可将其在去程、回程时的状态视为相同，故将（GAF，IA）与（TAF，IA）合并为IA。

表10.4　救援航空器属性

分行阶段	运输伤员	耐用物资	快速消耗物资	信息收集
去程	(GAF, TWP)	(GAF, DG)	(GAF, FMCG)	IA
回程	(TAF, TWP)		(TAF, TG)	

1）三机冲突场景

当飞行冲突在三架航空器间发生时，考虑到航空器的六种不同属性，共有八种可能的冲突组合，如图10.14所示。

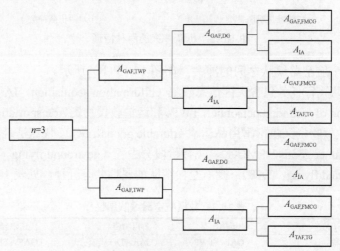

图 10.14 三机冲突场景

根据图10.14分析，三机冲突的不同组合为

$S_1=\{n=3|A_{\text{GAF,TWP}}, A_{\text{GAF,DG}}, A_{\text{GAF,FMCG}}\}$, $S_5=\{n=3|A_{\text{TAF,TWP}}, A_{\text{GAF,DG}}, A_{\text{GAF,FMCG}}\}$

$S_2=\{n=3|A_{\text{GAF,TWP}}, A_{\text{GAF,DG}}, A_{\text{IA}}\}$, $S_6=\{n=3|A_{\text{TAF,TWP}}, A_{\text{GAF,DG}}, A_{\text{IA}}\}$

$S_3=\{n=3|A_{\text{GAF,TWP}}, A_{\text{GAF,FMCG}}, A_{\text{IA}}\}$, $S_7=\{n=3|A_{\text{TAF,TWP}}, A_{\text{GAF,FMCG}}, A_{\text{IA}}\}$

$S_4=\{n=3|A_{\text{GAF,TWP}}, A_{\text{TAF,TG}}, A_{\text{IA}}\}$, $S_8=\{n=3|A_{\text{TAF,TWP}}, A_{\text{TAF,TG}}, A_{\text{IA}}\}$

2）四机冲突场景

当飞行冲突在四架航空器间发生时，结合航空器的六种不同属性，共有六种可能的冲突组合，如图10.15所示。

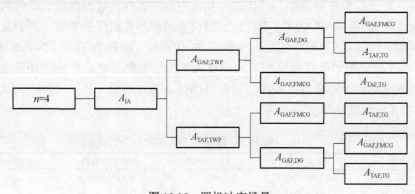

图 10.15 四机冲突场景

由图 10.15 分析可知，四机冲突的不同组合为

$S_9=\{n=4|A_{\text{GAF,TWP}}, A_{\text{GAF,DG}}, A_{\text{GAF,FMCG}}, A_{\text{IA}}\}$, $\quad S_{12}=\{n=4|A_{\text{TAF,TWP}}, A_{\text{TAF,TG}}, A_{\text{GAF,FMCG}}, A_{\text{IA}}\}$

$S_{10}=\{n=4|A_{\text{GAF,TWP}}, A_{\text{GAF,DG}}, A_{\text{TAF,TG}}, A_{\text{IA}}\}$, $\quad S_{13}=\{n=4|A_{\text{TAF,TWP}}, A_{\text{TAF,TG}}, A_{\text{GAF,FMCG}}, A_{\text{IA}}\}$

$S_{11}=\{n=4|A_{\text{GAF,TWP}}, A_{\text{GAF,FMCG}}, A_{\text{TAF,TG}}, A_{\text{IA}}\}$, $\quad S_{14}=\{n=4|A_{\text{TAF,TWP}}, A_{\text{TAF,TG}}, A_{\text{GAF,DG}}, A_{\text{IA}}\}$

10.5 基于 Agent 模型的实时航迹避险算法分析

在低空救援的实时飞行过程中，虽然有初始飞行计划约束，但是为了规避实时动态的恶劣天气以及与其他航空器的飞行冲突，航空器具有自主选择飞行路径的权利。由此特性，可以将单个航空器看成一个智能体 Agent。在一个特定空域内，多个航空器就组成了 Multi-Agent 系统。根据目视救援飞行间隔标准，将特定的低空空域划分为多个大小相等的三维空域网格单元。这些三维空域网格就是 Multi-Agent 系统中各个 Agent（航空器）可能要竞争的空域资源。因此，本章需要对空域资源中的空域网格（Airspace 模型）和 Agent 进行建模。基于前述冲突探测算法，对即将发生冲突的 Agent 进行冲突避险。最终每个 Agent 都会得到一个无冲突的路径集合，冲突避险的过程就是确定无冲突路径集合的过程。

10.5.1 基于 Agent 模型的冲突避险算法

基于 Agent 模型的冲突避险算法在冲突探测的基础上，将航空器当成智能体 Agent，将已经网格划分的低空空域当成空域资源图（Airspace 模型）。依据救援目视飞行规则和航空器飞行性能约束，构建 Agent 可行的路径集，生成 Agent 模型。依据 Agent 任务属性构建优先级判定准则，对各个 Agent 模型在冲突顶点上的优先级进行判定。最后，基于无冲突路径集算法，确定 Agent 的无冲突路径集。在无冲突路径集中，选择路径最短、转弯次数最少的为航空器当前状态下的最优无冲突飞行航迹。在实际的避险过程中，与其他冲突避让算法相比较，基于 Agent 模型的冲突避险算法可以实现分布式控制技术，并且每个 Agent 获取的冲突探测与避险信息都是对称的。因此，该算法最终能够实现的是各个航空器 Agent 自主避险，而不是需要一个地面的监控中心来监视和指挥航空器的冲突避险。冲突探测与避险算法总体结构流程如图 10.16 所示。

10.5.2 Airspace 模型和 Agent 模型的构建

Airspace 模型：前文提出了基于目视救援飞行安全间隔标准将低空空域网格化的方法，对单个网格单元进行编号，由网格的中心点表示该空域网格单元，即为航空器飞行过程中的航迹节点，单个平面网格上节点编号规则为

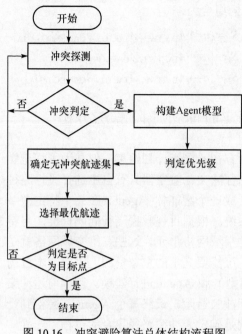

图 10.16 冲突避险算法总体结构流程图

$$N_{[m+(n-1)\times 10]} = (m,n), \quad 1 \leqslant m,n \leqslant n \quad (10\text{-}9)$$

每个网格节点对应唯一编号,并有对应的坐标信息 $\text{coor}_N(x,y)$ 和属性 pro:

$$\text{pro}_N = \begin{cases} 0, & \text{表示网格节点被}N\text{占用状态} \\ 1, & \text{表示网格节点}N\text{空闲状态} \end{cases}$$
$$(10\text{-}10)$$

将各个相邻的网格节点用直线相连,生成一个无向图来表示该低空空域 Airspace 模型。图中的每个顶点就是航迹节点(空域网格单元),两顶点间的边表示两空域网格单元是相邻关系,边长就是两个节点之间的间隔。基于前文提到的时间窗原理,将航空器 i 飞过单个空域网格 N_x 的时间记为 $t^i_{N_x}$,则航空器 i 在节点 N_x 上的保留时间窗为

$$r^i_{N_x} = [e^i_{N_x}, d^i_{N_x}], \quad d^i_{N_x} - e^i_{N_x} = t^i_{N_x} \quad (10\text{-}11)$$

不同的航空器因为飞行速度不同,在航迹节点上的保留时间窗不同。航空器的飞行航迹是资源图中一条有时间特性的有向航迹节点图。

Agent 模型:每个航空器从起飞机场起飞到目的地机场着陆,都存在一条最优飞行航迹和多条可行飞行航迹。在 Airspace 模型中就可以表示为有一个初始顶点(进入点)和一个目标顶点(目标点),并且拥有几条从初始点到目标点的可行路线,以上就称为 Agent 模型。本章用 V 表示 Airspace 模型上可用的顶点集合。假定有 n 个 Agent 要进入空域资源图,分别用 Agent(1),…,Agent(n) 来表示。用 TP_i 表示 Agent(i) 模型。在 TP_i 中,最优路径就是由第 8 章提出的改进 A* 算法搜索得到的最优初始飞行计划航迹。多条可行路径围绕冲突节点由近到远,按照飞行路径长短和转弯次数多少依次生成,并受到目视救援飞行规则约束。

10.5.3 优先级判定准则

基于 Agent 模型的冲突避险算法首先需要确定各个 Agent 对 Airspace 模型的顶点占用的优先级 π。根据实际救援飞行任务不同,优先级的判定也不同,具体判定准则如下:

(1)运输物资的飞行任务,一般由出救点飞向受灾点。而运送伤员的飞行任务,一般由受灾点飞向出救点。将由出救点飞向受灾点的飞行过程定义为去程飞

行（GAF）；相反由受灾点飞回出救点的飞行过程定义为回程飞行（TAF）。单纯地考虑去程飞行和回程飞行，优先级的设定为 $\pi_{GAF} > \pi_{TAF}$。

（2）为了争取宝贵的救援时间抢救伤员，在运输救援物资（TG）和运输伤员（TWP）的航空器之间，其优先级设定为 $\pi_{TWP} > \pi_{TG}$。

（3）运输的救援物资具体又可分为快速消耗品 FMCG 和耐用品 DG，由于快速消耗品对时间敏感性较高，在飞行过程中，载有救援物资的航空器之间，其优先级设定为 $\pi_{FMCG} > \pi_{DG}$。

（4）同为去程飞行或回程飞行，且两航空器的飞行任务相同，其优先级可以通过下面两个规则来判定，当规则①不能给出合适的优先级判定时，就使用规则②。两条规则具体规定如下：

① 第一个到达竞争资源节点（先到先服务原则）。

② 从到达竞争资源的时刻起，到达目标节点所需时间最短（能够快速完成飞行任务的优先级比较高）。

综上所述，可以得到当航空器的飞行任务为运输伤员时（通常是回程飞行），其优先级最高，即 π_{TWP} 最大。如果在飞行过程中发生飞行冲突，则其他飞行任务的航空器应该主动避让。在运输同样的救援物资时，由于去程飞行满载货物，因此回程飞行应该主动避让（$\pi_{GAF} > \pi_{TAF}$）。运输的救援物资不同，优先级（$\pi_{FMCG} > \pi_{DG}$）也不一样。如果飞行任务相同的两架航空器在空中相遇，其优先级依据规则（4）来判定。针对相同飞行任务的优先级判定，本章使用 $\pi(q, TP_i)$ 表示 Agent(i) 在冲突节点 q 上的优先级，则

$$\pi(q, TP_i) = \begin{cases} k \in \{1, 2, \cdots, n\}, & q \text{在} TP_i \text{中的一条路上} \\ \text{未定义}, & q \text{不在} TP_i \text{中的一条路上} \end{cases} \quad (10\text{-}12)$$

其中，当 $i \neq j$ 时，任意时刻 $\pi(q, TP_i) \neq \pi(q, TP_j)$。$\pi$ 值越大，表明优先级越高。

10.5.4 确定无冲突最优路径算法

算法设定各个 Agent 之间首先进行非协作式冲突避险策略，如果得不到无冲突路径，再进行协作式冲突避险策略，并给出如下假设：

（1）非协作式冲突避险策略时 Agent 之间事先不会进行协商，而且对资源的占用是贪婪的。

（2）不同的 Agent 对竞争资源的占用具有不同的优先级。

（3）每个 Agent 之间可以相互通信，了解彼此的 Agent 模型和对竞争资源的占用优先级。

（4）协作式冲突避险策略时，Agent 之间需要相互协商，共同避让飞行冲突。

以两个 Agent 为例，确定无冲突最优路径算法的具体流程如下：

（1）基于飞行计划，由飞行冲突探测算法得到：Agent(i)和 Agent(j)的冲突顶点 N 和分别到达冲突顶点的时间 T_i 和 T_j。

（2）基于 Agent(i)和 Agent(j)的飞行任务属性和到达冲突顶点的时间以及由冲突顶点到达目标点的时间，判定在冲突顶点 N 的优先级。

（3）基于非协作式冲突避险策略，在冲突节点 N 上优先级高的 Agent(i)，保持原计划飞行，优先级较低的 Agent(j)主动避让。围绕冲突顶点依据航空器性能和目视避让规则约束以及被地形和恶劣天气占用的区域，生成 Agent(j)模型。

（4）调用冲突探测方法，依次判定 Agent(j)模型中，与 Agent(i)的最优路径 TP_i^{opt} 是否有冲突，得到无冲突路径集。

（5）判定无冲突路径集是否为空，如果不为空，转步骤（6）；如果为空，转步骤（7）。

（6）从无冲突路径集中选出路径最短、转弯次数最少的为冲突避险最优路径。冲突避险过程结束。

（7）无冲突路径集为空集，表明当前冲突避险策略无法得到无冲突的路径，则进入协作式冲突避险策略。此时冲突顶点优先级低的 Agent(j)向优先级高的 Agent(i)申请该冲突顶点的优先使用权。

（8）Agent(i)围绕冲突顶点 N 生成新的 Agent(i)模型，依次判定 Agent(i)模型中与 Agent(j)的原始最优路径 TP_i^{opt} 和 Agent(j)模型中的其他路径是否冲突，最终得到两个 Agent 的无冲突路径集。从中选出最优无冲突路径。冲突避险算法结束。

确定无冲突最优路径算法具体流程如图 10.17 所示。

10.5.5 两种避险策略定性分析

基于 Agent 模型的冲突避险算法，在冲突探测算法的基础上，先进行非协作式冲突避险策略。若无法得到可行解，再进行协作式冲突避险策略。两种避险策略各自的特点见表 10.5。

在低空救援飞行过程中，若仅考虑两航空器的飞行冲突避险问题，则根据两航空器的任务属性判定冲突区域的优先占用情况，采用非协作式航向调整冲突避险策略，让优先级低的航空器主动避让优先级高的航空器。该避险策略复杂程度和计算量都比较小，简单易行。然而，如果冲突区域受到其他限制较多，或者多架航空器发生飞行冲突时，该算法就不能保证得到可行解，适用性不强。因此，基于非协作式航向调整冲突避险策略无解的情况，本章提出了协作式冲突避险策略思想。两航空器通过固定的协商机制，申请冲突区域优先使用权。最终确保两航空器在有限的空域内得到可行的无冲突飞行航迹，但是该避险策略的模型构建复杂程度较高，计算量较大，且最优解质量较低。

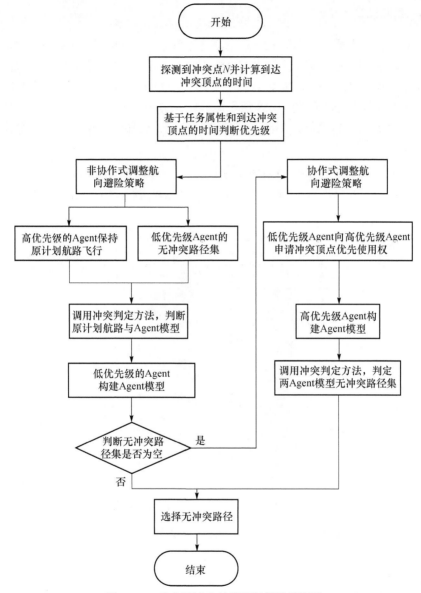

图 10.17　确定无冲突最优路径算法流程图

表 10.5　两种避险策略定性分析对比

特点	非协作式冲突避险策略	协作式冲突避险策略
模型构建复杂程度	较低	较高
计算量	较低	较高
可行解数量	较少	较多
最优解质量	较高	较低
是否适用多机冲突避险	否	是

10.5.6 仿真验证

假定两架航空器分别为运 12（航空器 A_1）和运 5（航空器 A_2）执行相同的飞行任务（运输救援物资），速度分别为 v_1=65m/s，v_2=45m/s，飞行过程中保持匀速飞行。起始飞行节点分别为 N_5 和 N_{51}，目标节点为 N_{95} 和 N_{60}，当前时刻航向角 Ψ_1=90°，Ψ_2=0°，当前位置信息如图 10.18 所示。其中正方形网格大小按照 5km 来划分。灰色网格区域为恶劣天气，不能飞行的航迹节点。已知两航空器最优飞行计划航迹为

$$A_1 : \text{TP}_1^{\text{opt}} \{N_5, N_{15}, N_{25}, N_{35}, N_{45}, N_{55}, N_{65}, N_{75}, N_{85}, N_{95}\}$$
$$A_2 : \text{TP}_2^{\text{opt}} \{N_{51}, N_{52}, N_{53}, N_{54}, N_{55}, N_{56}, N_{57}, N_{58}, N_{59}, N_{60}\}$$

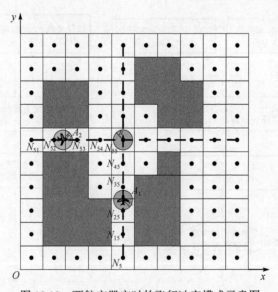

图 10.18　两航空器实时的飞行冲突模式示意图

由第 9 章得到两航空器当前位置实时的推测航迹与计划航迹相同。

1. 飞行冲突探测

两航空器各自飞行速度都没有超过 250km/h，因此，依据目视飞行规则，航空器圆形保护区半径为 2km。在空间上，两航空器初始最优飞行计划航迹存在交集：$\text{TP}_1^{\text{opt}} \cap \text{TP}_2^{\text{opt}} = \{N_{55}\}$，推测航迹与计划航迹相同。依据航迹推测的冲突探测算法，冲突探测时间的提前量为当前位置所属网格节点之后至少两个节点。若两航空器在时刻 k=0 同时起飞，忽略起飞加速爬升过程，并保持初始最优飞行计划航迹飞行，那么航空器 A_1（运 12）飞行在节点 N_{25} 与 N_{35} 之间时，航空器 A_2（运

5）飞行在节点 N_{52} 与 N_{53} 之间，空间上探测到可能发生冲突的节点为 N_{55}。依据各自圆形保护区半径 r_1 和 r_2，以及两航迹相遇时的夹角 α 计算得到可能的圆形冲突区域半径为

$$R = \frac{\max(r_1, r_2)}{\sin \alpha} = 2000\text{m} < 2500\text{m} \qquad (10\text{-}13)$$

如图 10.18 中深灰色圆形区域为冲突区域，其半径小于 2.5km（网格大小的 1/2）。因此，在计算冲突节点的保留时间窗时，取较大的方形网格区域来计算。

基于航空器当前位置、速度以及到冲突节点的距离，计算出在节点 N_{55} 上两航空器的保留时间窗为

$$r_{N_{55}}^1 = [346, 423], \quad r_{N_{55}}^2 = [389, 500] \Rightarrow r_{N_{55}}^1 \cap r_{N_{55}}^2 = [389, 423] \neq \varnothing$$

因此，判定航空器 A_1 和 A_2 在节点 N_{55} 上有飞行冲突。

2. 飞行冲突避险

1）非协作式调整航向冲突避险策略

飞行冲突探测算法，探测到两航空器将会在节点 N_{55} 上发生飞行冲突。依据航空器当前实时的飞行状态、位置信息以及推测到达节点 N_{55} 的时间，判定航空器 A_1 比航空器 A_2 先到冲突节点 N_{55}。对于相同任务优先级的航空器，根据先到先服务的优先级判定准则，在节点 N_{55} 上，航空器 A_1 具有较高的优先级。因此，航空器 A_1 保持原先的飞行计划不变，航空器 A_2 主动规避航空器 A_1。根据两航空器空中交叉相遇，向右避让飞行的救援目视飞行避让原则以及飞行性能上的约束等，航空器 A_2 的避让路径如图 10.19 所示。

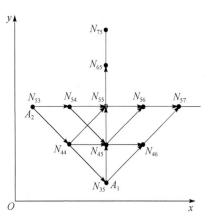

图 10.19 航空器 A_2 规避航空器 A_1 生成的可行路径

用 Agent(2) 表示航空器 A_2 的 Agent 模型，生成新的路径即为

$$\text{TP}_2^1\{N_{53}, N_{54}, N_{45}, N_{56}, N_{57}\}, \quad \text{TP}_2^2\{N_{53}, N_{54}, N_{45}, N_{46}, N_{57}\}$$
$$\text{TP}_2^3\{N_{53}, N_{44}, N_{55}, N_{56}, N_{57}\}, \quad \text{TP}_2^4\{N_{53}, N_{44}, N_{35}, N_{46}, N_{57}\}$$
$$\text{TP}_2^5\{N_{53}, N_{44}, N_{45}, N_{56}, N_{57}\}, \quad \text{TP}_2^6\{N_{53}, N_{44}, N_{45}, N_{46}, N_{57}\}$$

将上面六条新的路径依次与航空器 A_1 的最优路径上的三个节点

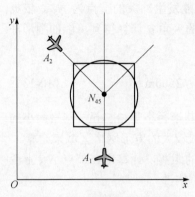

图10.20 两航空器交叉相遇时的冲突区域判定

$TP_1^{opt}\{N_{35},N_{45},N_{55}\}$ 及其保留时间窗做比较，排除存在冲突的路径，从中选出路径最短、航向调整次数最少的路径为航空器 A_2 新的最优避险路径。其中，根据两航空器飞行冲突时的航迹夹角不同，冲突区域大小需要重新定义。例如，$TP_2^1 \cap TP_1^{opt}=\{N_{45}\}$，在节点 N_{45}，两航空器的航迹夹角为45°，如图10.20所示。

计算得到冲突圆形区域半径为

$$2500\text{m} < R = \frac{\max(r_1,r_2)}{\sin\alpha} = 2828\text{m} < 3535\text{m}$$

因此，针对航空器 A_2 取方形区域来计算节点 N_{45} 的保留时间窗，针对航空器 A_1 取圆形区域来计算节点 N_{45} 的保留时间窗。计算结果为

$$r_{N_{45}}^1=[264,351], \quad r_{N_{45}}^2=[414,573] \Rightarrow r_{N_{45}}^1 \cap r_{N_{45}}^2=\varnothing$$

因此，航空器 A_2 选择新的计划路径 $TP_2^1\{N_{51},N_{52},N_{53},N_{54},N_{55},N_{56},N_{57},N_{58},N_{59},N_{60}\}$，航空器 A_1 保持原来的飞行计划不变时，两航空器之间就不存在飞行冲突。航空器 A_2 新的飞行计划航迹比初始最优飞行计划航迹多飞了100s。

最终得到无冲突的路径集为 $\{TP_2^1,TP_2^2,TP_2^3,TP_2^4,TP_2^5,TP_2^6\}$，其中路径最短的为 $\{TP_2^1,TP_2^2,TP_2^4,TP_2^5,TP_2^6\}$；在最短路径中，航向调整次数最少的为 $\{TP_2^1,TP_2^3\}$，该路径为最优的无冲突飞行航迹。

2）协作式调整航向冲突避险策略

算例给出的已知条件是两架航空器执行相同的飞行任务（运输相同的救援物资）。此时假定航空器 A_1 速度变为 v_1=60m/s，且运输的是快速消耗品，航空器 A_2 运输的是耐用品，依据优先级判定准则第（3）条，由于快速消耗品对时间敏感性较高，在飞行过程中，载有救援物资的航空器，其优先级设定为 $\pi_{FMCG} > \pi_{DG}$。此时，即便航空器 A_1 比航空器 A_2 提前到达冲突节点 N_{55}，但是由于航空器的 A_2 任务属性决定了航空器 A_2 保持初始最优飞行计划飞行，航空器 A_1 主动避让。因此，围绕冲突顶点 N_{55} 航空器 A_1 生成新的避让路径 Agent（1）模型，如图10.21所示。

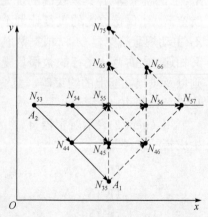

图10.21 航空器 A_1 规避航空器 A_2 时生成的可行路径

图 10.21 中，虚线就为航空器 A_1 规避航空器 A_2 的 Agent(1) 模型，具体路径依次为

$$TP_1^1\{N_{35},N_{45},N_{56},N_{65},N_{75}\}, \quad TP_1^2\{N_{35},N_{45},N_{56},N_{66},N_{75}\}$$
$$TP_1^3\{N_{35},N_{46},N_{55},N_{65},N_{75}\}, \quad TP_1^4\{N_{35},N_{46},N_{57},N_{66},N_{75}\}$$
$$TP_1^5\{N_{35},N_{46},N_{56},N_{65},N_{75}\}, \quad TP_1^6\{N_{35},N_{46},N_{56},N_{66},N_{75}\}$$

将上面六条新的路径依次与航空器 A_2 的最优路径上的三个节点 $TP_1^{opt}\{N_{55},N_{56},N_{57}\}$ 及其保留时间窗做比较，排除存在冲突的路径，从中选出路径最短、航向调整次数最少的为航空器 A_2 新的最优避险路径：$TP_1^3\{N_{35},N_{46},N_{55},N_{65},N_{75}\}$。新的路径相比初始飞行计划多飞行了 146s。

假如在 Agent(1) 模型中找不到一条合法路径，即航空器 A_1 规避航空器 A_2 可行的六条路径，与航空器 A_2 的最优路径都存在冲突。此时非协作式调整航向冲突避险策略无法规避冲突，需要进行协作式调整航向冲突避险策略。

由飞行冲突探测得到两航空器的冲突顶点为 N_{55}。因此，航空器 A_1 首先向航空器 A_2 协调申请顶点 N_{55} 的优先使用权，那么航空器 A_2 需要依次从它的 Agent(2) 模型中找出是否有与航空器 A_1 的路径 $TP_1^{opt}\{N_{53},N_{54},N_{55}\}$ 无冲突的路径，如果有，则航空器 A_2 同意航空器 A_1 关于顶点 N_{55} 优先级的申请；如果没有，则航空器 A_2 拒绝航空器 A_1 关于顶点 N_{55} 优先级的申请，进而航空器 A_1 继续申请其他冲突节点的优先级，直到找出无冲突的合法路径。通过本算例可以得出，在 Agent(2) 模型中，最短路径 TP_2^1 与 TP_1^{opt} 在冲突节点 N_{45} 上的保留时间窗分别为

$$r_{N_{45}}^2=[414,573], \quad r_{N_{45}}^1=[286,380] \Rightarrow r_{N_{45}}^1 \cap r_{N_{45}}^2 = \varnothing$$

两航空器基于协作式调整航向冲突避险策略得到的无冲突最优合法路径为 TP_2^1 与 TP_1^{opt}。

10.6　基于 Multi-Agent 系统的多机实时飞行冲突避险

在低空救援环境下，担负不同救援任务的航空器时间紧迫程度不同，且不同型号、不同运载状态的航空器机动性能差异较大。因此，当航空器遭遇飞行冲突时，应依据冲突各方的任务紧迫性与机动性制定针对每架冲突航空器的避险策略。在化解飞行冲突的同时，尽可能降低对救援效率的影响。

在救援区域飞行时缺乏地面空管系统引导的情况下，各冲突航空器进行协商、合作，协同解决飞行冲突不失为一种行之有效的方式。基于 Multi-Agent 系统的冲突避险是一种分布式冲突协同解决方法，它将单个航空器视为一个智能体 Agent，在一个特定空域内，多个航空器就组成了 Multi-Agent 系统[4,5]。各航空器

Agent 在探测到飞行冲突后,基于各自的飞行目标节点、避险策略以及各机的避险优先级,联合确定出各机的避险轨迹。

10.6.1 Agent 模型

每个 Agent 由四个模块组成:信息模块、飞行冲突探测模块、协商与决策模块、避险决策生成模块,四个模块协同运作以实现航空器 Agent 在遭遇飞行冲突时自主避险的功能,如图 10.22 所示。各模块的作用分别如下:

(1)信息模块。此模块信息在每次飞行开始前输入,包括本机是否为编队飞行、负责执行的任务、去程或回程飞行以及本机的实时冲突数量。

(2)飞行冲突探测模块。通过机载 ADS-B,Agent 能够获取救援空域内其他航空器的飞行状态与飞行计划信息,得出推测飞行轨迹,并根据推测飞行轨迹判断是否存在飞行冲突、冲突对象以及潜在冲突数量,并可进一步判断出是两机冲突还是多机冲突。

(3)协商与决策模块。在涉及冲突的各 Agent 之间建立临时对话,根据各 Agent 本机的信息,如编队、任务等,协商确定各航空器的避险优先级。

(4)避险轨迹生成模块。确定各航空器的避险优先级后,按照优先级从高到低的次序生成避险轨迹。假设航空器 Agent(1)、Agent(2)、Agent(3)两两冲突,且避险优先级 Agent(1)>Agent(2)>Agent(3),则 Agent(1)保持原计划轨迹 R_1 不变,Agent(2)以机动轨迹 R_2 对 Agent(1)进行避让,Agent(3)的避险轨迹 R_3 需要同时考虑不与 R_1、R_2 产生冲突,当冲突架次更多时,以此类推。

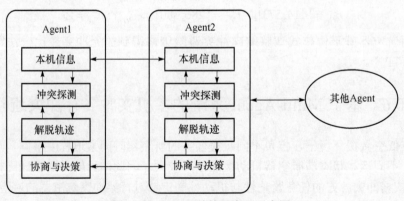

图 10.22 Agent 结构及交互示意图

10.6.2 避险优先级规则

每架航空器的优先级由其执行的救援任务和去回程阶段决定,且规定单机的优先级低于航空器编队的优先级,机队之间优先级首先考虑机队规模,在规模相同时根据担负的任务和去回程情况判断优先级。

1. 单机冲突避险优先级

确定优先级的总体规则为：救援任务紧迫的优先级高，去程飞行航空器高于回程航空器，机动性能差的航空器高于机动性好的航空器。依据该规则，进行如下讨论：

（1）在去程飞行的航空器中，由于 $A_{GAF,TWP}$ 处于空载状态，机动性优于满载救援物资的航空器，便于进行避险机动，故设置其优先级低于 $A_{GAF,DG}$ 和 $A_{GAF,FMCG}$。

（2）在输运救援物资的航空器之间，$A_{GAF,DG}$ 运输的物资为耐用品，$A_{GAF,FMCG}$ 运输物资为快速消耗品，由于耐用品的时间敏感性低于快速消耗品，因此设置优先级 $\pi_{GAF,FMCG}$ 较高。

（3）在回程飞行的过程中，航空器 $A_{TAF,TWP}$ 处于运载伤员的回程阶段，出于乘员舒适性和救治伤员的紧迫性方面考虑，规定其任务优先级 $\pi_{TAF,TWP}$ 最高；$A_{TAF,TG}$ 处于空载状态，机动能力较强，设定优先级 $\pi_{TAF,TG}$ 较低。

（4）在 $A_{GAF,TWP}$、$A_{TAF,TG}$、A_{IA} 之间，由于 $A_{GAF,TWP}$ 承担伤员救援任务，其优先级最高，A_{IA} 为机动性强、留空时间长、执行侦查任务的航空器，因此将 π_{IA} 设置为最低。

综合以上讨论，各航空器优先级的顺序为

$$\pi_{TAF,TWP} > \pi_{GAF,FMCG} > \pi_{GAF,DG} > \pi_{GAF,TWP} > \pi_{TAF,TG} > \pi_{IA}$$

2. 机队冲突避险优先级

（1）对于冲突场景 $S_G=\{n=2|G,A\}$，由单架航空器采取规避措施，航空器编队保持原定轨迹飞行。从经济性方面考虑，单架航空进行避险机动所消耗的燃油量小于编队航空器机动所消耗的燃油量；从安全性方面考虑，编队航空器进行整体避险机动的操作难度高于单架航空器进行避险机动的难度。

（2）航空器编队与编队之间产生飞行冲突，当机队规模不同时，由规模较小的机队避让规模较大的机队。若两机队的航空器数量相同，依据每个编队执行的救援任务与飞行阶段，对应前文划分的冲突场景，分别定义每种场景下机队的优先级 π：

$$S_{G1}: \pi_{GAF,FMCG} > \pi_{GAF,DG}, \quad S_{G5}: \pi_{GAF,FMCG} > \pi_{GAF,TWP}$$
$$S_{G2}: \pi_{GAF,DG} > \pi_{GAF,TWP}, \quad S_{G6}: \pi_{GAF,FMCG} > \pi_{TAF,TG}$$
$$S_{G3}: \pi_{GAF,DG} > \pi_{TAF,TG}, \quad S_{G7}: \pi_{TAF,TWP} > \pi_{GAF,FMCG}$$
$$S_{G4}: \pi_{TAF,TWP} > \pi_{GAF,DG}, \quad S_{G8}: \pi_{TAF,TWP} > \pi_{TAF,TG}$$

在执行冲突避险时,优先级低的编队进行机动避让。

10.6.3 无冲突飞行轨迹生成

冲突规避机动方式可分为调高、偏航、调速三种,如图 10.23 所示。

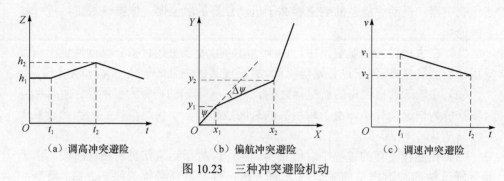

(a) 调高冲突避险　　(b) 偏航冲突避险　　(c) 调速冲突避险

图 10.23　三种冲突避险机动

调高机动,指保持航迹角不变,航空器在同一垂直面内爬升或下降的机动飞行。航空器调高机动的运动方程为

$$p(t+\Delta t) = p(t) + \begin{pmatrix} v_{GS}\sin\psi\Delta t \\ v_{GS}\cos\psi\Delta t \\ v_H\Delta t \end{pmatrix} \quad (10\text{-}14)$$

偏航机动,指保持飞行高度不变,航空器在同一水平面内改变航向的机动飞行。令 $\Delta\psi$ 表示偏航角,航空器偏航机动的运动方程为

$$p(t+\Delta t) = p(t) + \begin{pmatrix} v_{GS}\sin(\psi+\Delta\psi)\Delta t \\ v_{GS}\cos(\psi+\Delta\psi)\Delta t \\ 0 \end{pmatrix} \quad (10\text{-}15)$$

调速机动,指保持飞行轨迹为一条直线,以固定的加速度进行加速或减速运动。航空器调速机动的运动方程为

$$p(t+\Delta t) = p(t) + (v_{TAS} + a\Delta t/2) \begin{pmatrix} \cos\phi\sin\psi \\ \cos\phi\cos\psi \\ \sin\phi \end{pmatrix} \Delta t \quad (10\text{-}16)$$

式(10-14)~式(10-16)中,$p(t)$ 表示航空器当前位置;v_{GS} 表示地速;v_H 为爬升率;v_{TAS} 为真空速;ψ 为航迹与 Y 轴夹角;ϕ 为 v_{TAS} 与水平面的夹角;Δt 表示时间增量。

航空器 Agent 的冲突探测模块根据冲突信息判断两机、多机和机队冲突情形。航空器 Agent 经协商确定双方的避险顺序后,低优先级一方的避险轨迹生成模块综合两机的冲突态势、预计冲突点位置、本机任务三种信息确定避险机动方式，当飞过预计冲突点且满足冲突解除条件（10-17）或（10-18）时，航空器在完成冲突避险返回原轨迹飞行。

$$d_{ij} = \sqrt{(x_i - x_j)^2 + (y_i - y_j)^2} > d_{\min} \quad (10\text{-}17)$$

$$h_{ij} = |h_i - h_j| > h_{\min} \quad (10\text{-}18)$$

1. 两机冲突避险策略

π_i、π_j 分别表示 Agent(i)、Agent(j) 的优先级，结合两机的相对运动态势与任务属性，避险模块选择最优避险机动。

1）两机发生对头冲突

依据目视飞行避让规则，Agent(j) 需向右侧偏航，如图 10.24 所示，P 为预计冲突点，当 Agent(j) 距离该点的距离为 $D_纵$，即纵向安全间隔时，Agent(j) 开始偏航，TCP$_1$、TCP$_2$、TCP$_3$、TCP$_4$ 表示避险过程的航迹改变点。纵向安全间隔表示为 $D_纵$，侧向安全间隔表示为 $D_侧$，v_i、v_j 分别表示 Agent(i)、Agent(j) 的地速，D_{ij} 表示开始执行避险时两机的距离。

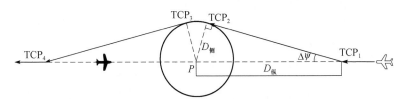

图 10.24 偏航避险轨迹示意图

偏航航段 TCP$_1$→TCP$_2$：TCP$_1$ 对应避险开始时刻 t_1，设最优偏航角度为 $\Delta\psi$，从偏航开始到两机水平间隔最小 $D_侧$ 的所需时间为

$$t = \frac{D_{ij}}{v_i + v_j \cos\Delta\psi} \quad (10\text{-}19)$$

由最优避险轨迹、$D_纵$、$D_侧$ 之间的几何关系可知

$$D_纵^2 = D_侧^2 + \left(\frac{D_{ij} v_j}{v_i + v_j \cos\Delta\psi}\right)^2 \quad (10\text{-}20)$$

则最优避险偏航角度为

$$\Delta\psi = \cos^{-1}\left(\frac{D_{ij}}{\sqrt{D_{纵}^2 - D_{侧}^2}} - \frac{v_i}{v_j}\right) \quad (10\text{-}21)$$

将 $\Delta\psi$ 的值带入偏航机动方程（10-6），得到 $\text{TCP}_1 \rightarrow \text{TCP}_2$ 航段的避险轨迹。

转弯航段 $\text{TCP}_2 \rightarrow \text{TCP}_3$：$\text{TCP}_2$ 对应转弯开始时刻 t_2，设 P、TCP_2、TCP_3 的坐标分别为 (x_0, y_0)、(x_2, y_2)、(x_3, y_3)，根据匀速圆周运动规律可得

$$\begin{cases} x_3 = D_{侧}\cos(\psi + \Delta\psi) = x_0 + |x_2 - x_0|\cos\Delta\psi - |y_2 - y_0|\sin\Delta\psi \\ y_3 = D_{侧}\sin(\psi + \Delta\psi) = y_0 + |y_2 - y_0|\cos\Delta\psi + |x_2 - x_0|\sin\Delta\psi \end{cases} \quad (10\text{-}22)$$

设 (x_t, y_t, z_t) 为 Agent(j) 在 t 时刻的坐标，转弯率为 $\omega[(°)/s]$，则 $\text{TCP}_2 \rightarrow \text{TCP}_3$ 的飞行轨迹为

$$p(t_2 + \Delta t) = p(t_2) + \begin{bmatrix} |x_{t_2} - x_0|\cos(\omega \cdot \Delta t) - |y_t - y_0|\sin(\omega\Delta t) \\ |y_{t_2} - y_0|\cos(\omega \cdot \Delta t) + |x_t - x_0|\sin(\omega\Delta t) \\ 0 \end{bmatrix} \quad (10\text{-}23)$$

当 Agent(j) 的航向改变量为 $2\Delta\psi$ 时，进入下一航段飞行。

回航航段 $\text{TCP}_3 \rightarrow \text{TCP}_4$：$\text{TCP}_3$ 对应转弯结束时刻 t_3，与 $\text{TCP}_1 \rightarrow \text{TCP}_2$ 的轨迹相似，航空器 Agent(j) 在该航段的飞行轨迹为

$$p(t_3 + \Delta t) = p(t_3) + \begin{bmatrix} v_j \sin(\psi - \Delta\psi)\Delta t \\ v_j \cos(\psi - \Delta\psi)\Delta t \\ 0 \end{bmatrix} \quad (10\text{-}24)$$

经过时间为 t（同式 10-19）的飞行后，向右侧偏航 $\Delta\psi$ 角度，恢复原飞行轨迹，完成冲突避险。

2）两机发生交叉冲突

依据目视飞行避让规则，位于冲突点左侧的航空器应爬升，位于冲突点右侧的航空器应下降以规避飞行冲突。设航空器 Agent(i) 与 Agent(j) 产生交叉冲突，Agent(j) 位于冲突点的左侧，则 Agent(j) 应采取爬升的冲突避险策略。如图 10.25 所示，P 为预计冲突点，当 Agent(j) 距离 P 点的距离为 $D_{纵}$ 时开始爬升，TCP_1、TCP_2、TCP_3 表示避险过程中的航迹改变点，H 表示垂直安全间隔。

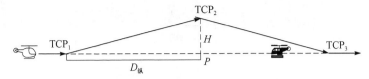

图 10.25　调高避险轨迹示意图

爬升航段 $TCP_1 \to TCP_2$：设 $p_1(x_1, y_1, z_1)$ 为航空器 Agent(j) 在 TCP_1 的坐标，其速度为 v，则避险轨迹所需时间为

$$t = \frac{\sqrt{D_纵^2 + H^2}}{v} \quad (10\text{-}25)$$

避险机动的爬升率为

$$v_0 = \frac{H}{t} = \frac{Hv}{\sqrt{D_纵^2 + H^2}} \quad (10\text{-}26)$$

$TCP_1 \to TCP_2$ 的飞行轨迹为式（10-14）。

回航航段 $TCP_2 \to TCP_3$：当 Agent(j) 以地速 v_j 爬升至 P 点上方时，Agent(i) 已飞过预计冲突点 P，Agent(j) 可转入下降模式返回原轨迹。$TCP_2 \to TCP_3$ 的飞行轨迹为

$$p(t+\Delta t) = p(t) + \begin{bmatrix} v_j \sin\psi \Delta t \\ v_j \cos\psi \Delta t \\ -v_0 \Delta t \end{bmatrix} \quad (10\text{-}27)$$

经过时间 t（式 10-25）的飞行后，Agent(j) 改为平飞，恢复原轨迹。

3）两机发生追及冲突

依据目视飞行避让规则，Agent(j) 应向右侧偏航，超越前机，如图 10.26 所示，TCP_1、TCP_2、TCP_3、TCP_4 表示避险过程中的航迹改变点。

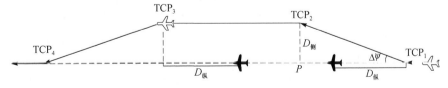

图 10.26　偏航超越轨迹示意图

偏航航段 $TCP_1 \to TCP_2$：此航段的飞行时间为

$$t = \frac{D_{侧}}{v_j \sin \Delta \psi} \tag{10-28}$$

又因为

$$\tan \Delta \psi = \frac{D_{侧}}{D_{纵} + (v_j \cos \Delta \psi - v_i)t} \tag{10-29}$$

将式（10-28）代入式（10-29）可得

$$\Delta \psi = \sin^{-1} \frac{D_{侧} v_i}{D_{纵} v_j} \tag{10-30}$$

将 $\Delta \psi$ 代入偏航机动方程（10-15），就得到航空器 Agent(j) 在 TCP$_1$→TCP$_2$ 航段的轨迹。

平行航段 TCP$_2$→TCP$_3$：此航段的作用是在保证安全间隔的条件下超越 Agent(i)，当满足纵向安全间隔时，返回原轨迹。设 TCP$_2$ 对应的时刻为 t_2，则此航段的运动方程为

$$p(t_2 + \Delta t) = p(t_2) + \begin{bmatrix} v_j \sin \psi \Delta t \\ v_j \cos \psi \Delta t \\ 0 \end{bmatrix} \tag{10-31}$$

回航航段 TCP$_3$→TCP$_4$：当航空器 Agent(i)、Agent(j) 之间的距离满足。设 TCP$_3$ 对应的时刻为 t_3，则此航段的运动方程为

$$p(t_3 + \Delta t) = p(t_3) + \begin{bmatrix} v_j \sin(\psi - \Delta \psi) \Delta t \\ v_j \cos(\psi - \Delta \psi) \Delta t \\ 0 \end{bmatrix} \tag{10-32}$$

$\Delta \psi$ 的值可由式（10-30）求得。

4）两机发生穿越高度冲突，且 Agent(j) 处于平飞状态

可以根据两机航迹的几何关系选择避险策略：当同航迹对头冲突时，Agent(j) 进行偏航机动；当同航迹追及冲突时，Agent(j) 进行偏航超越机动；当交叉冲突时，如 Agent(i) 高于预计冲突点，Agent(j) 进行下降调高机动，反之，Agent(j) 进行爬升调高机动。

当 Agent(j) 处于爬升或下降状态时，采用调速方式实现冲突避险。设 Agent(i) 经过冲突点的时间窗为 $[t_i^{(1)}, t_i^{(2)}]$，Agent(j) 与冲突点的空间距离为 D，则 Agent(j) 到达预计冲突点的时刻 t_j 需满足 $t_j < t_i^{(1)}$ 或 $t_j > t_i^{(2)}$。设 a_1 为早于 $t_i^{(1)}$ 穿越所需的最小加速度，a_2 为晚于 $t_i^{(2)}$ 穿越所需的最大加速度，v_j 为 Agent(j) 的初速度，由匀变速运动定律可得

$$a_1 = \frac{2[D - v_j(t_i^{(1)} - t)]}{(t_i^{(1)} - t)^2} \tag{10-33}$$

$$a_2 = \frac{2[D - v_j(t_i^{(2)} - t)]}{(t_i^{(2)} - t)^2} \tag{10-34}$$

即 Agent(j) 的加速度 a 需满足 $a > a_1$ 或 $a < a_2$，将 a_1、a_2 代入调速机动方程分别得到 Agent(j) 先于 Agent(i) 飞越冲突点和晚于 Agent(i) 飞越冲突点的轨迹。

2. 机队冲突避险策略

机队冲突共有八种场景，在 S_{G1}、S_{G4}、S_{G7} 中，$\pi_{\text{GAF,FMCG}} > \pi_{\text{GAF,DG}}$，$\pi_{\text{TAF,TWP}} > \pi_{\text{GAF,DG}}$，$\pi_{\text{TAF,TWP}} > \pi_{\text{GAF,FMCG}}$，需要进行避险机动的低优先级 Agent 均为执行物资运输任务的去程飞行机队；在场景 S_{G2}、S_{G3}、S_{G5}、S_{G6}、S_{G8} 中，$\pi_{\text{GAF,DG}} > \pi_{\text{GAF,TWP}}$，$\pi_{\text{GAF,DG}} > \pi_{\text{TAF,TG}}$，$\pi_{\text{GAF,FMCG}} > \pi_{\text{GAF,TWP}}$，$\pi_{\text{GAF,FMCG}} > \pi_{\text{TAF,TG}}$，$\pi_{\text{TAF,TWP}} > \pi_{\text{TAF,TG}}$，需要采取避让措施的低优先级 Agent 包含去程飞行的伤员运输机队与回程飞行的物资运输机队。两机队发生冲突时很可能有多个冲突点，将其中时刻最早的作为预计冲突点，根据两机队的冲突态势，参照两机冲突情形选择避险策略。

3. 多机冲突避险策略

在多机冲突情形下，涉及冲突的各航空器 Agent 根据各自的避险优先级，通过协商确定各自的避险顺序。若空域中四架航空器 Agent(h)、Agent(i)、Agent(j)、Agent(k) 产生冲突，且优先级依次降低，则冲突避险方式如下：

优先级最高的 Agent(i) 保持原飞行轨迹，优先级次高的 Agent(j) 只需计算与 Agent(i) 的无冲突轨迹，Agent(j) 需要考虑与 Agent(h)、Agent(i) 的无冲突轨迹，优先级最低的 Agent(k) 则需要计算出与 Agent(h)、Agent(i)、Agent(j) 均无冲突的飞行轨迹。

10.6.4 案例仿真分析

假设在救援空域中，存在运输耐用品的去程机队 $G_{\text{GAF,DG}}$、运输物资的回程机队 $G_{\text{TAF,TG}}$、运送伤员的回程航空器 $A_{\text{TAF,TWP}}$ 和灾情侦查航空器 A_{IA}。根据前文所述，避险优先级从高到低依次为 $G_{\text{GAF,DG}}$、$G_{\text{TAF,TG}}$、$A_{\text{TAF,TWP}}$、A_{IA}。假设 $G_{\text{GAF,DG}}$、$G_{\text{TAF,TG}}$、$A_{\text{TAF,TWP}}$、A_{IA} 的地速分别为 40m/s、50m/s、55m/s、70m/s，航迹角分别为 270°、150°、80°、210°。$G_{\text{GAF,DG}}$、$G_{\text{TAF,TG}}$、$A_{\text{TAF,TWP}}$ 在 900m 高度平飞，A_{IA} 从 1600m 高度下降，下降率为 10m/s，如图 10.27 所示，初始坐标见表 10.6。

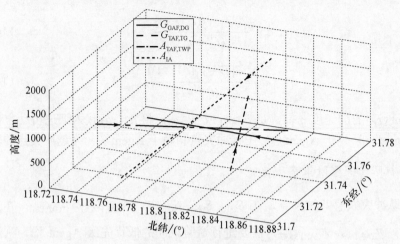

图 10.27　计划飞行轨迹图

表 10.6　初始坐标

航空器	纬度	经度	X 坐标/m	Y 坐标/m
$G_{\text{GAF,DG}}$	31°43′57.14″N	118°51′59.86″E	3512259.252	505973.017
$G_{\text{TAF,TG}}$	31°46′2.76″N	118°48′18″E	3516126.774	500132.625
$A_{\text{TAF,TWP}}$	31°43′19.82″N	118°44′3.96″E	3511110.107	493444.483
A_{IA}	31°46′19.43″N	118°48′59.76″E	3516640.304	501231.461

航空器 $A_{\text{TAF,TWP}}$、A_{IA} 和机队 $G_{\text{GAF,DG}}$、$G_{\text{TAF,TG}}$ 的航迹共有六个交点,构成了六个潜在冲突,如图 10.28 所示,各点坐标见表 10.7。

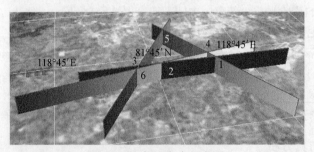

图 10.28　航迹交点示意图

表 10.7　航迹交点坐标

交点	经纬度坐标		X,Y 坐标/m
1	31°43′58.95″N	118°49′41.31″E	(3512313.536, 502325.752)
2	31°43′58.91″N	118°48′3.57″E	(3512312.045, 499752.815)
3	31°43′58.98″N	118°47′24.36″E	(3512314.277, 498720.639)
4	31°44′13.46″N	118°49′31.71″E	(3512760.407, 502072.949)
5	31°45′39.26″N	118°48′33.79″E	(3515402.957, 500548.171)
6	31°43′51.69″N	118°47′19.36″E	(3512089.754, 498588.987)

第10章　多冲突模式下实时救援飞行冲突探测与避险方法

各航空器 Agent 在探测到多机冲突后，按照各机、机队的救援任务，判定优先级为 $G_{GAF,DG} > G_{TAF,TG} > A_{TAF,TWP} > A_{IA}$，协商避险顺序依次为 $G_{GAF,DG}$、$G_{TAF,TG}$、$A_{TAF,TWP}$、A_{IA}。具体避险方案如下：

（1）$G_{GAF,DG}$ 保持原计划轨迹飞行。

（2）$G_{TAF,TG}$ 避险轨迹。

$G_{GAF,DG}$ 与 $G_{TAF,TG}$ 的航迹存在交点1，且飞行高度同为900m，从空间上判断存在冲突。进一步求得 $G_{GAF,DG}$ 的到达时间窗为[41.19, 91.19]，$G_{TAF,TG}$ 的到达时间窗为[47.98, 87.98]，两者交集不为空，故交点1为 $G_{GAF,DG}$ 与 $G_{TAF,TG}$ 的预计冲突点，$G_{TAF,TG}$ 需采取避让措施。根据位于冲突点右侧（沿前进方向看）的航空器降低飞行高度的规则，$G_{TAF,TG}$ 需进行下降机动。

根据纵向安全间隔的最小值2km确定下降航段 $TCP_1 \rightarrow TCP_2$ 的起点坐标为(3514472.492, 501066.701)，对应的经纬度为 31°45′9.05″N、118°48′53.49″E，飞行时间39.55s，下降率7.58m/s，可得该阶段的位置更新方程为

$$p(t) = p(t_1) + \begin{bmatrix} v\sin\psi\Delta t \\ v\cos\psi\Delta t \\ v_0\Delta t \end{bmatrix} = \begin{bmatrix} 3514472.492 \\ 501066.701 \\ 900 \end{bmatrix} + \begin{bmatrix} 50\sin150°\Delta t \\ 50\cos150°\Delta t \\ -7.58\Delta t \end{bmatrix}, \quad \Delta t \leqslant 39.55 \quad (10\text{-}35)$$

回航航段 $TCP_2 \rightarrow TCP_3$ 的飞行时间同为39.55s，爬升率7.58m/s，该航段的飞行轨迹为

$$p(t) = p(t_2) + \begin{bmatrix} v\sin\psi\Delta t \\ v\cos\psi\Delta t \\ -v_0\Delta t \end{bmatrix} = \begin{bmatrix} 3512313.536 \\ 502325.752 \\ 600 \end{bmatrix} + \begin{bmatrix} 50\sin150°\Delta t \\ 50\cos150°\Delta t \\ 7.58\Delta t \end{bmatrix}, \quad \Delta t \leqslant 39.55 \quad (10\text{-}36)$$

（3）$A_{TAF,TWP}$ 避险轨迹。

避险次序第三的 $A_{TAF,TWP}$ 与 $G_{GAF,DG}$、$G_{TAF,TG}$、A_{IA} 的航迹均有交点，但其优先级高于 A_{IA}，因此只需要考虑与 $G_{GAF,DG}$、$G_{TAF,TG}$ 是否存在冲突。从空间上判断，点2和点4为 $A_{TAF,TWP}$ 与 $G_{GAF,DG}$、$G_{TAF,TG}$ 的潜在冲突点。$A_{TAF,TWP}$ 到达点2的时间窗为[80.40, 116.76]，$G_{GAF,DG}$ 为[45.84, 95.84]，故存在冲突。因为是交叉冲突，且 $A_{TAF,TWP}$ 位于冲突点2的左侧，因此 $A_{TAF,TWP}$ 需进行爬升机动。

根据纵向安全间隔的最小值2km确定爬升航段 $TCP_1 \rightarrow TCP_2$ 的起始坐标为(3511937.736, 497792.890)，对应的经纬度为 31°43′46.75″N、118°46′49.12″E，爬升持续时间36.77s，爬升率8.15m/s，设 TCP_1 对应的时刻为 t_1，该爬升段的运动方程为

$$p(t) = p(t_1) + \begin{bmatrix} v\sin\psi\Delta t \\ v\cos\psi\Delta t \\ v_0\Delta t \end{bmatrix} = \begin{bmatrix} 3511937.736 \\ 497792.890 \\ 900 \end{bmatrix} + \begin{bmatrix} 55\sin80°\Delta t \\ 55\cos80°\Delta t \\ 8.15\Delta t \end{bmatrix}, \quad \Delta t \leqslant 36.77 \quad (10\text{-}37)$$

回航航段 $TCP_2 \rightarrow TCP_3$ 的飞行时间同样为 36.77s，下降率 8.15m/s，设 TCP_2 对应的时刻为 t_2 该航段的飞行轨迹为

$$p(t) = p(t_2) + \begin{bmatrix} v\sin\psi\Delta t \\ v\cos\psi\Delta t \\ -v_0\Delta t \end{bmatrix} = \begin{bmatrix} 3512312.045 \\ 499752.815 \\ 1200 \end{bmatrix} + \begin{bmatrix} 55\sin 80°\Delta t \\ 55\cos 80°\Delta t \\ -8.15\Delta t \end{bmatrix}, \quad \Delta t \leqslant 36.77 \quad (10\text{-}38)$$

$A_{\text{TAF,TWP}}$ 与 $G_{\text{TAF,TG}}$ 的航迹有公共点 4，由于 $G_{\text{TAF,TG}}$ 进行了下降机动，$A_{\text{TAF,TWP}}$ 需要和 $G_{\text{TAF,TG}}$ 的避险轨迹进行冲突探测。$G_{\text{TAF,TG}}$ 沿避险轨迹到达交点 4 时的高度为 678.9m，$A_{\text{TAF,TWP}}$ 在到达该点时已完成与 $G_{\text{GAF,DG}}$ 的避险恢复平飞状态，因此高度差为 221.1m，小于垂直安全间隔。再对时间窗进行判断，在考虑避险轨迹的情况下，$A_{\text{TAF,TWP}}$ 到达点 4 的时间窗为[124.17, 160.54]，$G_{\text{TAF,TG}}$ 到达点 4 的时间窗为[38.17, 78.0]，时间窗的交集为空，因此可以判定 $A_{\text{TAF,TWP}}$ 与 $G_{\text{TAF,TG}}$ 的避险轨迹无冲突。

（4）A_{IA} 避险轨迹。

A_{IA} 为优先级最低的航空器，其避险轨迹需同时规避与 $G_{\text{GAF,DG}}$、$G_{\text{TAF,TG}}$、$A_{\text{TAF,TWP}}$ 的冲突。A_{IA} 的航迹与 $G_{\text{GAF,DG}}$、$G_{\text{TAF,TG}}$、$A_{\text{TAF,TWP}}$ 分别交于点 3、5、6，且第一个经过的点为 5。该点坐标为（3515402.957, 500548.171），对应的经纬度为 31°45′39.26″N、118°48′33.79″E，A_{IA} 在交点 5 的高度为 1398.07m，与 $G_{\text{TAF,TG}}$ 的高度差为 498.07m，满足垂直间隔要求。A_{IA} 到达交点 3 时，高度为 885.45m，与 $G_{\text{GAF,DG}}$ 的高度差为 14.55m，空间存在冲突。A_{IA} 的到达时间窗为[42.88, 71.46]，$G_{\text{GAF,DG}}$ 的到达时间窗为[106.75, 156.75]，由于两者时间窗不存在交集，故无冲突。A_{IA} 到达交点 6 时，与 $A_{\text{TAF,TWP}}$ 的高度差为 51.74m，空间存在冲突。继续判断时间窗，A_{IA} 的到达时间窗为[46.60, 75.17]，$A_{\text{TAF,TWP}}$ 的到达时间窗为[58.85, 95.22]，存在冲突。

因 A_{IA} 处于下降状态，故采用调速方式进行冲突避险。以 $A_{\text{TAF,TWP}}$ 的最早到达时间 $t_i^{(1)}$=58.85s 和 $t_i^{(2)}$=95.22s 为界限，A_{IA} 对应的加速度分别为

$$a_1 = \frac{2[D - v_j(t_i^{(1)} - t)]}{(t_i^{(1)} - t)^2} = 0.67(\text{m/s}^2) \quad (10\text{-}39)$$

$$a_2 = \frac{2[D - v_j(t_i^{(2)} - t)]}{(t_i^{(2)} - t)^2} = -0.31(\text{m/s}^2) \quad (10\text{-}40)$$

即 A_{IA} 以大于 0.67m/s² 的加速度进行加速运动时，先于 $A_{\text{TAF,TWP}}$ 通过冲突点 6；A_{IA} 以大于 0.31m/s² 的加速度进行减速运动时，晚于 $A_{\text{TAF,TWP}}$ 通过冲突点 6。

综合以上分析，避险策略见表 10.8，避险轨迹如图 10.29 所示。

表 10.8　各航空器避险策略

航空器	优先级	避险策略
$G_{GAF,DG}$	1	轨迹不变
$G_{TAF,TG}$	2	下降
$A_{TAF,TWP}$	3	爬升
A_{IA}	4	调速

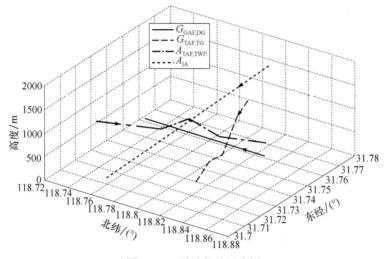

图 10.29　避险轨迹示意图

10.7　小　　结

　　本章在第 8 章和第 9 章内容的基础上，提出了实时的冲突探测与避险算法。该算法将划分的空域网格与精确航迹推测算法相结合，构建了基于航迹推测的冲突探测算法。对两航空器平面内可能的相遇模式进行分析，在精确航迹推测的基础上，计算出冲突网格节点的时间窗。从空间和时间两个方面来判定飞行冲突。冲突避险算法在探测到飞行冲突时，将航空器当成独立自主的智能体 Agent，依据救援目视飞行避让规则，在 Airspace 模型上构建 Agent 模型。在优先级判定准则基础上，进行无冲突航迹的选择。避险策略分为协作式和非协作式两种，算法首先执行简单易行的非协作式冲突避险策略。如果得不到可行解时，再进行协作式冲突避险策略。这样不仅可以使算法实时高效，还能确保航空器之间无冲突安全飞行。整个飞行冲突避险过程中，为了实现各个航空器独立自主飞行，需要分布式控制技术来支持飞行员自主避险。飞行冲突探测与避险信息对每个航空器都必须是对称的，算法每一次迭代循环结束时航空器之间应及时通信，进行信息交换，然后继续进行下一次迭代。

本章提出了基于推测飞行轨迹的冲突探测模型，并引入基于目视飞行间隔标准的保护区模型来弥补基于推测轨迹冲突探测模型在特殊情形下的不足，以避险预警时间为基准，将冲突划分为两机（含机队）、多机模式。在每种冲突模式中，根据冲突航空器的飞行过程以及执行的任务划分不同冲突场景。在冲突避险方面，引入 Multi-Agent 系统，将每架航空器视为一个包含四个模块的独立的 Agent，各 Agent 依据优先级规则确定各机的冲突避险顺序，结合相对运动态势选择调高、偏航或调速避险策略，生成无冲突飞行轨迹，从而实现协作式飞行冲突避险。

参 考 文 献

[1] 中华人民共和国国务院. 中华人民共和国飞行间隔规定[Z]. 2007-10-18.

[2] 中国民用航空总局. 一般运行和飞行规则[Z]. 2007-6-1.

[3] 杨荣盛, 潘卫军, 孔金凤. 灾害条件下民航应急救援现场指挥中心建立及运行方案[J]. 中国民用航空, 2011, (6): 28-31.

[4] Zhang M, Yu J, Zhang Y, et al. Flight conflict resolution during low-altitude rescue operation based on ensemble conflict models[J]. Advances in Mechanical Engineering, 2017, 9(4): 1–16.

[5] 张明, 王磊, 王硕, 等. 低空救援实时飞行的冲突探测与避险算法研究[J]. 交通信息与安全, 2016, (1): 71-77.